21世纪高等学校计算机
专业实用规划教材

SQL Server 数据库教程

（第2版）（SQL Server 2012）

◎ 赵明渊　主编

清华大学出版社

北京

内 容 简 介

本书以功能强大的关系数据库 SQL Server 2012 作为平台，以学生成绩数据库为主线，全面系统地介绍了 SQL Server 2012 的管理操作和应用开发，将基础知识和实际应用有机结合起来。第 1 章至第 15 章介绍 SQL Server 2012 服务器端数据库的管理和操作，主要内容有数据库系统和数据库设计、SQL Server 概述、创建和修改数据库、创建和使用表、T-SQL 基础、视图、索引、数据完整性、T-SQL 程序设计、存储过程、触发器、事务和锁、系统安全管理、备份和恢复、SQL Server 的自动化管理；第 16 章至第 18 章介绍以 SQL Server 数据库为后端平台、Java EE 为前端开发平台的应用开发，主要内容有 Java EE 开发环境、Java EE 项目开发基础、基于 Java EE 和 SQL Server 的学生成绩管理系统开发。

本书注重理论与实践的结合，侧重实用性，体系合理，概念清晰，实例丰富，通俗易懂，分散难点，要求读者起点低，能全面提升学生的综合应用能力和动手编程能力。为方便教学，每章都有大量示范性设计实例和运行结果，主要章节有综合训练和应用举例，所有实例和举例都经过调试通过，附录有学生成绩数据库的表结构和样本数据，书末附习题答案。

本书提供的教学课件、所有实例的源代码的下载网址：http://www.tup.com.cn。

本书可作为大学本科、高职高专及培训班课程的教学用书，也可作为计算机应用人员和计算机爱好者的自学参考书。

图书在版编目（CIP）数据

SQL Server 数据库教程（第 2 版）（SQL Server 2012）/赵明渊主编. —2 版. —北京：清华大学出版社，2017（2021.12 重印）

（21 世纪高等学校计算机专业实用规划教材）

ISBN 978-7-302-46856-1

Ⅰ. ①S…　Ⅱ. ①赵…　Ⅲ. ①关系数据库系统 – 高等学校 – 教材　Ⅳ. ①TP311.138

中国版本图书馆 CIP 数据核字（2017）第 064082 号

责任编辑：魏江江　王冰飞
封面设计：刘　键
责任校对：胡伟民
责任印制：宋　林

出版发行：清华大学出版社
　　　　　网　　　址：http://www.tup.com.cn, http://www.wqbook.com
　　　　　地　　　址：北京清华大学学研大厦 A 座　　邮　　编：100084
　　　　　社 总 机：010-62770175　　邮　　购：010-83470235
　　　　　投稿与读者服务：010-62776969, c-service@tup.tsinghua.edu.cn
　　　　　质量反馈：010-62772015, zhiliang@tup.tsinghua.edu.cn
印 装 者：三河市龙大印装有限公司
经　　销：全国新华书店
开　　本：185mm×260mm　　印　张：28.25　　字　数：710 千字
版　　次：2014 年 1 月第 1 版　2017 年 10 月第 2 版　印　次：2021 年 12 月第 6 次印刷
印　　数：10501～11500
定　　价：59.50 元

产品编号：073798-01

出版说明

随着我国改革开放的进一步深化，高等教育也得到了快速发展，各地高校紧密结合地方经济建设发展需要，科学运用市场调节机制，加大了使用信息科学等现代科学技术提升、改造传统学科专业的投入力度，通过教育改革合理调整和配置了教育资源，优化了传统学科专业，积极为地方经济建设输送人才，为我国经济社会的快速、健康和可持续发展以及高等教育自身的改革发展做出了巨大贡献。但是，高等教育质量还需要进一步提高以适应经济社会发展的需要，不少高校的专业设置和结构不尽合理，教师队伍整体素质亟待提高，人才培养模式、教学内容和方法需要进一步转变，学生的实践能力和创新精神亟待加强。

教育部一直十分重视高等教育质量工作。2007 年 1 月，教育部下发了《关于实施高等学校本科教学质量与教学改革工程的意见》，计划实施"高等学校本科教学质量与教学改革工程（简称'质量工程'）"，通过专业结构调整、课程教材建设、实践教学改革、教学团队建设等多项内容，进一步深化高等学校教学改革，提高人才培养的能力和水平，更好地满足经济社会发展对高素质人才的需要。在贯彻和落实教育部"质量工程"的过程中，各地高校发挥师资力量强、办学经验丰富、教学资源充裕等优势，对其特色专业及特色课程（群）加以规划、整理和总结，更新教学内容、改革课程体系，建设了一大批内容新、体系新、方法新、手段新的特色课程。在此基础上，经教育部相关教学指导委员会专家的指导和建议，清华大学出版社在多个领域精选各高校的特色课程，分别规划出版系列教材，以配合"质量工程"的实施，满足各高校教学质量和教学改革的需要。

本系列教材立足于计算机专业课程领域，以专业基础课为主、专业课为辅，横向满足高校多层次教学的需要。在规划过程中体现了如下一些基本原则和特点。

（1）反映计算机学科的最新发展，总结近年来计算机专业教学的最新成果。内容先进，充分吸收国外先进成果和理念。

（2）反映教学需要，促进教学发展。教材要适应多样化的教学需要，正确把握教学内容和课程体系的改革方向，融合先进的教学思想、方法和手段，体现科学性、先进性和系统性，强调对学生实践能力的培养，为学生知识、能力、素质协调发展创造条件。

（3）实施精品战略，突出重点，保证质量。规划教材把重点放在公共基础课和专业基础课的教材建设上；特别注意选择并安排一部分原来基础比较好的优秀教材或讲义修订再版，逐步形成精品教材；提倡并鼓励编写体现教学质量和教学改革成果的教材。

（4）主张一纲多本，合理配套。专业基础课和专业课教材配套，同一门课程有针对不同层次、面向不同应用的多本具有各自内容特点的教材。处理好教材统一性与多样化，基本教材与辅助教材、教学参考书，文字教材与软件教材的关系，实现教材系列资源配套。

（5）依靠专家，择优选用。在制定教材规划时要依靠各课程专家在调查研究本课程教材建设现状的基础上提出规划选题。在落实主编人选时，要引入竞争机制，通过申报、评审确定主题。书稿完成后要认真实行审稿程序，确保出书质量。

繁荣教材出版事业，提高教材质量的关键是教师。建立一支高水平教材编写梯队才能保证教材的编写质量和建设力度，希望有志于教材建设的教师能够加入到我们的编写队伍中来。

21 世纪高等学校计算机专业实用规划教材
联系人：魏江江 weijj@tup.tsinghua.edu.cn

前 言

SQL Server 是微软公司推出的功能完备的关系数据库管理系统，以其具有大型数据库技术和易于使用的特点被众多院校列为必修课程。SQL Server 2012 是微软公司 21 世纪初具有重要意义的数据库新产品，具有更高的性能、更强的处理能力，在高稳定性、高可用性和可靠性等方面有了进一步的提升，已成为企业级数据库管理系统软件的首选产品。

本书以功能强大的关系数据库 SQL Server 2012 作为平台，以学生成绩数据库为主线，全面系统地介绍了 SQL Server 2012 的管理操作和应用开发，将基础知识和实际应用有机结合起来。第 1 章至第 15 章介绍 SQL Server 2012 服务器端数据库的管理和操作，主要内容有数据库系统和数据库设计、SQL Server 概述、创建和修改数据库、创建和使用表、T-SQL基础、视图、索引、数据完整性、T-SQL 程序设计、存储过程、触发器、事务和锁、系统安全管理、备份和恢复、SQL Server 的自动化管理；第 16 章至第 18 章介绍以 SQL Server数据库为后端平台、Java EE 为前端开发平台的应用开发，主要内容有 Java EE 开发环境、Java EE 项目开发基础、基于 Java EE 和 SQL Server 的学生成绩管理系统开发。

第 2 版所做重要改进如下：

- 从 SQL Server 2008 升级到 SQL Server 2012，使用 SQL Server 2012 调试通过了所有实例的源代码，重新制作有关 SQL Server 2012 的插图。
- 在教材配套素材中，增加了习题参考答案，重新制作电子课件。
- 为适应升级到 SQL Server 2012，改写了第 2 章的内容和其他章节有关内容，重要章节增加应用举例，各章末增加小结。

本书亮点如下：

- 方便教学，资源配套。本书免费提供教学课件、所有实例的源代码，章末习题有选择题、填空题、问答题和应用题等类型，书末附习题答案，以供教学参考。
- 理论与实践相结合。以 SQL Server 2012 作为平台，培养学生掌握基本知识和数据库管理、操作、T-SQL 语言编程能力。
- 在数据库设计中，着重培养学生掌握基本知识和画出合适的 E-R 图和将 E-R 图转换为关系模式的能力。
- 详细介绍 T-SQL 中的数据查询语言，着重培养学生编写 T-SQL 查询语句的能力。
- 通过 T-SQL 程序设计、游标、用户定义函数、存储过程和触发器等章节的论述和应用举例，着重培养学生数据库语言编程能力。
- 基于 Java EE 和 SQL Server 数据库的学生成绩管理系统开发等章节可作为教学和实训的内容，培养学生开发一个简单应用系统的能力。

本书全部代码已通过 SQL Server 2012 测试，考虑到部分院校由于设备条件等因素，有一个从 SQL Server 2008 到 SQL Server 2012 的过程，全部代码（除个别实例外）也可用 SQL

IV

Server 2008 运行。

　　本书可作为大学本科、高职高专及培训班课程的教学用书，也可作为计算机应用人员和计算机爱好者的自学参考书。

　　本书提供的教学课件、所有实例的源代码的下载网址：http://www.tup.com.cn。

　　本书由赵明渊主编，参加本书编写的有贾宇明、成和平、何明星、王俊峰、杜亚军、夏军飞、谭向军、胡宇、傅翀、周亮宇、赵凯文、程小菊、邓铠凌、王成均。对于帮助完成基础工作的同志，在此表示感谢！

　　由于作者水平有限，不当之处，敬请读者批评指正。

编　者

2017 年 5 月

目　录

VII

VIII

第1章　数据库系统和数据库设计

本章要点：
- 数据库系统。
- 数据库设计。

数据库是按照一定的数据模型组织起来并存放在存储介质中的数据集合，数据库系统是在计算机系统中引入数据库之后组成的系统，它是用来组织和存取大量数据的管理系统。在本章中将介绍数据库系统、数据库设计等内容，这是学习以后各章的基础。

1.1　数据库系统

本节介绍数据库、数据库管理系统、数据模型、关系数据库和数据库系统等内容。

1.1.1　数据库和数据库管理系统

1. 数据

数据（Data）是事物的符号表示，数据可以是数字、文字、图像、声音等。一个学生记录数据如图 1.1 所示。

| 121001 | 李贤友 | 男 | 1991-12-30 | 通信 | 52 |

图 1.1　一个学生记录数据

2. 数据库

数据库（Database）是以特定的组织结构存放在计算机的存储介质中的相互关联的数据集合。

数据库具有以下特征：

（1）数据库是相互关联的数据集合，不是杂乱无章的数据集合。

（2）数据存储在计算机的存储介质中。

（3）数据结构比较复杂，有专门的理论支持。

数据库包含了以下含义：

（1）提高了数据和程序的独立性，有专门的语言支持。

（2）建立数据库的目的是为应用服务。

3. 数据库管理系统

数据库管理系统（Database Management System，DBMS）是在操作系统支持下的系统软件，它是数据库应用系统的核心组成部分，主要功能如下。

- 数据定义功能：提供数据定义语言定义数据库和数据库对象。
- 数据操纵功能：提供数据操纵语言对数据库中的数据进行查询、插入、修改、删除等操作。
- 数据控制功能：提供数据控制语言进行数据控制，即提供数据的安全性、完整性、并发控制等功能。
- 数据库建立维护功能：包括数据库初始数据的装入、转储、恢复，以及系统性能的监视、分析等功能。

1.1.2 数据模型

数据模型是现实世界的模拟，它是按计算机的观点对数据建立模型，包含数据结构、数据操作和数据完整性三要素，数据模型有层次模型、网状模型、关系模型。

1. 层次模型

层次模型用树状结构组织数据，树状结构的每一个结点表示一个记录类型，记录类型之间的联系是一对多的联系。层次模型有且仅有一个根结点，位于树状结构顶部，其他结点有且仅有一个父结点。某大学按层次模型组织数据的示例如图 1.2 所示。

图 1.2　层次模型示例

层次模型简单、易用，但现实世界中的很多联系是非层次性的，如多对多联系等，表达起来比较笨拙且不直观。

2. 网状模型

网状模型采用网状结构组织数据，网状结构的每一个结点表示一个记录类型，记录类型之间可以有多种联系，按网状模型组织数据的示例如图 1.3 所示。

图 1.3　网状模型示例

网状模型可以更直接地描述现实世界，层次模型是网状模型的特例，但网状模型的结构复杂，用户不易掌握。

3. 关系模型

关系模型采用关系的形式组织数据，一个关系就是一张二维表，二维表由行和列组成，按关系模型组织数据的示例如图 1.4 所示。

学生关系框架

学号	姓名	性别	出生日期	专业	总学分

成绩关系框架

学号	课程号	分数

学生关系

学号	姓名	性别	出生日期	专业	总学分
12 1001	李贤友	男	1991-12-30	通信	52
12 1002	周映雪	女	1993-01-12	通信	49

成绩关系

学号	课程号	分数
12 1001	205	91
12 1001	801	94
12 1002	801	73

图 1.4　关系模型示例

关系模型建立在严格的数学概念基础之上，数据结构简单、清晰，用户易懂、易用，关系数据库是目前应用最广泛、最重要的一种数学模型。

1.1.3　关系数据库

关系数据库采用关系模型组织数据，是目前最流行的数据库，关系数据库管理系统（Relational Database Management System，RDBMS）是支持关系模型的数据库管理系统。

1. 关系数据库的基本概念

- 关系：关系就是表（Table）在关系数据库中一个关系存储为一个数据表。
- 元组：表中一行（Row）为一个元组（Tuple），一个元组对应数据表中的一条记录（Record），元组的各个分量对应关系的各个属性。
- 属性：表中的列（Column）称为属性（Property），对应数据表中的字段（Field）。
- 域：属性的取值范围。
- 关系模式：对关系的描述称为关系模式，格式如下。

关系名(属性名1，属性名2，…，属性名n)

- 候选码：属性或属性组，其值可唯一标识其对应的元组。
- 主关键字（主键）：在候选码中选择一个作为主键（Primary Key）。

4

- 外关键字（外键）：在一个关系中的属性或属性组不是该关系的主键，但它是另一个关系的主键，称为外键（Foreign Key）。

在图 1.4 中，学生的关系模式如下：

学生(学号，姓名，性别，出生日期，专业，总学分)

主键为学号。

成绩的关系模式如下：

成绩(学号，课程号，成绩)

2. 关系运算

关系数据操作称为关系运算，投影、选择、连接是最重要的关系运算，关系数据库管理系统支持关系数据库的投影、选择、连接运算。

1）选择

选择（Selection）指选出满足给定条件的记录，它是从行的角度进行的单目运算，运算对象是一个表，运算结果形成一个新表。

【例 1.1】 从学生表中选择专业为计算机且总学分在 50 分以上的行进行选择运算，选择所得的新表如表 1.1 所示。

表 1.1 选择后的新表

学 号	姓 名	性 别	出 生 日 期	专 业	总 学 分
121001	李贤友	男	1991-12-30	通信	52

2）投影

投影（Projection）是选择表中满足条件的列，它是从列的角度进行的单目运算。

【例 1.2】 从学生表中选取姓名、性别、专业进行投影运算，投影所得的新表如表 1.2 所示。

表 1.2 投影后的新表

姓 名	性 别	专 业
李贤友	男	通信
周映雪	女	通信

3）连接

连接（Join）是将两个表中的行按照一定的条件横向结合生成新表。选择和投影都是单目运算，其操作对象只是一个表，而连接是双目运算，其操作对象是两个表。

【例 1.3】 学生表与成绩表通过学号相等的连接条件进行连接运算，连接所得的新表如表 1.3 所示。

表 1.3 连接后的新表

学号	姓名	性别	出生日期	专业	总学分	学号	课程号	分数
121001	李贤友	男	1991-12-30	通信	52	121001	205	91
121001	李贤友	男	1991-12-30	通信	52	121001	801	94
121002	周映雪	女	1993-01-12	通信	49	121002	801	73

1.1.4 数据库系统的模式与组成

数据库系统（Database System，DBS）是数据库应用系统的简称，数据库系统由数据库、操作系统、数据库管理系统、应用程序、用户、数据库管理员组成，如图1.5所示。

图1.5　数据库系统的组成

数据库应用系统分为客户-服务器模式（C/S）和三层客户-服务器（B/S）模式。

1. C/S 模式

应用程序直接与用户打交道，数据库管理系统不直接与用户打交道，因此应用程序称为前台，数据库管理系统称为后台。因为应用程序向数据库管理系统提出服务请求，所以称为客户程序（Client），而数据库管理系统向应用程序提供服务，所以称为服务器程序（Server），上述操作数据库的模式称为客户-服务器模式（C/S），如图1.6所示。

图1.6　C/S 模式

2. B/S 模式

基于 Web 的数据库应用采用三层客户-服务器模式（B/S），第一层为浏览器，第二层为 Web 服务器，第三层为数据库服务器，如图1.7所示。

图1.7　B/S 模式

1.2　数据库设计

数据库设计是将业务对象转换为数据库对象的过程，包括需求分析、概念结构设计、逻辑结构设计、物理结构设计、数据的实施、数据库的运行和维护 6 个阶段，现以学生成绩管理系统和图书借阅系统数据库设计为例进行介绍。

1.2.1 需求分析

需求分析阶段是整个数据库设计中最重要的一个步骤，需要从各个方面对业务对象进行调查、收集、分析，以准确地了解用户对数据和处理的需求，需求分析中的结构化分析方法采用逐层分解的方法分析系统，通过数据流图、数据字典描述系统。

- 数据流图：数据流图用来描述系统的功能，表达了数据和处理的关系。
- 数据字典：数据字典是各类数据描述的集合，对数据流图中的数据流和加工等进一步定义，包括数据项、数据结构、数据流、存储、处理过程等。

1.2.2 概念结构设计

为了把现实世界的具体事物抽象、组织为某一 DBMS 支持的数据模型，首先将现实世界的具体事物抽象为信息世界的某一种概念结构，这种结构不依赖于具体的计算机系统，然后将概念结构转换为某个 DBMS 所支持的数据模型。

需求分析得到的数据描述是无结构的，概念设计是在需求分析的基础上转换为有结构的、易于理解的精确表达，概念设计阶段的目标是形成整体数据库的概念结构，它独立于数据库逻辑结构和具体的 DBMS，描述概念结构的工具是 E-R 模型。

E-R 模型即实体-联系模型，E-R 模型中的概念如下。

- 实体：客观存在并可相互区别的事物称为实体，实体用矩形框表示，框内为实体名。实体可以是具体的人、事、物或抽象的概念。例如，在学生成绩管理系统中"学生"就是一个实体。
- 属性：实体所具有的某一特性称为属性，属性采用椭圆框表示，框内为属性名，并用无向边与其相应实体连接。例如，在学生成绩管理系统中学生的特性有学号、姓名、性别、出生日期、专业、总学分，它们就是学生实体的 6 个属性。
- 实体型：用实体名及其属性名集合来抽象和刻画同类实体，称为实体型。例如，学生（学号，姓名，性别，出生日期，专业，总学分）就是一个实体型。
- 实体集：同型实体的集合称为实体集。例如全体学生记录就是一个实体集。
- 联系：实体之间的联系可分为一对一的联系、一对多的联系、多对多的联系。实体间的联系采用菱形框表示，联系以适当的含义命名，名字写在菱形框中，用无向边将参加联系的实体矩形框分别与菱形框相连，并在连线上标明联系的类型，即 1—1、1—n 或 m—n。如果联系也具有属性，则将属性与菱形也用无向边连上。

1. 一对一的联系（1 : 1）

例如，一个班只有一个正班长，一个正班长只属于一个班，班级与正班长两个实体间具有一对一的联系。

2. 一对多的联系（1 : n）

例如，一个班可有若干学生，一个学生只能属于一个班，班级与学生两个实体间具有一对多的联系。

3．多对多的联系（$m:n$）

例如，一个学生可选多门课程，一门课程可被多个学生选修，学生与课程两个实体间具有多对多的联系。

【例 1.4】 画出学生成绩管理系统中的学生、课程实体图。

学生实体有学号、姓名、性别、出生日期、专业、总学分 6 个属性，课程实体有课程号、课程名、学分 3 个属性，它们的实体图如图 1.8 所示。

图 1.8　学生成绩管理系统中的学生、课程实体图

【例 1.5】 画出学生成绩管理系统的 E-R 图。

学生成绩管理系统中有学生、课程两个实体，它们之间的联系是选课，学生选修一门课程后都有一个成绩，一个学生可以选多门课程，一门课程可被多个学生选修，学生成绩管理系统的 E-R 图如图 1.9 所示。

图 1.9　学生成绩管理系统的 E-R 模型

【例 1.6】 画出图书借阅系统的 E-R 图。

图书借阅系统中学生实体的属性有借书证号、姓名、专业、性别、出生日期、借书量、照片，图书实体的属性有 ISBN、书名、作者、出版社、价格、复本量、库存量，它们之

间的联系是借阅，借阅的属性有索书号、借阅时间，一个学生可以借阅多种图书，一种图书可被多个学生借阅，图书借阅系统的 E-R 图如图 1.10 所示。

图 1.10　图书借阅系统的 E-R 模型

1.2.3　逻辑结构设计

为了建立用户所要求的数据库，必须将概念结构转换为某个 DBMS 所支持的数据模型，由于当前主流的数据模型是关系模型，所以逻辑结构设计是将概念结构转换为关系模型，即将 E-R 模型转换为一组关系模式。

1.（1 : 1）联系的 E-R 图到关系模式的转换

这里用学校和校长之间的联系为例，一个学校只有一个校长，一个校长只在一个学校任校长，属于一对一关系。

（1）为每个实体设计一张表（下画线"_"表示该字段为主键）。

学校 (<u>学校编号</u>, 名称, 地址)
校长 (<u>校长编号</u>, 姓名, 职称)

（2）任选一个表，其中的主键在另一个表中充当外键。

选择校长表中的主键在学校表中充当外键，设计以下关系模式：

学校 (<u>学校编号</u>, 名称, 地址, 校长编号)
校长 (<u>校长编号</u>, 姓名, 职称)

2.（1 : *n*）联系的 E-R 图到关系模式的转换

这里以班级和学生之间的联系为例，一个班级中有若干名学生，每个学生只在一个班级中学习，属于一对多关系。

（1）为每个实体设计一张表。

班级 (<u>班级编号</u>, 教室号, 人数)
学生 (<u>学号</u>, 姓名, 性别, 出生日期, 专业, 总学分)

（2）选"1"方表，其主键在"n"方表中充当外键。

选择校长表中的主键在学校表中充当外键，设计以下关系模式：

班级(<u>班级编号</u>，教室号，人数)
学生(<u>学号</u>，姓名，性别，出生日期，专业，总学分，班级编号)

3.（$m:n$）联系的 E-R 图到关系模式的转换

这里以学生和课程之间的联系为例，一个学生可以选多门课程，一门课程可以有多个学生选，属于多对多关系。

（1）为每个实体设计一张表。

学生(<u>学号</u>，姓名，性别，出生日期，专业，总学分)
课程(<u>课程号</u>，课程名，学分)

（2）产生一个新表，"m"方和"n"方的主键在新表中充当外键。

选择学生表中的主键和课程表中的主键在新表——选课表中充当外键，设计以下关系模式：

学生(<u>学号</u>，姓名，性别，出生日期，专业，总学分)
课程(<u>课程号</u>，课程名，学分)
选课(<u>学号</u>，<u>课程号</u>，分数)

【例 1.7】 设计学生成绩管理系统的逻辑结构。

设计学生成绩管理系统的逻辑结构，即设计学生成绩管理系统的关系模式，选课关系实际上是成绩关系，将选课改为成绩，学生成绩管理系统的关系模式设计如下：

学生(<u>学号</u>，姓名，性别，出生日期，专业，总学分)
课程(<u>课程号</u>，课程名，学分)
成绩(<u>学号</u>，<u>课程号</u>，分数)

为了程序设计方便，将汉字表示的关系模式改为英文表示的关系模式：

student(<u>stno</u>,stname,stsex,stbirthday,speciality,tc)   对应学生关系模式
course(<u>cno</u>,cname,credit)   对应课程关系模式
score(<u>stno</u>,<u>cno</u>,grade)   对应成绩关系模式

【例 1.8】 设计图书借阅系统的逻辑结构。

设计图书借阅系统的逻辑结构即设计图书借阅系统的关系模式，图书借阅系统的关系模式设计如下：

学生信息(<u>借书证号</u>，姓名，性别，出生时间，专业，借书量)
图书(<u>ISBN</u>,书名，作者，出版社，价格，复本量，库存量)
借阅(借书证号，ISBN，<u>索书号</u>，借书时间)

将汉字表示的关系模式改为英文表示的关系模式：
stuinfor (<u>readerid</u>,stname,stsex,stbirthday,speciality,borramount)
                                        对应学生信息关系模式
book(<u>isbn</u>,bname,author,press,price,copyamount,inventory)
                                        对应图书关系模式
borrow (readerid,isbn,<u>bookid</u>,borrdate)   对应借阅关系模式

1.2.4 物理结构设计

数据库在物理设备上的存储结构和存取方法称为数据库的物理结构，它依赖于给定的计算机系统，为逻辑数据模型选取一个最适合应用环境的物理结构，就是物理结构设计。

数据库的物理结构设计通常分为两步：

（1）确定数据库的物理结构，在关系数据库中主要指存取方法和存储结构。

（2）对物理结构进行评价，评价的重点是时间和空间效率。

1.2.5 数据库的实施

数据库的实施包括以下工作：

- 建立数据库。
- 组织数据入库。
- 编制与调试应用程序。
- 数据库试运行。

1.2.6 数据库的运行和维护

在数据库投入正式运行后，经常性维护工作主要由 DBA 完成，内容如下：

- 数据库的转储和恢复。
- 数据库的安全性、完整性控制。
- 数据库性能的监督、分析和改进。
- 数据库的重组织和重构造。

1.3 应用举例

为进一步掌握数据库设计中的概念结构设计和逻辑结构设计，现举例说明如下：

【例 1.9】 在商场销售系统中搜集到以下信息。

顾客信息：顾客号、姓名、地址、电话。

订单信息：订单号、单价、数量、总金额。

商品信息：商品号、商品名称。

该业务系统有以下规则：

I. 一个顾客可拥有多个订单，一个订单只属于一个顾客。

II. 一个订单可购多种商品，一种商品可被多个订单购买。

（1）根据以上信息画出合适的 E-R 图。

（2）将 E-R 图转换为关系模式，并用下画线标出每个关系的主码、说明外码。

解决如下：

（1）画出的 E-R 图如图 1.11 所示。

（2）由 E-R 图转换的关系模式如下：

顾客(顾客号, 姓名, 地址, 电话)

订单(订单号, 总金额, 顾客号)

外码：顾客号

订单明细 (<u>订单号</u>，<u>商品号</u>，单价，数量)

外码：订单号，商品号

商品 (<u>商品号</u>，商品名称)

图 1.11　商场销售系统的 E-R 模型

1.4　小　结

本章主要介绍了以下内容：

（1）数据库（Database，DB）是长期存放在计算机内的有组织的可共享的数据集合，数据库中的数据按一定的数据模型组织、描述和储存，具有尽可能小的冗余度、较高的数据独立性和易扩张性。

数据库管理系统（Database Management System，DBMS）是数据库系统的核心组成部分，它是在操作系统支持下的系统软件，是对数据进行管理的大型系统软件，用户在数据库系统中的一些操作都是由数据库管理系统来实现的。

数据库系统（Database System，DBS）是在计算机系统中引入数据库后的系统构成，数据库系统由数据库、操作系统、数据库管理系统、应用程序、用户、数据库管理员（Database Administrator，DBA）组成。

（2）数据模型（Data Model）是现实世界数据特征的抽象，一般由数据结构、数据操作、数据完整性约束 3 个部分组成。数据模型有层次模型、网状模型、关系模型等。

关系数据库采用关系模型组织数据，关系数据库是目前最流行的数据库，关系数据库管理系统（Relational Database Management System，RDBMS）是支持关系模型的数据库管理系统。

（3）数据库设计是将业务对象转换为数据库对象的过程，包括需求分析、概念结构设计、逻辑结构设计、物理结构设计、数据库的实施、数据库的运行和维护 6 个阶段。

（4）需求分析得到的数据描述是无结构的，概念设计是在需求分析的基础上转换为有结构的、易于理解的精确表达，概念设计阶段的目标是形成整体数据库的概念结构，它独立于数据库逻辑结构和具体的 DBMS，描述概念结构的工具是 E-R 模型，即实体-联系模型。

（5）为了建立用户所要求的数据库，必须将概念结构转换为某个 DBMS 所支持的数据模型，由于当前主流的数据模型是关系模型，所以逻辑结构设计是将概念结构转换为关系模型，即将 E-R 模型转换为一组关系模式。

习　题　1

一、选择题

1.1　下面不属于数据模型要素的是_____。

A. 数据结构　　　　　　　　　　　B. 数据操作

C. 数据控制　　　　　　　　　　　D. 完整性约束

1.2　数据库（DB）、数据库系统（DBS）和数据库管理系统（DBMS）的关系是_____。

A. DBMS 包括 DBS 和 DB　　　　　B. DBS 包括 DBMS 和 DB

C. DB 包括 DBS 和 DBMS　　　　　D. DBS 就是 DBMS，也就是 DB

1.3　如果关系中某一属性（组）的值能唯一地标识一个元组，则称之为_____。

A. 候选码　　　　B. 外码　　　　C. 联系　　　　D. 主码

1.4　以下对关系性质的描述中错误的是_____。

A. 关系中的每个属性值都是不可分解的

B. 在关系中允许出现相同的元组

C. 在定义关系模式时可随意指定属性的排列顺序

D. 关系中元组的排列顺序可任意交换

1.5　在数据库设计中概念设计的主要工具是_____。

A. E-R 图　　　　B. 概念模型　　　　C. 数据模型　　　　D. 范式分析

二、填空题

1.6　数据模型由数据结构、数据操作和_____组成。

1.7　实体之间的联系分为一对一、一对多和_____3 类。

1.8　数据库系统的三级模式包括外模式、模式和_____。

1.9　数据库的特性包括共享性、独立性、完整性和_____。

三、问答题

1.10　什么是数据库？

1.11　数据库管理系统有哪些功能？

1.12　什么是关系数据库？简述关系运算。

1.13　数据库设计分为哪几个阶段？

四、应用题

1.14　设学生成绩信息管理系统在需求分析阶段搜集到以下信息。

学生信息：学号、姓名、性别、出生日期。

课程信息：课程号、课程名、学分。

该业务系统有以下规则：

I. 一名学生可选修多门课程，一门课程可被多名学生选修。

II. 学生选修的课程要在数据库中记录课程成绩。

（1）根据以上信息画出合适的 E-R 图。

（2）将 E-R 图转换为关系模式，并用下画线标出每个关系的主码、说明外码。

1.15 设图书借阅系统在需求分析阶段搜集到以下信息。

图书信息：书号、书名、作者、价格、复本量、库存量。

学生信息：借书证号、姓名、专业、借书量。

该业务系统有以下约束：

I. 一个学生可以借阅多种图书，一种图书可被多个学生借阅。

II. 学生借阅的图书要在数据库中记录索书号、借阅时间。

（1）根据以上信息画出合适的 E-R 图。

（2）将 E-R 图转换为关系模式，并用下画线标出每个关系的主码、说明外码。

第2章   SQL Server 概述

本章要点:

- SQL Server 简介。
- SQL Server 的安装。
- 服务器组件和管理工具。
- SQL Server Management Studio 环境。

开发一个数据库应用系统,在本书中,前台使用的程序开发环境为 Java EE,后台使用的数据库平台为 SQL Server。本章对 SQL Server 进行介绍,主要内容有 SQL Server 简介、SQL Server 2012 和 SQL Server 2008 的安装、服务器组件和管理工具、SQL Server Management Studio 环境等。

2.1   SQL Server 简介

本节介绍 SQL Server 的发展历程、SQL Server 2012 的新特性和 SQL Server 2012 的版本等内容。

1. SQL Server 的发展历程

1988 年,Microsoft、Sybase 和 Ashton-Tate 几家公司联合开发出运行于 OS/2 操作系统上的 SQL Server 1.0。

1989 年,Ashton-Tate 公司退出 SQL Server 的开发。

1994 年,Microsoft 和 Sybase 公司分道扬镳。

1995 年,SQL Server 6.0 第一次完全由 Microsoft 公司开发。

1996 年,Microsoft 公司发布了 SQL Server 6.5,提供了成本低的可以满足众多小型商业应用的数据库方案。

1998 年,Microsoft 公司发布了 SQL Server 7.0,在数据库存储和数据库引擎方面发生了根本变化,提供了面向中、小型商业应用数据库功能的支持。

2000 年,Microsoft 公司发布了 SQL Server 2000(SQL Server 8.0),具有使用方便、可伸缩性好、相关软件集成度高等特点。

2005 年,Microsoft 公司发布了 SQL Server 2005(SQL Server 9.0),它是一个全面的数据库平台,使用集成的商业智能工具提供了企业级的数据管理,加入了分析报表和集成等功能。

2008 年，Microsoft 公司发布了 SQL Server 2008（SQL Server 10.0），增加了许多新特性并改进了关键性功能，支持关键任务企业数据平台、动态开发、关系数据和商业智能。

2012 年，Microsoft 公司发布了 SQL Server 2012（SQL Server 11.0）。

2. SQL Server 2012 的新特性

SQL Server 2012 是一个能用于大型联机事务处理、数据仓库和电子商务等方面的数据库平台，又是一个能用于数据集成、数据分析和报表解决方案的商业智能平台。

（1）高可用性和灾难恢复：AlwaysOn 将高可用性和灾难恢复结合起来，大幅度地提高数据库的镜像性能。

（2）提供灵活和有效的安全机制：配置包含数据库（Contained Database），用户可在数据库内部无须创建服务器登录；创建用户自定义服务器角色；增强的审计功能。

（3）商业智能：商业智能（Business Intelligence，BI）代表数据向知识的转化，帮助用户使用数据来判断销售趋势和顾客购买模式等。SQL Server 2012 强化了商业智能，提供了商业智能语义模型和使用 PowerView 商业智能工具创建商业智能报告。

（4）超快的性能：列存储索引和有关技术结合，使数据仓库查询速度大幅度提升。

（5）集成服务：提供了在各种数据源场景中快速导入、导出的工具，这些数据源包括 Excel、文本文件、Oracle 和 DB2。

（6）大数据支持：提供了从数 TB 到数百 TB 全面的端到端的解决方案。

（7）实现了一个为云做好准备的信息平台。

3. SQL Server 2012 的版本

SQL Server 2012 是一个产品系列，运行在 Windows 操作系统上，其版本有企业版（Enterprise Edition）、商业智能版（Business Intelligence Edition）、标准版（Standard Edition）、网络版（Web Edition）、开发版（Developer Edition）和快捷版（Express Edition），用户可以根据需要和运行环境选择不同的版本。

2.2 SQL Server 的安装

用户可以从 Microsoft 网站下载 SQL Server 2012 Evaluation 和 SQL Server 2008 Evaluation 免费版本，网址为 "https://www.microsoft.com/zh-cn/search/result.aspx?q=sql+server+evaluation&form=MSHOME"。

2.2.1 SQL Server 2012 的安装

下面介绍 SQL Server 2012 Evaluation 的安装。

1. 安装要求

1）操作系统要求

Windows 7、Windows Server 2008 R2、Windows Server 2008 Service Pack 2、Windows Vista Service Pack 2。

2）硬件要求

（1）CPU。

- 32 位系统：具有 Intel 1GHz（或同等性能的兼容处理器）或速度更快的处理器（建议使用 2 GHz 或速度更快的处理器）的计算机。
- 64 位系统：1.4 GHz 或速度更快的处理器。

（2）内存：微软推荐 1GB 或者更大的内存。

（3）硬盘空间：完全安装 SQL Server 需要 1GB 以上的硬盘空间。

2．安装步骤

SQL Server 2012 的安装步骤如下：

（1）双击 SQL Server 安装文件夹中的 setup.exe 应用程序，屏幕上出现"SQL Server 安装中心"窗口，选择"安装"选项卡，出现如图 2.1 所示的界面，单击"全新 SQL Server 独立安装或向现有安装添加功能"选项。

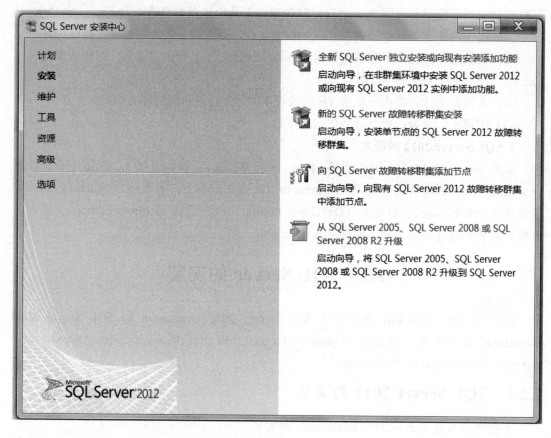

图 2.1 "SQL Server 安装中心"窗口

（2）进入"安装程序支持规则"窗口，只有通过安装程序支持规则，安装程序才能继续进行，如图 2.2 所示，单击"确定"按钮。

图 2.2 "安装程序支持规则"窗口

（3）进入"功能选择"窗口，单击"全选"按钮，如图 2.3 所示。

图 2.3 "功能选择"窗口

SQL Server 概述

（4）单击"下一步"按钮进入"实例配置"窗口，如图 2.4 所示。选择"默认实例"单选按钮，在"实例 ID"文本框中将自动填入 MICSQLSERVER，单击"下一步"按钮。

图 2.4　"实例配置"窗口

（5）选择"对所有 SQL Server 服务使用相同的账户"，此时将出现一个新窗口，在"账户名"文本框中输入"NT AUTHORITY\SYSTEM"，单击"确定"按钮，出现如图 2.5 所示的窗口。

图 2.5　"服务器配置"窗口

（6）单击"下一步"按钮进入"数据库引擎配置"窗口，选择"混合模式"单选按钮，单击"添加当前用户"按钮，在"指定 SQL Server 管理员"框中将自动填入"dell-PC\dell（dell），在"输入密码"和"确认密码"文本框中设置密码为"123456"，如图 2.6 所示。

图 2.6　"数据库引擎配置"窗口

（7）单击"下一步"按钮进入"Analysis Services 配置"窗口，单击"添加当前用户"按钮，在"指定哪些用户具有对 Analysis Services 的管理权限"框中将自动填入"dell-PC\dell（dell）"，如图 2.7 所示，单击"下一步"按钮。

图 2.7　"Analysis Services 配置"窗口

（8）以下"Reporting Services 配置"窗口、"错误和使用情况报告"窗口都单击"下一步"按钮，进入"安装配置规则"窗口，如图 2.8 所示。单击"下一步"按钮进入"准备安装"窗口，单击"安装"按钮进入"安装进度"窗口，单击"下一步"按钮进入安装过程，安装完成后单击"下一步"按钮。

图 2.8 "安装配置规则"窗口

（9）进入"完成"窗口，如图 2.9 所示，单击"关闭"按钮完成全部安装过程。

图 2.9 "完成"窗口

2.2.2　SQL Server 2008 的安装

下面介绍 SQL Server 2008 Evaluation 的安装。

1. 安装要求

1）操作系统要求

Windows XP、Windows Vista、Windows 7、Windows Server 2003 SP2、Windows Server 2008。

2）硬件要求

（1）CPU：推荐使用 2GHz 的处理器。

（2）内存：微软推荐 1GB 或者更大的内存。

（3）硬盘空间：完全安装 SQL Server 需要 1GB 以上的硬盘空间。

2. 安装步骤

SQL Server 2008 的安装步骤如下：

（1）双击 SQL Server 安装文件夹中的 setup.exe 应用程序，屏幕上出现"SQL Server 安装中心"窗口，选择"安装"选项卡，出现如图 2.10 所示的界面，单击"全新 SQL Server 独立安装或向现有安装添加功能"选项。

图 2.10　"SQL Server 安装中心"窗口

（2）进入"安装程序支持规则"窗口，只有通过安装程序支持规则安装程序才能继续进行，如图 2.11 所示，单击"下一步"按钮。

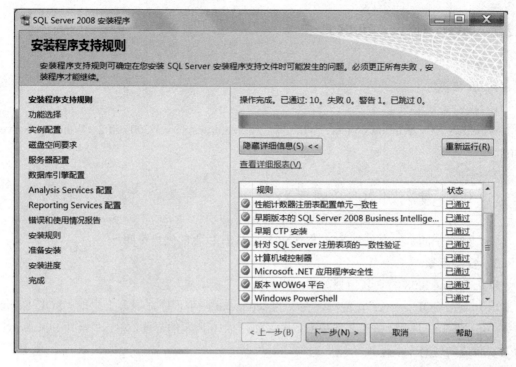

图 2.11 "安装程序支持规则"窗口

（3）进入"功能选择"窗口，单击"全选"按钮，如图 2.12 所示。

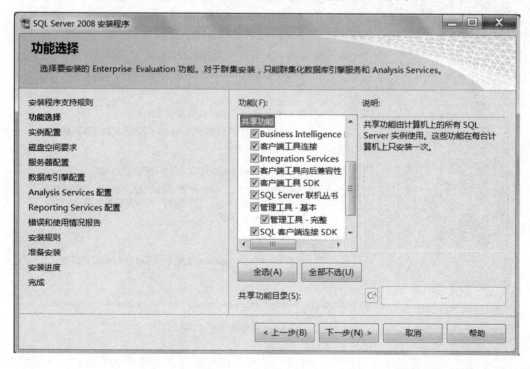

图 2.12 "功能选择"窗口

（4）单击"下一步"按钮进入"实例配置"窗口，选择"默认实例"单选按钮，在"实例 ID"文本框中将自动填入 MSSQLSERVER,如图 2.13 所示,单击"下一步"按钮。

图 2.13　"实例配置"窗口

（5）选择"对所有 SQL Server 服务使用相同的账户",此时会出现一个新窗口,在"账户名"文本框中输入"NT AUTHORITY\SYSTEM",单击"确定"按钮,出现如图 2.14 所示的窗口。

图 2.14　"服务器配置"窗口

SQL Server 概述

（6）单击"下一步"按钮进入"数据库引擎配置"窗口，选择"混合模式"单选按钮，单击"添加当前用户"按钮，在"指定 SQL Server 管理员"框中将自动填入"dell-PC\dell（dell）"，在"输入密码"和"确认密码"文本框中设置密码为"123456"，如图 2.15 所示。

图 2.15 "数据库引擎配置"窗口

（7）单击"下一步"按钮进入"Analysis Services 配置"窗口，单击"添加当前用户"按钮，在"指定哪些用户具有对 Analysis Services 的管理权限"框中将自动填入"dell-PC\dell（dell）"，单击"下一步"按钮。

（8）以下"Reporting Services 配置"窗口、"错误和使用情况报告"窗口都单击"下一步"按钮，进入"安装配置规则"窗口。单击"下一步"按钮进入"准备安装"窗口，单击"安装"按钮进入"安装进度"窗口，单击"下一步"按钮进入安装过程，安装完成后单击"下一步"按钮。

（9）进入"完成"窗口，如图 2.16 所示，单击"关闭"按钮完成全部安装过程。

图 2.16 "完成"窗口

2.3 服务器组件和管理工具

2.3.1 服务器组件

SQL Server 服务器组件包括数据库引擎、分析服务、报表服务、集成服务等。

1. 数据库引擎

数据库引擎（Database Engine）用于存储、处理和保护数据的核心服务，例如创建数据库、创建表和视图、数据查询、可控访问权限、快速事务处理等。

实例（Instances）即 SQL Server 服务器，在同一台计算机上可以同时安装多个 SQL Server 数据库引擎实例，例如可以在同一台计算机上安装两个 SQL Server 数据库引擎实例，分别管理学生成绩数据和教师上课数据，两者互不影响。实例分为默认实例和命名实例两种类型，安装 SQL Server 数据库通常选择默认实例进行安装。

- 默认实例：默认实例由运行该实例的计算机的名称唯一标识，SQL Server 默认实例的服务名称为 MSSQLSERVER，在一台计算机上只能有一个默认实例。
- 命名实例：命名实例可在安装过程中用指定的实例名标识，命名实例的格式为"计算机名\实例名"，命名实例的服务名称即为指定的实例名。

2. 分析服务

分析服务（SQL Server Analysis Services，SSAS）为商业智能应用程序提供联机分析处理（OLAP）和数据挖掘功能。

3. 报表服务

报表服务（SQL Server Reporting Services，SSRS）是基于服务器的报表平台，可以用来创建和管理包含关系数据源和多维数据源中数据的表格、矩阵报表、图形报表、自由格式报表等。

4. 集成服务

集成服务（SQL Server Integration Services，SSIS）主要用于清理、聚合、合并、复制数据的转换以及管理 SSIS 包，提供生产并调试 SSIS 包的图形向导工具，执行 FTP、电子邮件消息传递等操作。

2.3.2 管理工具

在完成安装后单击"开始"按钮，选择"所有程序"中的 MicroSoft SQL Server，即可查看 SQL Server 管理工具，如图 2.17 所示。

- **SQL Server Management Studio**：为数据库管理员和开发人员提供图形化和集成开发环境。
- **SQL Server 配置管理器**：用于管理与 SQL Server 相关联的服务，管理服务器和客户端网络配置设置。

图 2.17　SQL Server 管理工具

单击"开始"按钮，选择"所有程序"→Microsoft SQL Server→"配置工具"，单击"SQL Server 配置管理器"，出现"SQL Server 配置管理器"窗口，如图 2.18 所示。

图 2.18　"SQL Server 配置管理器"窗口

　　注意：在 SQL Server 正常运行以后，如果启动 SQL Server Management Studio 并连接 SQL Server 服务器时出现不能连接到 SQL Server 服务器的错误，应首先检查 SQL Server 配置管理器中的 SQL Server 服务是否已经正在运行。

- SQL Server 安装中心：安装、升级、更改 SQL Server 实例中的组件。
- Reporting Services 配置管理器：提供报表服务器配置的统一查看、设置和管理方式。
- SQL Server Profiler：提供用于监视 SQL Server 数据库引擎实例或 Analysis Services 实例的图形用户界面。
- 数据库引擎优化顾问：它是一个性能优化工具，可以协助创建索引、索引视图和分区的最佳组合。

2.4　SQL Server Management Studio 环境

启动 SQL Server Management Studio 的操作步骤如下：

单击"开始"按钮，选择"所有程序"→SQL Server，单击 SQL Server Management Studio，出现"连接到服务器"对话框，在"服务器名称"框中选择服务器名称，在"身份验证"框中选择 SQL Server 身份验证，在"登录名"框中选择 sa，在"密码"框中输入 123456（此为安装过程中设置的密码），如图 2.19 所示，单击"连接"按钮，即可用混合模式启动 SQL Server Management Studio 并连接到 SQL Server 服务器。

图 2.19　"连接到服务器"对话框

屏幕上出现 SQL Server Management Studio 窗口，如图 2.20 所示，它包括对象资源管理器、已注册的服务器、模板浏览器等。

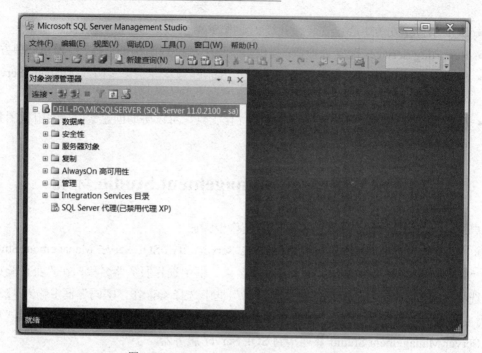

图 2.20　SQL Server Management Studio 窗口

1. 对象资源管理器

在"对象资源管理器"窗口中包括数据库、安全性、服务器对象、复制、管理、SQL Server 代理等对象。选择"数据库"→"系统数据库"→master，即展开为表、视图、同义词、可编程性、存储、安全性等子对象，如图 2.21 所示。

图 2.21　"对象资源管理器"窗口

2. 已注册的服务器

在"已注册的服务器"窗口中包括数据库引擎、Analysis Services、Reporting Services、Integration Services、SQL Server Compact 几种服务类型,可用该窗口工具栏中的按钮切换,如图 2.22 所示。

图 2.22 "已注册的服务器"窗口

3. 模板浏览器

在 SQL Server Management Studio 窗口的菜单栏中选择"视图"→"模板浏览器",该窗口右侧会出现"模板浏览器"窗口,如图 2.23 所示。在"模板浏览器"窗口中可以找到 100 多个对象。

图 2.23 "模板浏览器"窗口

2.5 小 结

本章主要介绍了以下内容：

（1）SQL Server 的发展历程、SQL Server 2012 的新特性、SQL Server 2012 的版本。

（2）SQL Server 2012 的安装要求和安装步骤，SQL Server 2008 的安装要求和安装步骤。

（3）SQL Server 服务器组件包括数据库引擎、分析服务、报表服务、集成服务等。SQL Server 管理工具包括 SQL Server Management Studio、SQL Server 安装中心、Reporting Services 配置管理器、SQL Server Profiler、数据库引擎优化顾问等。

（4）启动 SQL Server Management Studio 的操作步骤，SQL Server Management Studio 中的对象资源管理器、已注册的服务器、模板浏览器。

习 题 2

一、选择题

2.1 SQL Sever 是_____。

    A. 数据库   B. DBMS

    C. DBA   D. 数据库系统

2.2 SQL Sever 为数据库管理员和开发人员提供的图形化和集成开发环境是_____。

    A. SQL Server 配置管理器

    B. SQL Server Profiler

    C. SQL Server Management Studio

    D. 对象资源管理器

2.3 SQL Server 服务器组件不包括_____。

    A. 数据库引擎   B. 分析服务

    C. 报表服务   D. SQL Server 配置管理器

二、填空题

2.4 SQL Server 服务器组件包括数据库引擎、分析服务、报表服务和_____。

2.5 SQL Server 用于管理与 SQL Server 相关联的服务，管理服务器和客户端_____配置设置。

三、问答题

2.6 SQL Server 2012 具有哪些新特征？

2.7 安装 SQL Server 2012 有哪些要求？

2.8 简述 SQL Server 2012 的安装步骤。

2.9 SQL Server 2012 有哪些服务器组件？

2.10 SQL Server 2012 有哪些管理工具？

2.11　SQL Server Management Studio 2012 有哪些功能？

2.12　简述启动 SQL Server Management Studio 2012 的操作步骤。

2.13　SQL Server 2012 配置管理器有哪些功能？

四、上机实验题

2.14　安装 SQL Server 2008 数据库。

2.15　安装 SQL Server 2012 数据库。

2.11. SQL Server Management Studio 201 下载安装

2.12. 中文 SQL Server Management Studio 201

2.13. SQL

14.15. E SQL Server

2.14. 下载 SQL Server 2008 E 中

2.15. 安装 E SQL Server 201

第3章 创建和修改数据库

本章要点:

- SQL Server 数据库的基本概念。
- 创建 SQL Server 数据库。

如果要使用 SQL Server 设计和实现信息系统,首先要设计和实现数据的表示和存储,即创建数据库,数据库是 SQL Server 用于组织和管理数据的基本对象,SQL Server 能够支持多个数据库。本章介绍 SQL Server 数据库的基本概念、创建 SQL Server 数据库等内容。从本章起以后各章,SQL Server 都是指 SQL Server 2012。

3.1 SQL Server 数据库的基本概念

数据库是 SQL Server 存储和管理数据的基本对象,本节从逻辑数据库和物理数据库两个角度进行讨论。

3.1.1 逻辑数据库

从用户的观点看,组成数据库的逻辑成分称为数据库对象,SQL Server 数据库由存放数据的表以及支持这些数据的存储、检索、安全性和完整性的对象所组成。

1. 数据库对象

SQL Server 的数据库对象包括表(table)、视图(view)、索引(index)、存储过程(stored procedure)、触发器(trigger)等,下面介绍常用的数据库对象。

- 表:表是包含数据库中所有数据的数据库对象,由行和列构成,它是最重要的数据库对象。
- 视图:视图是由一个表或多个表导出的表,又称为虚拟表。
- 索引:为加快数据检索速度并可以保证数据唯一性的数据结构。
- 存储过程:为完成特定功能的 T-SQL 语句集合,编译后存放于服务器端的数据库中。
- 触发器:它是一种特殊的存储过程,当某个规定的事件发生时该存储过程自动执行。

2. 系统数据库和用户数据库

SQL Server 的数据库有两类,一类是系统数据库,另一类是用户数据库。

1)系统数据库

SQL Server 在安装时创建 4 个系统数据库,即 master、model、msdb 和 tempdb。系统数据库存储有关 SQL Server 的系统信息,当系统数据库受到破坏时 SQL Server 将不能正常启动和工作。

- master 数据库：它是系统最重要的数据库，记录了 SQL Server 的系统信息，例如登录账号、系统配置、数据库位置及数据库错误信息等，用于控制用户数据库和 SQL Server 的运行。
- model 数据库：为创建数据库提供模板。
- msdb 数据库：该数据库是代理服务数据库，为调度信息、作业记录等提供存储空间。
- tempdb 数据库：它是一个临时数据库，为临时表和临时存储过程提供存储空间。

2）用户数据库

用户数据库是由用户创建的数据库，本书所创建的数据库都是用户数据库，用户数据库和系统数据库在结构上是相同的。

3. 完全限定名和部分限定名

在 T-SQL 中引用 SQL Server 对象对其进行查询、插入、修改、删除等操作，所使用的 T-SQL 语句需要给出对象的名称，用户可以使用完全限定名和部分限定名。

1）完全限定名

完全限定名是对象的全名，SQL Server 创建的每个对象都有唯一的完全限定名，它由 4 个部分组成，即服务器名、数据库名、数据库架构名和对象名，其格式如下：

```
server.database.scheme.object
```

例如，DELL-PC.stsc.dbo.student 即为一个完全限定名。

2）部分限定名

使用完全限定名往往很烦琐且没有必要，经常省略其中的某些部分。在对象全名的 4 个部分中，前 3 个部分均可被省略，当省略中间的部分时圆点符 "." 不可省略。这种只包含对象完全限定名中的一部分的对象名称为部分限定名。

在部分限定名中，未指出的部分使用以下默认值。

- 服务器：默认为本地服务器。
- 数据库：默认为当前数据库。
- 数据库架构名：默认为 dbo。

部分限定名的格式如下：

```
server.database...object        /*省略架构名*/
server.. scheme.object          /*省略数据库名*/
database. scheme.object         /*省略服务器名*/
server…object                   /*省略架构名和数据库名*/
scheme.object                   /*省略服务器名和数据库名*/
object                          /*省略服务器名、数据库名和架构名*/
```

例如，完全限定名 DELL-PC.stsc.dbo.student 的部分限定名如下：

```
DELL-PC.stsc..student
DELL-PC..dbo.student
stsc.dbo.student
DELL-PC..student
dbo.student
```

```
student
```

3.1.2　物理数据库

从系统的观点看，数据库是存储逻辑数据库的各种对象的实体，它们存放在计算机的存储介质中，从这个角度称数据库为物理数据库。SQL Server 的物理数据库架构包括页和区、数据库文件、数据库文件组等。

1. 页和区

页和区是 SQL Server 数据库的两个主要的数据存储单位。

- 页：每个页的大小是 8KB，每 1MB 的数据文件可以容纳 128 页，页是 SQL Server 中用于数据存储的最基本单位。
- 区：每 8 个连接的页组成一个区，区的大小是 64KB，1MB 的数据库有 16 个区，区用于控制表和索引的存储。

2. 数据库文件

SQL Server 采用操作系统文件来存放数据库，使用的文件有主数据文件、辅助数据文件、日志文件 3 类。

1）主数据文件（Primary）

主数据文件用于存储数据，每个数据库必须有也只能有一个主文件，它的默认扩展名为.mdf。

2）辅助数据文件（Secondary）

辅助数据文件也用于存储数据，在一个数据库中辅助数据文件可以创建多个，也可以没有，辅助数据文件的默认扩展名为.ndf。

3）日志文件（Transaction Log）

日志文件用于保存恢复数据库所需的事务日志信息。每个数据库至少有一个日志文件，也可以有多个，日志文件的扩展名为.ldf。

3. 数据库文件组

为了管理和分配数据将多个文件组织在一起，组成文件组，对它们进行整体管理，以提高表中数据的查询效率，SQL Server 提供了两类文件组，即主文件组和用户定义文件组。

1）主文件组

主文件组包含主要数据文件和任何没有指派给其他文件组的文件，数据库的系统表均分配在主文件组中。

2）用户定义文件组

用户定义文件组包含所有使用 CREATE DATABASE 或 ALTER DATABASE 语句并用 FILEGROUP 关键字指定的文件组。

3.2　创建 SQL Server 数据库

SQL Server 提供了两种方法创建 SQL Server 数据库，一种方法是使用 SQL Server Management Studio 的图形用户界面创建 SQL Server 数据库，另一种方法是使用 T-SQL 语句创建 SQL Server 数据库，本节只介绍前一种方法，后一种方法将在后面章节介绍。

创建 SQL Server 数据库包括创建数据库、修改数据库、删除数据库等内容，下面分别介绍。

3.2.1 创建数据库

在使用数据库之前首先需要创建数据库。在学生成绩管理系统中以创建名称为 stsc 的学生成绩数据库为例说明创建数据库的步骤。

【例 3.1】 使用 SQL Server Management Studio 创建 stsc 数据库。

创建 stsc 数据库的操作步骤如下：

（1）单击"开始"按钮，选择"所有程序"→SQL Server，单击 SQL Server Management Studio，出现"连接到服务器"对话框，在"服务器名称"框中选择服务器名称，在"身份验证"框中选择 SQL Server 身份验证，在"登录名"框中选择 sa，在"密码"框中输入 123456，如图 3.1 所示，单击"连接"按钮连接到 SQL Server 服务器。

图 3.1 "连接到服务器"对话框

（2）屏幕上出现 SQL Server Management Studio 窗口，在左边的"对象资源管理器"窗口中选中"数据库"结点，然后右击，在弹出的快捷菜单中选择"新建数据库"命令，如图 3.2 所示。

（3）进入"新建数据库"窗口，在该窗口中有 3 个选项卡，即"常规"选项卡、"选项"选项卡和"文件组"选项卡，"常规"选项卡首先出现。

在"数据库名称"文本框中输入创建的数据库名称 stsc，"所有者"文本框使用系统默认值，系统将自动在"数据库文件"列表中生成一个主数据文件"stsc.mdf"和一个日志文件"stsc_log.ldf"，主数据文件"stsc.mdf"初始大小为 3MB，增量为 1MB，存放的路径为"C: \Program Files\Microsoft SQL Server\MSSQL10.MSSQLSERVER\MSSQL\DATA"，日志文件"stsc_log.ldf"的初始大小为 1MB，增量为 10%，存放的路径与主数据文件的路径相同，如图 3.3 所示。

创建和修改数据库

36

图 3.2　选择"新建数据库"命令

图 3.3　"新建数据库"窗口

在这里只配置"常规"选项卡，其他选项卡采用系统默认设置。

（4）单击"确定"按钮，stsc 数据库创建完成，在"C:\Program Files\Microsoft SQL Server\MSSQL11.MICSQLSERVER\MSSQL\DATA"中增加了两个数据文件 stsc.mdf 和 stsc_log.ldf。

3.2.2 修改数据库

在数据库创建后，用户可以根据需要对数据库进行以下修改：

- 增加或删除数据文件，改变数据文件的大小和增长方式。
- 增加或删除日志文件，改变日志文件的大小和增长方式。
- 增加或删除文件组。

【例 3.2】在 abc 数据库（已创建）中增加数据文件 abcbk.ndf 和日志文件 abcbk_log.ldf。
操作步骤如下：

（1）启动 SQL Server Management Studio，在左边的"对象资源管理器"窗口中展开"数据库"结点，选中数据库"abc"，然后右击，在弹出的快捷菜单中选择"属性"命令，如图 3.4 所示。

图 3.4 选择"属性"命令

（2）在"数据库属性-abc"窗口中单击"选择页"中的"文件"选项，进入文件设置页面，

如图 3.5 所示。通过本窗口可增加数据文件和日志文件。

（3）增加数据文件。单击"添加"按钮，在"数据库文件"列表中将出现一个新的文件位置，单击"逻辑名称"文本框并输入名称"abcbk"，单击"初始大小"文本框，通过该框后的微调按钮将大小设置为5，"文件类型"文本框、"文件组"文本框、"自动增长"文本框和"路径"文本框都选择默认值。

图 3.5 "数据库属性-abc"窗口的"文件"选项卡

（4）增加日志文件。单击"添加"按钮，在"数据库文件"列表中将出现一个新的文件位置，单击"逻辑名称"文本框并输入名称"abcbk_log"，单击"文件类型"文本框，通过该框后的下拉箭头设置为"日志"，"初始大小"文本框、"文件组"文本框、"自动增长"文本框和"路径"文本框都选择默认值，如图 3.6 所示，单击"确定"按钮。

在"C:\Program Files\Microsoft SQL Server\MSSQL11.MICSQLSERVER\MSSQL\DATA"中增加了辅助数据文件 abcbk.ndf 和日志文件 abcbk_log.ldf。

【例 3.3】 在 abc 数据库中删除数据文件和日志文件。

操作步骤如下：

（1）启动 SQL Server Management Studio，在左边的"对象资源管理器"窗口中展开"数据库"结点，选中数据库"abc"，然后右击，在弹出的快捷菜单中选择"属性"命令。

（2）出现"数据库属性-abc"窗口，单击"选择页"中的"文件"选项，进入文件设置页面，通过本窗口可删除数据文件和日志文件。

（3）选择数据文件 abcbk.ndf，单击"删除"按钮，该数据文件将被删除。

（4）选择日志文件 abcbk_log.ldf，单击"删除"按钮，该日志文件将被删除。

（5）单击"确定"按钮，返回 SQL Server Management Studio 窗口。

3.2.3 删除数据库

数据库运行后需要消耗资源，往往会降低系统的运行效率，通常可将不再需要的数据库删除，释放资源。删除数据库后，其文件和数据都会从服务器的磁盘中删除，并永久删除，除非使用以前的备份，所以删除数据库应谨慎。

图 3.6　增加数据文件和日志文件

【例 3.4】　删除 abc 数据库。

删除 abc 数据库的操作步骤如下：

（1）启动 SQL Server Management Studio，在左边的"对象资源管理器"窗口中展开"数据库"结点，选中数据库"abc"，然后右击，在弹出的快捷菜单中选择"删除"命令，如图 3.7 所示。

图 3.7　删除 abc 数据库

创建和修改数据库

（2）出现"删除对象"窗口，单击"确定"按钮，abc 数据库被删除。

3.3 小 结

本章主要介绍了以下内容：

（1）数据库是 SQL Server 存储和管理数据的基本对象，本章从逻辑数据库和物理数据库两个角度进行讨论。

（2）从用户的观点看，组成数据库的逻辑成分称为数据库对象，SQL Server 数据库由存放数据的表以及支持这些数据的存储、检索、安全性和完整性的对象所组成。

SQL Server 的数据库对象包括表（table）、视图（view）、索引（index）、存储过程（stored procedure）、触发器（trigger）等。

SQL Server 的数据库有两类，一类是系统数据库，另一类是用户数据库。SQL Server 在安装时创建 4 个系统数据库，即 master、model、msdb 和 tempdb。用户数据库是由用户创建的数据库。

（3）从系统的观点看，数据库是存储逻辑数据库的各种对象的实体，它们存放在计算机的存储介质中，从这个角度称数据库为物理数据库。SQL Server 的物理数据库架构包括页和区、数据库文件、数据库文件组等。

页和区是 SQL Server 数据库的两个主要的数据存储单位。每个页的大小是 8KB，每 8 个连接的页组成一个区，区的大小是 64KB。

SQL Server 采用操作系统文件存放数据库，使用的数据库文件有主数据文件、辅助数据文件、日志文件 3 类。

SQL Server 提供了两类文件组，即主文件组和用户定义文件组。

（4）使用 SQL Server Management Studio 的图形用户界面创建 SQL Server 数据库包括创建数据库、修改数据库、删除数据库等内容。

习 题 3

一、选择题

3.1 在 SQL Server 中创建用户数据库，其主要数据文件的大小必须大于_____。

    A．master 数据库的大小   B．model 数据库的大小

    C．msdb 数据库的大小   D．3 MB

3.2 在 SQL Server 2008 中，如果数据库 tempdb 的空间不足，可能会造成一些操作无法进行，此时需要扩大 tempdb 的空间。下列关于扩大 tempdb 空间的方法错误的是_____。

    A．手工扩大 tempdb 中某数据文件的大小

    B．设置 tempdb 中的数据文件为自动增长方式，每当空间不够时让其自动增长

    C．手工为 tempdb 增加一个数据文件

    D．删除 tempdb 中的日志内容，以获得更多的数据空间

3.3 在 SQL Server 中创建用户数据库实际上就是定义数据库所包含的文件以及文件

的属性。下列不属于数据文件属性的是_____。

      A．初始大小　　　　B．物理文件名　　　　C．文件结构　　　　D．最大大小

3.4　SQL Server 数据库是由文件组成的。下列关于数据库所包含文件的说法正确的是_____。

      A．一个数据库可包含多个主要数据文件和多个日志文件

      B．一个数据库只能包含一个主要数据文件和一个日志文件

      C．一个数据库可包含多个次要数据文件，但只能包含一个日志文件

      D．一个数据库可包含多个次要数据文件和多个日志文件

3.5　在 SQL Server 系统数据库中，存放用户数据库公共信息的是_____。

A．master　　　　　　B．model　　　　　　C．msdb　　　　　　D．tempdb

二、填空题

3.6　从用户的观点看，组成数据库的_____称为数据库对象。

3.7　SQL Server 的数据库对象包括表、_____、索引、存储过程、触发器等。

3.8　SQL Server 的物理数据库架构包括页和区、_____、数据库文件组等。

3.9　SQL Server 数据库的每个页的大小是 8KB，每个区的大小是_____。

3.10　SQL Server 使用的数据库文件有主数据文件、辅助数据文件、_____3 类。

三、问答题

3.11　SQL Server 有哪些数据库对象？

3.12　SQL Server 数据库中包含哪几种文件？

3.13　简述使用 SQL Server Management Studio 创建数据库的步骤。

四、上机实验题

3.14　参照例 3.1 创建 stsc 数据库。

3.15　使用 SQL Server Management Studio 创建 library 数据库。

3.16　使用 SQL Server Management Studio 创建 test 数据库，增加数据文件 testbk.ndf 和日志文件 testbk_log.ldf，然后删除增加的数据文件和日志文件，最后删除 test 数据库。

创建和使用表

本章要点:

- 表的基本概念。
- 创建 SQL Server 表。
- 操作 SQL Server 表数据。

表是最重要的数据库对象,它是由行和列构成的集合,用来存储数据。本章介绍表的基本概念、创建 SQL Server 表、表数据的操作等内容。

4.1 表的基本概念

在 SQL Server 中每个数据库包括若干表,表用于存储数据。在建立数据库的过程中最重要的一步就是创建表,下面介绍创建表要用到的两个基本概念——表和数据类型。

4.1.1 表和表结构

表是 SQL Server 中最基本的数据库对象,用于存储数据的一种逻辑结构,由行和列组成,它又称为二维表。

例如在学生成绩管理系统中,表 4.1 是一个学生表(student),表 4.2 是一个课程表(course),表 4.3 是一个成绩表(score),表 4.4 是一个教师表(teacher)。

表 4.1 学生表(student)

学 号	姓 名	性 别	出 生 日 期	专 业	总 学 分
121001	李贤友	男	1991-12-30	通信	52
121002	周映雪	女	1993-01-12	通信	49
121005	刘刚	男	1992-07-05	通信	50
122001	郭德强	男	1991-10-23	计算机	48
122002	谢萱	女	1992-09-11	计算机	52
122004	孙婷	女	1992-02-24	计算机	50

表 4.2 课程表(course)

课 程 号	课 程 名	学 分	教 师 编 号
102	数字电路	3	102101
203	数据库系统	3	204101
205	微机原理	4	204107
208	计算机网络	4	NULL
801	高等数学	4	801102

表 4.3 成绩表（score）

学　号	课 程 号	成　绩	学　号	课 程 号	成　绩
121001	102	92	121005	205	85
121002	102	72	121001	801	94
121005	102	87	121002	801	73
122002	203	94	121005	801	82
122004	203	81	122001	801	NULL
121001	205	91	122002	801	95
121002	205	65	122004	801	86

表 4.4 教师表（teacher）

编号	姓　名	性别	出 生 日 期	职　称	学　院
102101	刘林卓	男	1962-03-21	教授	通信学院
102105	周学莉	女	1977-10-05	讲师	通信学院
204101	吴波	男	1978-04-26	教授	计算机学院
204107	王冬琴	女	1968-11-18	副教授	计算机学院
801102	李伟	男	1975-08-19	副教授	数学学院

（1）表：表是数据库中存储数据的数据库对象，每个数据库包含了若干个表，表由行和列组成。

（2）表结构：每个表具有一定的结构，表结构包含一组固定的列，列由数据类型、长度、允许 Null 值等组成。

（3）记录：每个表包含若干行数据，表中一行称为一个记录（Record）。表 4.1 有 6 个记录。

（4）字段：表中的每列称为字段（Field），每个记录由若干个数据项（列）构成，构成记录的每个数据项就称为字段。表 4.1 有 6 个字段。

（5）空值：空值（Null）通常表示未知、不可用或将在以后添加的数据。

（6）关键字：关键字用于唯一地标识记录，如果表中记录的某一字段或字段组合能唯一地标识记录，则该字段或字段组合称为候选关键字（Candidate Key）。如果一个表有多个候选关键字，则选定其中的一个为主关键字（Primary Key），又称为主键。表 4.1 的主键为"学号"。

4.1.2 数据类型

创建数据库最重要的一步是创建其中的数据表，创建数据表必须定义表结构和设置列的数据类型、长度等，下面介绍 SQL Server 系统数据类型，包括整数型、精确数值型、浮点型、货币型、位型、字符型、Unicode 字符型、文本型、二进制型、日期时间类型、时间戳型、图像型、其他数据类型等，如表 4.5 所示。

表 4.5 SQL Server 系统数据类型

数 据 类 型	符 号 标 识
整数型	bigint、int、smallint、tinyint
精确数值型	decimal、numeric

续表

数 据 类 型	符 号 标 识
浮点型	float、real
货币型	money、smallmoney
位型	bit
字符型	char、varchar、varchar(MAX)
Unicode 字符型	nchar、nvarchar、nvarchar(MAX)
文本型	text、ntext
二进制型	binary、varbinary、varbinary(MAX)
日期时间类型	datetime、smalldatetime、date、time、datetime2、datetimeoffset
时间戳型	timestamp
图像型	image
其他	cursor ,sql_variant、table、uniqueidentifier ,xml、hierarchyid

1. 整数型

整数型包括 bigint、int、smallint 和 tinyint 4 类。

1）bigint（大整数）

其精度为 19 位，长度为 8 字节，数值范围为$-263\sim263-1$。

2）int（整数）

其精度为 10 位，长度为 4 字节，数值范围为$-231\sim231-1$。

3）smallint（短整数）

其精度为 10 位，长度为 2 字节，数值范围为$-215\sim215-1$。

4）tinyint（微短整数）

其精度为 3 位，长度为 1 字节，数值范围为 0～255。

2. 精确数值型

精确数值型包括 decimal 和 numeric 两种，在 SQL Server 中这两种数据类型在功能上是完全等价的。

精确数值型数据由整数部分和小数部分构成，可存储从$-10^{38}+1$到$10^{38}-1$的固定精度和小数位的数字数据，它的存储长度最少为 5 字节，最多为 17 字节。

精确数值型数据的格式如下：

```
numeric | decimal(p[, s])
```

其中 p 为精度，s 为小数位数，s 的默认值为 0。

例如指定某列为精确数值型，精度为 7，小数位数为 2，则为 decimal（7，2）。

3. 浮点型

浮点型又称近似数值型，近似数值数据类型包括 float[(*n*)]和 real 两类，这两类通常使用科学记数法表示数据。科学记数法的格式如下：

尾数 E 阶数

其中，阶数必须为整数。

例如，4.804 E9、3.682-E6、7 8594E-8 等都是浮点型数据。

1）real

其精度为 7 位，长度为 4 字节，数值范围为$-3.40E+38\sim3.40E+38$。

44

2）float[(n)]

当 n 在 1～24 时，精度为 7 位，长度为 4 字节，数值范围为–3.40E＋38～3.40E＋38。

当 n 在 25～53 时，精度为 15 位，长度为 8 字节，数值范围为–1.79E＋308～1.79E＋308。

4. 货币型

处理货币的数据类型有 money 和 smallmoney，它们用十进制数表示货币值。

1）money

其精度为 19，小数位数为 4，长度为 8 字节，数值范围为-2^{63}～$2^{63}-1$。

2）smallmoney

其精度为 10，小数位数为 4，长度为 4 字节，数值范围为-2^{31}～$2^{31}-1$。

5. 位型

SQL Server 中的位（bit）型数据只存储 0 和 1，长度为一个字节，相当于其他语言中的逻辑型数据。当一个表中有小于 8 位的 bit 列时将作为一个字节存储，如果表中有 9～16 位 bit 列，将作为两个字节存储，以此类推。

当为 bit 类型数据赋 0 时，其值为 0；当赋非 0 时，其值为 1。

字符串值 TRUE 和 FALSE 可以转换为 bit 值：TRUE 转换为 1，FALSE 转换为 0。

6. 字符型

字符型数据用于存储字符串，字符串中可包括字母、数字和其他特殊符号。在输入字符串时需将串中的符号用单引号或双引号括起来，例如'def'、"Def<Ghi"。

SQL Server 字符型包括两类，即固定长度（char 字符数据类型）字符数据类型、可变长度（varchar）字符数据类型。

1）char[(n)]

固定长度字符数据类型，其中 n 定义字符型数据的长度，n 的取值范围为 1～8000，默认值为 1。若输入字符串长度小于 n，则系统自动在它的后面添加空格以达到长度 n。例如某列的数据类型为 char(100)，而输入的字符串为"NewYear2013"，则存储的是字符 NewYear2013 和 89 个空格。若输入字符串长度大于 n，则截断超出的部分。当列值的字符数基本相同时可采用数据类型 char[(n)]。

2）varchar[(n)]

可变长度字符数据类型，其中 n 的规定与定长字符数据类型 char[(n)]中的 n 完全相同，与 char[(n)]不同的是，varchar(n)数据类型的存储空间随列值的字符数变化。例如，表中某列的数据类型为 varchar(100)，而输入的字符串为" NewYear2013"，则存储的字符 NewYear2013 的长度为 11 字节，其后不添加空格，因而 varchar(n)数据类型可以节省存储空间，特别是在列值的字符数显著不同时。

7. Unicode 字符型

Unicode 是"统一字符编码标准"，用于支持国际上非英语语种的字符数据的存储和处理。Unicode 字符型包括 nchar[(n)]和 nvarchar[(n)]两类。nchar[(n)]、nvarchar[(n)]和 char[(n)]、varchar(n)类似，只是前者使用 Unicode 字符集，后者使用 ASCII 字符集。

1）nchar[(n)]

固定长度 Unicode 数据的数据类型，n 的取值为 1～4000，长度为 2n 字节，若输入的字符串长度不足 n，将以空白字符补足。

2）nvarchar[(*n*)]

可变长度 Unicode 数据的数据类型，*n* 的取值为 1～4000，长度是所输入字符个数的两倍。

8．文本型

由于字符型数据的最大长度为 8000 个字符，当存储超出上述长度的字符数据（如较长的备注、日志等）时不能满足应用需求，此时需要文本型数据。

文本型包括 text 和 ntext 两类，分别对应 ASCII 字符和 Unicode 字符。

1）text

其最大长度为 $2^{31}-1$（2 147 483 647）个字符，存储字节数与实际字符个数相同。

2）ntext

其最大长度为 $2^{30}-1$（1 073 741 823）个 Unicode 字符，存储字节数是实际字符个数的两倍。

9．二进制型

二进制数据类型表示的是位数据流，包括 binary（固定长度）和 varbinary（可变长度）两种。

1）binary[(*n*)]

固定长度的 *n* 字节二进制数据，*n* 的取值范围为 1～8000，默认值为 1。

binary(*n*)数据的存储长度为 *n*+4 字节。若输入的数据长度小于 *n*，则不足部分用 0 填充；若输入的数据长度大于 *n*，则多余部分被截断。

当输入二进制值时，在数据前面要加上 0x，可以用的数字符号为 0～9、A～F（字母大小写均可）。例如 0xBE、0x5F0C 分别表示值 BE 和 5F0C。由于每字节的数最大为 FF，故"0x"格式的数据每两位占 1 字节，二进制数据有时也被称为十六进制数据。

2）varbinary[(*n*)]

n 字节变长二进制数据，*n* 的取值范围为 1～8000，默认值为 1。

varbinary(*n*)数据的存储长度为实际输入数据长度+4 字节。

10．日期时间类型

日期时间类型数据用于存储日期和时间信息，共有 datetime、smalldatetime、date、time、datetime2、datetimeoffset 6 种。

1）datetime

datetime 类型可表示的日期为从 1753 年 1 月 1 日到 9999 年 12 月 31 日的日期数据，精确度为 3%秒（3.33 毫秒或 0.00333 秒）。

datetime 类型的数据长度为 8 字节，日期和时间分别使用 4 字节存储。前 4 字节用于存储基于 1900 年 1 月 1 日之前或之后的天数，正数表示日期在 1900 年 1 月 1 日之后，负数则表示日期在 1900 年 1 月 1 日之前。后 4 字节用于存储距 12:00（24 小时制）的毫秒数。

默认的日期时间是 January 1，1900 12:00 A.M。系统可以接受的输入格式有 January 10 2012、Jan 10 2012、JAN 10 2012、January 10，2012 等。

2）smalldatetime

smalldatetime 与 datetime 数据类型类似，但日期时间范围较小，表示从 1900 年 1 月 1 日到 2079 年 6 月 6 日的日期和时间，存储长度为 4 字节。

3）date

date 类型可表示从公元元年 1 月 1 日到 9999 年 12 月 31 日的日期，表示形式与 datetime 数据类型的日期部分相同，只存储日期数据，不存储时间数据，存储长度为 3 字节。

4）time

time 数据类型只存储时间数据，表示格式为 "hh:mm:ss[.nnnnnnn]"。hh 表示小时，范围为 0～23。mm 表示分钟，范围为 0～59。ss 表示秒数，范围为 0～59。n 是 0～7 位数字，范围为 0～9999999，表示秒的小数部分，即微秒数。所以 time 数据类型的取值范围为 00:00:00.0000000 到 23:59:59.9999999。time 类型的存储大小为 5 字节。另外还可以自定义 time 类型微秒数的位数，例如 time(1) 表示小数位数为 1，默认为 7。

5）datetime2

新的 datetime2 数据类型和 datetime 类型一样，也用于存储日期和时间信息。但是 datetime2 类型的取值范围更广，日期部分的取值范围为从公元元年 1 月 1 日到 9999 年 12 月 31 日，时间部分的取值范围为从 00:00:00.0000000 到 23:59:59.999999。另外，用户还可以自定义 datetime2 数据类型中微秒数的位数，例如 datetime(2) 表示小数位数为 2。datetime2 类型的存储大小随微秒数的位数（精度）而改变，精度小于 3 时为 6 字节，精度为 4 和 5 时为 7 字节，所有其他精度需要 8 字节。

6）datetimeoffset

datetimeoffset 数据类型也用于存储日期和时间信息，取值范围与 datetime2 类型相同。但 datetimeoffset 类型具有时区偏移量，此偏移量指定时间相对于协调世界时（UTC）偏移的小时和分钟数。datetimeoffset 的格式为 "YYYY-MM-DD hh:mm:ss[.nnnnnnn] [{+|−}hh:mm]"，其中 hh 为时区偏移量中的小时数，范围为 00～14，mm 为时区偏移量中的额外分钟数，范围为 00～59。在时区偏移量中必须包含 "+"（加）或 "−"（减）号。这两个符号表示是在 UTC 时间的基础上加上还是从中减去时区偏移量以得出本地时间。时区偏移量的有效范围为−14:00～+14:00。

11．时间戳型

时间戳型反映系统对该记录修改的相对（相对于其他记录）顺序，标识符是 timestamp，timestamp 类型数据的值是二进制格式数据，其长度为 8 字节。

若创建表时定义一个列的数据类型为时间戳型，那么每当对该表加入新行或修改已有行时都由系统自动将一个计数器值加到该列，即将原来的时间戳值加上一个增量。

12．图像数据类型

图像数据类型用于存储图片、照片等，标识符为 image，实际存储的是可变长度二进制数据，介于 0 与 $2^{31}-1$（2 147 483 647）字节之间。

13．其他数据类型

SQL Server 还提供了其他几种数据类型，即 cursor、sql_variant、table、uniqueidentifier、 xml 和 hierarchyid。

1）cursor

游标数据类型，用于创建游标变量或定义存储过程的输出参数。

2）sql_variant

一种存储 SQL Server 支持的各种数据类型（除 text、ntext、image、timestamp 和 sql_variant 外）值的数据类型，sql_variant 的最大长度可达 8016 字节。

3）table

其用于存储结果集的数据类型，结果集可供后续处理。

4）uniqueidentifier

唯一标识符类型，系统将为这种类型的数据产生唯一标识值，它是一个 16 字节长的二进制数据。

5）xml

xml 是用来在数据库中保存 xml 文档和片段的一种类型，文件大小不能超过 2GB。

6）hierarchyid

hierarchyid 数据类型是 SQL Server 新增加的一种长度可变的系统数据类型，可使用 hierarchyid 表示层次结构中的位置。

4.1.3 表结构设计

创建表的核心是定义表结构及设置表和列的属性，在创建表之前首先要确定表名和表的属性，表所包含的列名、列的数据类型、长度、是否为空、是否主键等，这些属性构成表结构。

这里以学生成绩管理系统的 student 表（学生表）、course 表（课程表）、score 表（成绩表）、teacher 表（教师表）为例介绍表结构设计。

student 表中包含 stno、stname、stsex、stbirthday、speciality、tc 等列，其中 stno 列是学生的学号，例如 121001 中的 12 表示学生入学年份为 2012 年，10 表示学生的班级，01 表示学生的序号，所以 stno 列的数据类型选定长的字符型 char[(n)]，n 的值为 6，不允许空；stname 列是学生的姓名，姓名一般不超过 4 个中文字符，所以选定长的字符型数据类型，n 的值为 8，不允许空；stsex 列是学生的出生日期，选 date 数据类型，不允许空；speciality 列是学生的专业，选定长的字符型数据类型，n 的值为 12，允许空；tc 列是学生的总学分，选整数型数据类型，不允许空。在 student 表中只有 stno 列能唯一标识一个学生，所以将 stno 列设为主键。student 的表结构设计如表 4.6 所示。

表 4.6　student 的表结构

列　　名	数 据 类 型	允许Null值	是 否 主 键	说　　明
stno	char(6)		主键	学号
stname	char(8)			姓名
stsex	char(2)			性别

列　　名	数 据 类 型	允许Null值	是 否 主 键	说　　明
stbirthday	date			出生日期
speciality	char(12)	√		专业
tc	int	√		总学分

参照 student 表结构的设计方法可设计出 course 的表结构、score 的表结构、teacher 的表结构，如表 4.7～表 4.9 所示。

表 4.7　course 的表结构

列　　名	数 据 类 型	允许Null值	是 否 主 键	说　　明
cno	char(3)		主键	课程号
cname	char(16)			课程名
credit	int	√		学分
tno	char(6)	√		编号

表 4.8　score 的表结构

列　　名	数 据 类 型	允许Null值	是 否 主 键	说　　明
stno	char(6)		主键	学号
cno	char(3)		主键	课程号
grade	int	√		成绩

表 4.9　teacher 的表结构

列　　名	数 据 类 型	允许Null值	是 否 主 键	说　　明
tno	char(6)		主键	编号
tname	char(8)			姓名
tsex	char(2)			性别
tbirthday	date			出生日期
title	char(12)	√		职称
school	char(12)	√		学院

4.2　创建 SQL Server 表

创建 SQL Server 表包括创建表、修改表、删除表等内容，下面介绍使用 SQL Server Management Studio 的图形用户界面创建 SQL Server 表。

4.2.1　创建表

【例 4.1】 在 stsc 数据库中创建 student 表（学生表）、course 表（课程表）、score 表（成绩表）、teacher 表（教师表）。

操作步骤如下：

（1）启动 SQL Server Management Studio，在"对象资源管理器"中展开"数据库"结点，选中 stsc 数据库，展开该数据库，选中表，然后右击，在弹出的快捷菜单中选择"新建表"命令，如图 4.1 所示。

图 4.1　选择"新建表"命令

（2）屏幕上出现表设计器窗口，根据已经设计好的 student 的表结构分别输入或选择各列的数据类型、长度、允许 Null 值，根据需要可以在每列的"列属性"表格填入相应内容，输入完成后的结果如图 4.2 所示。

图 4.2　输入或选择各列的数据类型、长度、允许 Null 值

（3）在 stno 行上右击，在弹出的快捷菜单中选择"设置主键"命令，如图 4.3 所示，此时在 stno 左边会出现一个钥匙图标。

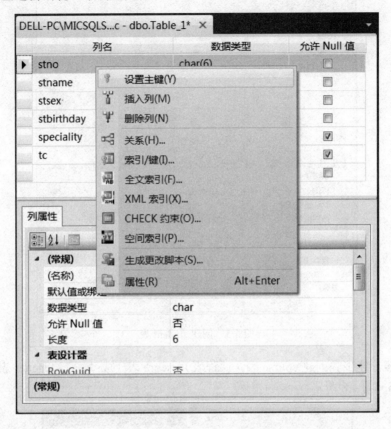

图 4.3　选择"设置主键"命令

注意：如果主键由两个或两个以上的列组成，需要先按住 Ctrl 键选择多个列，然后在右键快捷菜单中选择"设置主键"命令。

（4）单击工具栏中的"保存"按钮，弹出"选择名称"对话框，输入表名"student"，如图 4.4 所示，单击"确定"按钮即可创建 student 表，如图 4.5 所示。

图 4.4　设置表的名称

创建和使用表

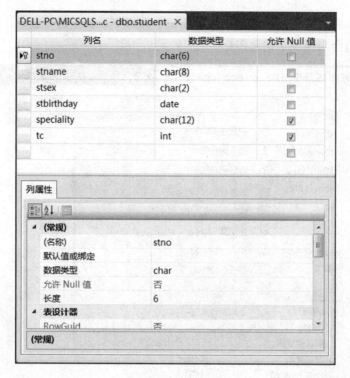

图 4.5　创建 student 表

（5）按照上述步骤创建 course 表（课程表）、score 表（成绩表）、teacher 表（教师表），分别如图 4.6～图 4.8 所示。

图 4.6　创建 course 表

图 4.7 创建 score 表

图 4.8 创建 teacher 表

4.2.2 修改表

在 SQL Server 中，当用户使用 SQL Server Management Studio 修改表的结构（如增加列、删除列、修改已有列的属性等）时必须要删除原表再创建新表才能完成表的更改。如果强行更改会弹出不允许保存更改的对话框。

为了在进行表的修改时不出现此对话框，需要进行如下操作：

在 SQL Server Management Studio 中选择"工具"→"选项"命令，在出现的"选项"窗口中展开"设计器"，选择"表设计器和数据库设计器"选项卡，取消选中窗口右面的"阻止保存要求重新创建表的更改"复选框，如图 4.9 所示，单击"确定"按钮，就可以进行表的修改了。

图 4.9 解除阻止保存的选项

【**例 4.2**】 在 student 表中增加 stclass（班级）列在 tc 列之前，然后删除该列。

操作步骤如下：

（1）启动 SQL Server Management Studio，在"对象资源管理器"中展开"数据库"结果，选中 stsc 数据库展开该数据库，选中"表"将其展开，然后选中表 dbo.student 右击，在弹出的快捷菜单中选择"设计"命令，打开"表设计器"窗口。为了在 tc 列之前加入新列，右击该列，在弹出的快捷菜单中选择"插入列"命令，如图 4.10 所示。

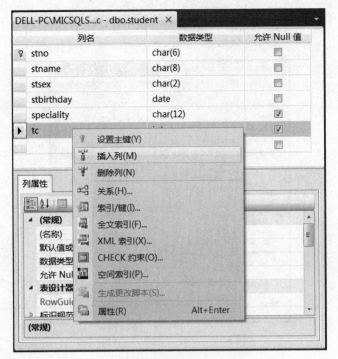

图 4.10　选择"插入列"命令

（2）在"表设计器"窗口中的 tc 列前出现空白行，输入列名"stclass"，选择数据类型
"char（6）"，允许空，如图 4.11 所示，完成插入新列的操作。

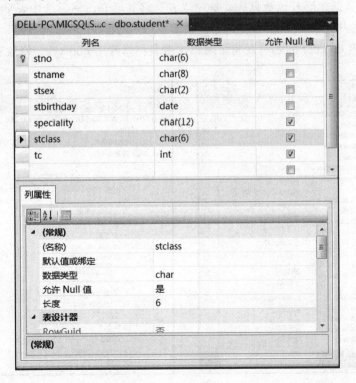

图 4.11　插入新列

（3）在"表设计器"窗口中选择需要删除的 stclass 列，然后右击，在弹出的快捷菜单中选择"删除列"命令，该列即被删除，如图 4.12 所示。

图 4.12 选择"删除列"命令

【例 4.3】 将 def 表（已创建）的表名修改为 xyz。

操作步骤如下：

（1）启动 SQL Server Management Studio，在"对象资源管理器"中展开"数据库"结点，选中 stsc 数据库展开该数据库，选中"表"将其展开，然后选中表 dbo.def 右击，在弹出的快捷菜单中选择"重命名"命令，如图 4.13 所示。

（2）此时表 dbo.def 的名称变为可编辑，将名称修改为 dbo.xyz，修改表名完成，如图 4.14 所示。

图 4.13 选择"重命名"命令

图 4.14 修改表名

4.2.3 删除表

在删除表时表的结构定义、表中的所有数据以及表的索引、触发器、约束等都会被删除，因此在删除表时一定要小心。

【例 4.4】 删除 xyz 表（已创建）。

操作步骤如下：

（1）启动 SQL Server Management Studio，在"对象资源管理器"中展开"数据库"结点，选中 stsc 数据库展开该数据库，选中"表"将其展开，然后选中表 dbo.xyz 右击，在弹出的快捷菜单中选择"删除"命令，如图 4.15 所示。

图 4.15 选择"删除"命令

（2）系统弹出"删除对象"对话框，单击"确定"按钮，即可删除 xyz 表。

4.3 操作 SQL Server 表数据

操作表数据包括数据的插入、删除和修改，可以采用 T-SQL 语句或 SQL Server

创建和使用表

Management Studio，本节介绍用 SQL Server Management Studio 操作表数据。

【例 4.5】 插入 stsc 数据库中 student 表的有关记录。

操作步骤如下：

（1）启动 SQL Server Management Studio，在"对象资源管理器"中展开"数据库"结点，选中 stsc 数据库展开该数据库，选中"表"将其展开，然后选中表 dbo.student 右击，在弹出的快捷菜单中选择"编辑前 200 行"命令，如图 4.16 所示。

图 4.16　选择"编辑前 200 行"命令

（2）屏幕上出现 dbo.student 表的编辑窗口，可在各字段输入或编辑有关数据，这里插入 student 表的 6 个记录，如图 4.17 所示。

图 4.17 student 表的记录

【例 4.6】 在 student 表中删除记录和修改记录。

操作步骤如下:

(1)在 dbo.student 表的编辑窗口中选择需要删除的记录,然后右击,在弹出的快捷菜单中选择"删除"命令,如图 4.18 所示。

图 4.18 删除记录

(2)此时出现一个确认对话框,单击"是"按钮即删除该记录。

(3)定位到需要修改的字段,对该字段进行修改,然后将光标移到下一个字段即可保存修改的内容。

4.4 小   结

本章主要介绍了以下内容:

第 4 章

创建和使用表

（1）表是 SQL Server 中最基本的数据库对象，是用于存储数据的一种逻辑结构，由行和列组成，又称为二维表。

表结构包含一组固定的列，列由数据类型、长度、允许 Null 值等组成。

每个表包含若干行数据，表中的一行称为一个记录（Record）。

表中的每列称为字段（Field），每个记录由若干个数据项（列）构成，构成记录的每个数据项称为字段。

空值（Null）通常表示未知、不可用或将在以后添加的数据。

关键字用于唯一的标识记录，如果表中记录的某一字段或字段组合能唯一地标识记录，则该字段或字段组合称为候选关键字（Candidate Key）。如果一个表有多个候选关键字，则选定其中的一个为主关键字（Primary Key），又称为主键。

（2）SQL Server 系统数据类型包括整数型、精确数值型、浮点型、货币型、位型、字符型、Unicode 字符型、文本型、二进制型、日期时间类型、时间戳型、图像型、其他数据类型等。

（3）在创建表之前首先要确定表名和表的属性，表所包含的列名、列的数据类型、长度、是否为空、是否主键等，进行表结构设计。

（4）使用 SQL Server Management Studio 的图形用户界面创建 SQL Server 表包括创建表、修改表、删除表等内容。

（5）使用 SQL Server Management Studio 的图形用户界面操作 SQL Server 表数据包括数据的插入、删除和修改等内容。

习　题　4

一、选择题

4.1　出生日期字段不宜选择_____。

  A．datetime B．bit   C．char   D．date

4.2　性别字段不宜选择_____。

  A．char   B．tinyint C．int   D．float

4.3　_____字段可以采用默认值。

  A．出生日期 B．姓名 C．专业   D．学号

4.4　设在 SQL Server 中某关系表需要存储职工的工资信息，工资的范围为 2000～6000，采用整型类型存储。下列数据类型中最合适的是_____。

  A．int   B．smallint C．tinyint D．bigint

二、填空题

4.5　表结构包含一组固定的列，列由_____、长度、允许 Null 值等组成。

4.6　空值通常表示未知、_____或将在以后添加的数据。

4.7　在创建表之前首先要确定表名和表的属性，表所包含的_____、列的数据类型、

长度、是否为空、是否主键等，进行表结构设计。

4.8 整数型包括 bigint、int、smallint 和_____4 类。

4.9 字符型包括固定长度字符数据类型和_____两类。

4.10 Unicode 字符型用于支持国际上_____的字符数据的存储和处理。

三、问答题

4.11 什么是表？什么是表结构？

4.12 简述 SQL Server 常用的数据类型。

4.13 分别写出 student、course、score 表的表结构。

4.14 可以使用哪些方式创建数据表？

4.15 简述创建表的步骤。

4.16 简述在表中插入数据的步骤。

四、上机实验题

4.17 参照例 4.1，在 stsc 数据库中创建 student 表（学生表）、course 表（课程表）、score 表（成绩表）、teacher 表（教师表）。

4.18 参照例 4.5，插入 stsc 数据库中 student 表、course 表、score 表的有关记录。

4.19 在 library 数据库中创建 stuinfor 表（学生信息表）、book 表（图书表）、borrow 表（借阅表），各表的表结构如表 4.10～表 4.12 所示。

表 4.10 stuinfor 的表结构

列 名	数 据 类 型	允许Null值	是否主键	说 明
readerid	char(8)		主键	借书证号
stname	char(8)			姓名
stsex	char(2)			性别
stbirthday	date			出生日期
specialist	char(12)	√		专业
borramount	int			借书量

表 4.11 book 的表结构

列 名	数 据 类 型	允许Null值	是 否 主 键	说 明
isbn	char(16)		主键	ISBN
bname	char(26)			书名
author	char(8)			作者
press	char(20)			出版社
price	float			价格
copyamount	int			复本量
inventory	int			库存量

表 4.12　borrow 的表结构

列　　名	数 据 类 型	允许Null值	是 否 主 键	说　　明
readerid	char(8)			借书证号
isbn	char(16)			ISBN
bookid	char(10)		主键	索书号
borrdate	date			借书时间

4.20　在 student 表中，在 tc 列前插入列 idn（身份证号，char(18)），然后删除该列。

4.21　在 student 表中进行插入记录、修改记录和删除记录的操作。

第 5 章	**T–SQL 基础**

本章要点：
- SQL 和 T-SQL。
- T-SQL 中的数据定义语言。
- T-SQL 中的数据操纵语言。
- T-SQL 中的数据查询语言。

本章介绍 T-SQL 中的标准 SQL 程序设计基础，包括数据定义语言（DDL）、数据操纵语言（DML）和数据查询语言（DQL）。数据库查询是数据库的核心操作，本章重点讨论使用 SELECT 查询语句对数据库进行各种查询的方法。

5.1　SQL 和 T-SQL

SQL（Structured Query Language）语言是关系数据库管理的标准语言，不同的数据库管理系统在标准的 SQL 语言的基础上进行扩展，T-SQL（Transact-SQL）是 Microsoft SQL Server 在 SQL 的基础上增加控制语句和系统函数的扩展。

5.1.1　SQL 语言

SQL 语言是应用于数据库的结构化查询语言，是一种非过程性语言，本身不能脱离数据库存在。一般高级语言存取数据库时要按照程序顺序处理许多动作，使用 SQL 语言只需简单的几行命令，由数据库系统来完成具体的内部操作。

1. SQL 语言的分类

通常将 SQL 语言分为以下 4 类。

（1）数据定义语言（Data Definition Language，DDL）：用于定义数据库对象，对数据库及数据库中的表、视图、索引等数据库对象进行建立和删除操作，DDL 包括 CREATE、ALTER、DROP 等语句。

（2）数据操纵语言（Data Manipulation Language，DML）：用于对数据库中的数据进行插入、修改、删除等操作，DML 包括 INSERT、UPDATE、DELETE 等语句。

（3）数据查询语言（Data Query Language，DQL）：用于对数据库中的数据进行查询操作，例如用 SELECT 语句进行查询操作。

（4）数据控制语言（Data Control Language，DCL）：用于控制用户对数据库的操作权限，DCL 包括 GRANT、REVOKE 等语句。

2. SQL 语言的特点

SQL 语言具有高度非过程化、应用于数据库、面向集合的操作方式、既是自含式语言又是嵌入式语言、综合统一、语言简洁和易学易用等特点。

（1）高度非过程化。SQL 语言是非过程化语言，进行数据操作只要提出"做什么"，而无须指明"怎么做"，因此无须说明具体处理过程和存取路径，处理过程和存取路径由系统自动完成。

（2）应用于数据库的语言。SQL 语言本身不能独立于数据库存在，它是应用于数据库和表的语言，使用 SQL 语言应熟悉数据库中的表结构和样本数据。

（3）面向集合的操作方式。SQL 语言采用集合操作方式，不仅操作对象、查找结果可以是记录的集合，而且一次插入、删除、更新操作的对象也可以是记录的集合。

（4）既是自含式语言又是嵌入式语言。SQL 语言作为自含式语言，它能够用于联机交互的使用方式，用户可以在终端键盘上直接输入 SQL 命令对数据库进行操作；作为嵌入式语言，SQL 语句能够嵌入到高级语言（例如 C、C++、Java）程序中，供程序员设计程序时使用。在两种不同的使用方式下，SQL 语言的语法结构基本上是一致的，提供了极大的灵活性与方便性。

（5）综合统一。SQL 语言集数据查询（Data Query）、数据操纵（Data Manipulation）、数据定义（Data Definition）和数据控制（Data Control）功能于一体。

（6）语言简洁，易学易用。SQL 语言接近英语口语，易学易用，功能很强，由于设计巧妙、语言简洁，完成核心功能只用了 9 个动词，如表 5.1 所示。

表 5.1　SQL 语言的动词

SQL 语言的功能	动　　词
数据定义	CREATE、ALTER、DROP
数据操纵	INSERT、UPDATE、DELETE
数据查询	SELECT
数据控制	GRANT、REVOKE

5.1.2　T-SQL 概述

下面介绍使用 T-SQL 语言的预备知识，包括 T-SQL 的语法约定，在 SQL Server Management Studio 中执行 T-SQL 语句。

1. T-SQL 的语法约定

T-SQL 的语法约定如表 5.2 所示，在 T-SQL 中不区分大写和小写。

表 5.2　T-SQL 的基本语法约定

语 法 约 定	说　　明
大写	Transact-SQL 关键字
|	分隔括号或大括号中的语法项，只能选择其中一项
[ ]	可选项
{ }	必选项
[,...*n*]	指示前面的项可以重复 *n* 次，各项由逗号分隔

语 法 约 定	说　　明
[...*n*]	指示前面的项可以重复 *n* 次，各项由空格分隔
<label> ::=	语法块的名称。此约定用于对可在语句中的多个位置使用的过长语法段或语法单元进行分组和标记。可使用的语法块的每个位置由括在尖括号内的标签指示，例如<label>

2．在 SQL Server Management Studio 中执行 T-SQL 语句

在 SQL Server Management Studio 中，用户可在查询分析器编辑窗口中输入或粘贴 T-SQL 语句、执行语句，在查询分析器结果窗口中查看结果。

在 SQL Server Management Studio 中执行 T-SQL 语句的步骤如下：

（1）启动 SQL Server Management Studio。

（2）在左边的"对象资源管理器"窗口中选中"数据库"结点，然后选中 stsc 数据库，单击左上方工具栏中的"新建查询"按钮，右边出现查询分析器编辑窗口，可输入或粘贴 T-SQL 语句。例如在窗口中输入以下命令，如图 5.1 所示。

```
USE stsc
SELECT *
FROM student
```

图 5.1　SQL Server 查询分析器编辑窗口

（3）单击左上方工具栏中的"执行"按钮或按 F5 键，编辑窗口一分为二，上半部分仍为编辑窗口，下半部分出现结果窗口。结果窗口中有两个选项卡，"结果"选项卡用于显示 T-SQL 语句的执行结果，如图 5.2 所示，"消息"选项卡用于显示 T-SQL 语句的执行情况。

图 5.2　SQL Server 查询分析器编辑窗口和结果窗口

提示： 在查询分析器编辑窗口中执行 T-SQL 语句的方法有按 F5 键，或单击工具栏中的"执行"按钮，或在编辑窗口的右键菜单中单击"执行"按钮。

5.2　T-SQL 中的数据定义语言

在第 3 章中介绍了使用 SQL Server Management Studio 的图形用户界面创建数据库和表，本节介绍使用 T-SQL 语句创建数据库和表，与图形用户界面相比，用 T-SQL 语句创建数据库和表更加灵活、方便。

5.2.1　数据库操作语句

下面介绍使用 T-SQL 中的 DDL 语言对数据库进行创建、修改和删除。

1. 创建数据库

创建数据库使用 CREATE DATABASE 语句。

语法格式：

```
CREATE DATABASE database_name
[ [ON [filespec] ]
  [LOG ON [filespec] ]
]
<filespec>::=
{(
```

```
NAME = logical_file_name ,
FILENAME = ' os_file_name '
[,SIZE = size]
[,MAXSIZE = {max_size | UNLIMITED }]
[,FILEGROWTH = growth_increament [ KB | MB | GB | TB | % ]] )
}
```

说明：

- database_name：创建的数据库名称，命名需唯一且符合 SQL Server 的命名规则，最多 128 个字符。
- ON 子句：指定数据库文件和文件组属性。
- LOG ON 子句：指定日志文件属性。
- filespec：指定数据文件的属性，给出文件的逻辑名、存储路径、大小及增长特性。
- NAME：为 filespec 定义的文件指定逻辑文件名。
- FILENAME：为 filespec 定义的文件指定操作系统文件名，指出定义物理文件时使用的路径和文件名。
- SIZE 子句：指定 filespec 定义的文件的初始大小。
- MAXSIZE 子句：指定 filespec 定义的文件的最大大小。
- FILEGROWTH 子句：指定 filespec 定义的文件的增长量。

当仅使用 CREATE DATABASE database_name 语句不带参数时，创建的数据库大小将与 model 数据库的大小相等。

【例 5.1】 使用 T-SQL 语句创建 test 数据库。

在 SQL Server 查询分析器中输入以下语句：

```
CREATE DATABASE test
ON
(
  NAME='test',
  FILENAME='C:\Program Files\Microsoft SQL Server\MSSQL11.MICSQLSERVER\
  MSSQL\DATA\test.mdf',
  SIZE=5MB,
  MAXSIZE=30MB,
  FILEGROWTH=1MB
)
LOG ON
(
  NAME='test_log',
  FILENAME='C:\Program Files\Microsoft SQL Server\MSSQL11.MICSQLSERVER\
  MSSQL\DATA\test _log.ldf',
  SIZE=1MB,
  MAXSIZE=10MB,
  FILEGROWTH=10%
)
```

在查询分析器编辑窗口中单击"执行"按钮或按 F5 键，系统提示"命令已成功完成"，如图 5.3 所示，test 数据库创建完毕。

图 5.3　创建 test 数据库

【例 5.2】 创建 test2 数据库，其中主数据文件为 20MB，最大大小不限，按 1MB 增长；一个日志文件，大小为 1MB，最大大小为 20MB，按 10%增长。

在 SQL Server 查询分析器中输入以下语句：

```
CREATE DATABASE test2
ON
(
  NAME='test2',
  FILENAME='C:\Program Files\Microsoft SQL Server\MSSQL11.MICSQLSERVER\
  MSSQL\DATA\test2.mdf',
  SIZE=20MB,
  MAXSIZE=UNLIMITED,
  FILEGROWTH=1MB
)
LOG ON
(
  NAME='test2_log',
  FILENAME='C:\Program Files\Microsoft SQL Server\MSSQL11.MICSQLSERVER\
  MSSQL\DATA\test2_log.ldf',
  SIZE=1MB,
  MAXSIZE=20MB,
  FILEGROWTH=10%
)
```

在查询分析器编辑窗口中单击"执行"按钮或按 F5 键，系统提示"命令已成功完成"，如图 5.4 所示，test2 数据库创建成功。

【例 5.3】 创建具有两个文件组的数据库 test3。要求：主文件组包括文件 test3_dat1，文件初始大小为 15MB，最大 45MB，按 4MB 增长；另有一个文件组名为 test3gp，包括文件 test3_dat2，文件初始大小为 5MB，最大为 20MB，按 10%增长。

图 5.4　创建 test2 数据库

在 SQL Server 查询分析器中输入以下语句：

```sql
CREATE DATABASE test3
ON
PRIMARY
(
   NAME = ' test3_dat1',
   FILENAME = 'D:\data\ test3_dat1.mdf',
   SIZE =15MB,
   MAXSIZE = 45MB,
   FILEGROWTH = 4MB
),
FILEGROUP test3gp
(
   NAME = ' test3_dat2',
   FILENAME = 'D:\data\ test3_dat2.ndf',
   SIZE = 5MB,
   MAXSIZE = 20MB,
   FILEGROWTH = 10%
)
```

在查询分析器编辑窗口中单击"执行"按钮或按 F5 键，系统提示"命令已成功完成"，
如图 5.5 所示，test3 数据库创建成功。

2. 修改数据库

修改数据库使用 ALTER DATABASE 语句。

语法格式：

```sql
ALTER DATABASE database
{ ADD FILE filespec
| ADD LOG FILE filespec
| REMOVE FILE logical_file_name
| MODIFY FILE filespec
```

T-SQL 基础

```
| MODIFY NAME = new_dbname
}
```

```
S12Example5.3.sql....master (sa (52))  ×

CREATE DATABASE test3
ON
PRIMARY
(
    NAME = ' test3_dat1',
    FILENAME = 'D:\data\ test3_dat1.mdf',
    SIZE =15MB,
    MAXSIZE = 45MB,
    FILEGROWTH = 4ME
),
FILEGROUP test3gp
(
    NAME = ' test3_dat2',
    FILENAME = 'D:\data\ test3_dat2.ndf',
    SIZE = 5MB,
    MAXSIZE = 20MB,
    FILEGROWTH = 10%
)

100 %   ◄

消息
命令已成功完成。
100 %   ◄

查询已成功执行。                          DELL-PC\MICSQLSERVER (11.0 ...  sa (52)  master  00:00:01  0 行
```

图 5.5　创建 test3 数据库

说明：

- database：需要更改的数据库名称。
- ADD FILE 子句：指定要增加的数据文件。
- ADD LOG FILE 子句：指定要增加的日志文件。
- REMOVE FILE 子句：指定要删除的数据文件。
- MODIFY FILE 子句：指定要更改的文件属性。
- MODIFY NAME 子句：重命名数据库。

【例 5.4】　在 test2 数据库中增加数据文件 test2add，大小为 10MB，最大为 50 MB，按 5MB 增长。

```
ALTER DATABASE test2
ADD FILE
(
   NAME = 'test2add',
   FILENAME = 'C:\Program Files\Microsoft SQL Server\MSSQL11.MICSQLSERVER\
MSSQL\DATA\test2add.ndf',
   SIZE = 10MB,
   MAXSIZE = 50MB,
   FILEGROWTH = 5MB
)
```

修改 test 数据库的执行结果如图 5.6 所示。

3. 使用数据库

使用数据库使用 USE 语句。

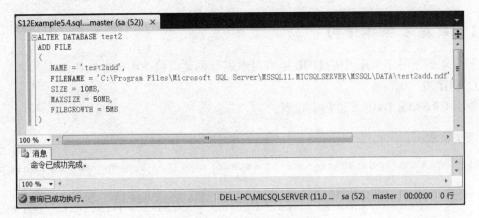

图 5.6　修改 test2 数据库

语法格式:

```
USE database_name
```

其中, database_name 是使用的数据库名称。

　　提示: USE 语句只在第一次打开数据库时使用,后续都是作用在该数据库中。如果要使用另一数据库,需要重新使用 USE 语句打开另一数据库。

---

4. 删除数据库

删除数据库使用 DROP 语句。

语法格式:

```
DROP DATABASE database_name
```

其中, database_name 是要删除的数据库名称。

【例 5.5】 使用 T-SQL 语句删除 test3 数据库。

```
DROP DATABASE test3
```

执行结果如图 5.7 所示。

图 5.7　删除 test3 数据库

T-SQL 基础

5.2.2　数据表操作语句

下面介绍使用 T-SQL 中的 DDL 语言对表进行创建、修改和删除操作。

1. 创建表

使用 CREATE TABLE 语句创建表。

语法格式:

```
CREATE TABLE  [ database_name . [ schema_name ] . | schema_name . ] table_name
(
    {     <column_definition>
        | column_name AS computed_column_expression [PERSISTED [NOT NULL]]
    }
[ <table_constraint> ] [ ,...n ]
)
[ ON { partition_scheme_name  ( partition_column_name )  | filegroup |
"default" } ]
 [ { TEXTIMAGE_ON { filegroup | "default" } ]
[ FILESTREAM_ON { partition_scheme_name | filegroup | "default" } ]
 [ WITH ( <table_option> [ ,...n ] ) ]
[ ; ]


<column_definition> ::=
column_name data_type
    [ FILESTREAM ]
    [ COLLATE collation_name ]
    [ NULL | NOT NULL ]
    [
      [ CONSTRAINT constraint_name ]
        DEFAULT constant_expression ]
     | [ IDENTITY [ ( seed ,increment ) ] [ NOT FOR REPLICATION ]
    ]
    [ ROWGUIDCOL ]
    [ <column_constraint> [ ...n ] ]
    [ SPARSE ]
```

说明:

（1）database_name 是数据库名，schema_name 是表所属架构名，table_name 是表名。如果省略数据库名则默认在当前数据库中创建表，如果省略架构名则默认是“dbo”。

（2）<column_definition>列定义:

- column_name 为列名，data_type 为列的数据类型。
- FILESTREAM: SQL Server 引进的一项新特性，允许以独立文件的形式存放大对象数据。
- NULL | NOT NULL: 确定列是否可取空值。
- DEFAULT constant_expression: 为所在列指定默认值。
- IDENTITY: 表示该列是标识符列。
- ROWGUIDCOL: 表示新列是行的全局唯一标识符列。
- <column_constraint>: 列的完整性约束，指定主键、外键等。
- SPARSE: 指定列为稀疏列。

（3）column_name AS computed_column_expression [PERSISTED [NOT NULL]]：用于定义计算字段。

（4）<table_constraint>：表的完整性约束。

（5）ON 子句：filegroup | "default"指定存储表的文件组。

（6）TEXTIMAGE_ON {filegroup | "default"}：TEXTIMAGE_ON 指定存储 text、ntext、image、xml、varchar(MAX)、nvarchar(MAX)、varbinary(MAX)和 CLR 用户定义类型数据的文件组。

（7）FILESTREAM_ON 子句：filegroup | "default"指定存储 FILESTREAM 数据的文件组。

【例 5.6】 使用 T-SQL 语句在 stsc 数据库中创建 student 表、course 表、score 表、teacher 表。

在 stsc 数据库中创建 student 表的语句如下：

```
USE stsc
CREATE TABLE student
(
  stno char(6) NOT NULL PRIMARY KEY,
  stname char(8) NOT NULL,
  stsex char(2) NOT NULL,
  stbirthday date NOT NULL,
  speciality char(12) NULL,
  tc int NULL
)
GO
```

上面的 T-SQL 语句首先指定 stsc 数据库为当前数据库，然后使用 CREATE TABLE 语句在 stsc 数据库中创建 student 表，创建的 student 表的表结构如图 5.8 所示。

列名	数据类型	允许 Null 值
stno	char(6)	☐
stname	char(8)	☐
stsex	char(2)	☐
stbirthday	date	☐
speciality	char(12)	☑
tc	int	☑
		☐

图 5.8　创建 student 表的表结构

上述语句中的 GO 命令不是 Transact-SQL 语句，它是由 SQL Server Management Studio 代码编辑器识别的命令。SQL Server 实用工具将 GO 解释为应该向 SQL Server 实例发送当前批 Transact-SQL 语句的信号。当前批语句由上一条 GO 命令后输入的所有语句组成，如果是第一条 GO 命令，则由会话或脚本开始后输入的所有语句组成。GO 命令和 Transact-SQL 语句不能在同一行中，但在 GO 命令行中可包含注释。

T-SQL 基础

注意：SQL Server 应用程序可以将多个 Transact-SQL 语句作为一个批发送到 SQL Server 的实例执行，然后该批中的语句被编译成一个执行计划。程序员在 SQL Server 实用工具中执行特殊语句，或生成 Transact-SQL 语句的脚本在 SQL Server 实用工具中运行时使用 GO 作为批结束的信号。

提示：由一条或多条 T-SQL 语句组成一个程序，通常以.sql 为扩展名存储，称为 sql 脚本。双击 sql 脚本文件，其 T-SQL 语句即出现在查询分析器编辑窗口内。查询分析器编辑窗口内的 T-SQL 语句可用"文件"菜单中的"另存为"命令命名并存入指定目录。

在 stsc 数据库中创建 course 表的语句如下：

```
USE stsc
CREATE TABLE course
(
   cno char(3) NOT NULL PRIMARY KEY,
   cname char(16) NOT NULL,
   credit int NULL,
tno char (6) NULL,
)
GO
```

创建的 course 表的表结构如图 5.9 所示。

DELL-PC\MICSQLS...tsc - dbo.course ×		
列名	数据类型	允许 Null 值
cno	char(3)	☐
cname	char(16)	☐
credit	int	☑
tno	char(6)	☑
		☐

图 5.9　创建 course 表的表结构

在 stsc 数据库中创建 score 表的语句如下：

```
USE stsc
CREATE TABLE score
(
   stno char (6) NOT NULL,
   cno char(3) NOT NULL,
   grade int NULL,
   PRIMARY KEY(stno,cno)
)
GO
```

注意：如果主键由多个列组成，可采用 PRIMARY KEY(列 1,列 2,...)语句，其中一个列将允许重复值，但是主键中所有列的值的各种组合必须是唯一的。

创建的 score 表的表结构如图 5.10 所示。

图 5.10　创建 score 表的表结构

在 stsc 数据库中创建 teacher 表的语句如下：

```
USE stsc
CREATE TABLE teacher
(
 tno char (6) NOT NULL PRIMARY KEY,
 tname char(8) NOT NULL,
 tsex char (2) NOT NULL,
 tbirthday date NOT NULL,
 title char (12) NULL,
 school char (12) NULL
)
GO
```

创建的 teacher 表的表结构如图 5.11 所示。

图 5.11　创建 teacher 表的表结构

【例 5.7】　在 test 数据库中创建 clients 表。

```
USE test
CREATE TABLE clients
(
  cid int,
  cname char(8),
  csex char(2),
  address char(40)
)
```

T-SQL 基础

2. 由其他表创建新表

使用 SELECT INTO 语句创建一个新表，并用 SELECT 的结果集填充该表。

语法格式：

```
SELECT 列名表 INTO 表1 FROM 表2
```

该语句的功能是由"表 2"的"列名表"来创建新表"表 1"。

【例 5.8】 在 stsc 数据库中由 student 表创建 student1 表。

```
USE stsc
SELECT stno, stname, stbirthday INTO student1
FROM student
```

3. 修改表

使用 ALTER TABLE 语句修改表的结构。

语法格式：

```
ALTER TABLE table_name
{
    ALTER COLUMN column_name
    {
            new_data_type [ （precision, [,scale]) ] [NULL | NOT NULL]
            | {ADD | DROP } { ROWGUIDCOL | PERSISTED | NOT FOR REPLICATION
            | SPARSE }
    }/
    | ADD {[<colume_definition>]}[,…n]
    | DROP {[CONSTRAINT] constraint_name | COLUMN column}[,…n]
}
```

说明：

（1）table_name：表名。

（2）ALTER COLUMN 子句：修改表中指定列的属性。

（3）ADD 子句：增加表中的列。

（4）DROP 子句：删除表中的列或约束。

【例 5.9】 在 student1 表中新增列 remaks。

```
USE stsc
ALTER TABLE student1 ADD remarks char(10)
```

4. 删除表

使用 DROP TABLE 语言删除表。

语法格式：

```
DROP TABLE table_name
```

其中，table_name 是要删除的表的名称。

【例 5.10】 删除 stsc 数据库中的 student1 表。

```
USE stsc
DROP TABLE student1
```

5.3　T-SQL 中的数据操纵语言

数据操纵语言 DML 包括向表中插入记录、修改记录和删除记录的语句。

5.3.1　插入语句

INSERT 语句用于向数据表或视图中插入由 VALUES 指定的各列值的行。

语法格式：
```
INSERT [ TOP ( expression ) [ PERCENT ] ]
  [ INTO ]
{ table_name                          /*表名*/
  | view_name                         /*视图名*/
  | rowset_function_limited           /*可以是OPENQUERY或OPENROWSET函数*/
  [WITH (<table_hint_limited>[…n])]    /*指定表提示，可省略*/
}
{
  [ ( column_list ) ]                 /*列名表*/
  {   VALUES ( ( { DEFAULT | NULL | expression } [ ,...n ] ) [ ,...n ] )
                                      /*指定列值的value子句*/
      | derived_table                 /*结果集*/
      | execute_statement             /*有效的EXECTUTE语句*/
      | DEFAULT VALUES                /*强制新行包含为每个列定义的默认值*/
  }
}
```

说明：

（1）table_name：被操作的表名。

（2）view_name：视图名。

（3）column_list：列名表，包含了新插入数据行的各列的名称。如果只给出表的部分列，在插入数据时需要用 column_list 指出这些列。

（4）VALUES 子句：包含各列需要插入的数据，数据的顺序要与列的顺序相对应。若省略 colume_list，则 VALUES 子句给出每一列（除 IDENTITY 属性和 timestamp 类型以外的列）的值。VALUES 子句中的值有以下 3 种。

- DEFAULT：指定为该列的默认值，这要求定义表时必须指定该列的默认值。
- NULL：指定该列为空值。
- expression：可以是一个常量、变量或一个表达式，其值的数据类型要与列的数据类型一致。注意，表达式中不能有 SELECT 及 EXECUTE 语句。

【例 5.11】　向 clients 表中插入客户记录(1, '李君', '男', '东大街 10 号')。
```
USE test
INSERT INTO clients values(1,'李君','男','上东大街10号')
```

　　由于插入的数据包含各列的值并按表中各列的顺序列出这些值，所以省略列名表 "colume_list"。

【**例 5.12**】　分别向 student 表插入表 4.1 的各行数据、向 course 表插入表 4.2 的各行数据、向 score 表插入表 4.3 的各行数据、向 teacher 表插入表 4.4 的各行数据。

　　向 student 表插入表 4.1 的各行数据的语句如下，运行结果如图 5.12 所示。

```
USE stsc
INSERT INTO student values('121001','李贤友','男','1991-12-30','通信',52),
('121002','周映雪','女','1993-01-12','通信',49),
('121005','刘刚','男','1992-07-05','通信',50),
('122001','郭德强','男','1991-10-23','计算机',48),
('122002','谢萱','女','1992-09-11','计算机',52),
('122004','孙婷','女','1992-02-24','计算机',50);
GO
```

　　注意：将多行数据插入表，由于提供了所有列的值并按表中各列的顺序列出这些值，因此不必在 column_list 中指定列名，VALUES 子句后所接多行的值用逗号隔开。

图 5.12　向 student 表插入表 4.1 的各行数据

　　向 student 表插入各行数据后的结果如图 5.13 所示。

　　向 course 表插入表 4.2 的各行数据的语句如下：

```
USE stsc
INSERT INTO course values('102','数字电路',3,'102101'),('203','数据库系
统',3,'204101'),
('205','微机原理',4,'204107'),('208','计算机网络',4,NULL),('801','高等数　学
',4,'801102');
GO
```

图 5.13　student 表的记录

向 course 表插入各行数据后的结果如图 5.14 所示。

图 5.14　course 表的记录

向 score 表插入表 4.3 的各行数据的语句如下：

```
USE stsc
INSERT INTO score values('121001','102',92),('121002','102',72),('121005',
'102',87),('122002','203',94),
('122004','203',81),('121001','205',91),('121002','205',65),('121005',
'205',85),('121001','801',94),
('121002','801',73),('121005','801',82),('122001','801',NULL),('122002',
'801',95),('122004','801',86);
GO
```

向 score 表插入各行数据后的结果如图 5.15 所示。

向 teacher 表插入表 4.4 的各行数据的语句如下：

```
USE stsc
INSERT INTO teacher values('102101','刘林卓','男','1962-03-21','教授', '
通信学院'),
    ('102105','周学莉','女','1977-10-05','讲师','通信学院'),
    ('204101','吴波','男','1978-04-26','教授','计算机学院'),
    ('204107','王冬琴','女','1968-11-18','副教授','计算机学院'),
```

T-SQL 基础

```
('801102','李伟','男','1975-08-19','副教授','计算机学院');
GO
```

图 5.15　score 表的记录

向 teacher 表插入各行数据后的结果如图 5.16 所示。

图 5.16　teacher 表的记录

注意：本书将本例中 student 表、course 表、score 表、teacher 表的有关记录作为样本，在以后的例题中会多次用到。

5.3.2　修改语句

UPDATE 语句用于修改数据表或视图中特定记录或列的数据。

语法格式：

```
UPDATE { table_name | view_name }
    SET column_name = {expression | DEFAULT | NULL } [, …n]
```

```
[WHERE <search_condition>]
```

该语句的功能是将 table_name 指定的表或 view_name 指定的视图中满足<search_condition>条件的记录中由 SET 指定的各列的列值设置为 SET 指定的新值，如果不使用 WHERE 子句，则更新所有记录的指定列值。

【例 5.13】 在 clients 表中将 cid 为 1 的客户的 address 修改为"北大街 120 号"。

```
USE test
UPDATE clients
SET address='北大街120号'
WHERE cid=1
```

5.3.3 删除语句

DELETE 语句用于删除表或视图中的一行或多行记录。

语法格式：

```
DELETE [FROM] { table_name | view_name }
    [WHERE <search_condition>]
```

该语句的功能是从 table_name 指定的表或 view_name 指定的视图中删除满足<search_condition>条件的行，若省略该条件，则删除所有行。

【例 5.14】 删除学号为"122006"（已插入）的学生记录。

```
USE stsc
DELETE student
WHERE stno='122006'
```

5.4 T-SQL 中的数据查询语言

T-SQL 语言中最重要的部分是它的查询功能，查询语言用来对已经存在于数据库中的数据按照特定的行、列、条件表达式或者一定的次序进行检索。

T-SQL 对数据库的查询使用 SELECT 语句，SELECT 语句具有灵活的使用方式和强大的功能。

语法格式：

```
SELECT select_list                           /*指定要选择的列*/
    FROM table_source                        /*FROM子句，指定表或视图*/
    [ WHERE search_condition ]               /*WHERE子句，指定查询条件*/
    [ GROUP BY group_by_expression ]         /*GROUP BY子句，指定分组表达式*/
    [ HAVING search_condition ]              /*HAVING子句，指定分组统计条件*/
    [ ORDER BY order_expression [ ASC | DESC ]]
                                             /*ORDER子句，指定排序表达式和顺序*/
```

5.4.1 投影查询

投影查询通过 SELECT 语句的 SELECT 子句来表示，由选择表中的部分或全部列组成结果表。

语法格式:

```
SELECT [ ALL | DISTINCT ] [ TOP n [ PERCENT ] [ WITH TIES ] ] <select_list>
```

select_list 指出了结果的形式，其格式如下：

```
{  *                                           /*选择当前表或视图的所有列*/
 | { table_name | view_name | table_alias } . * /*选择指定表或视图的所有列*/
 | { colume_name | expression | $IDENTITY | $ROWGUID }
     /*选择指定的列并更改列标题，为列指定别名，还可用于为表达式结果指定名称*/
    [ [ AS ] column_alias ]
 | column_alias = expression
} [ ,… n ]
```

1. 投影指定的列

使用 SELECT 语句可选择表中的一个列或多个列，如果是多个列，各列名中间要用逗号分开。

语法格式:

```
SELECT column_name [ ,column_name…]
    FROM table_name
    WHERE search_condition
```

其中，FROM 子句用于指定表，WHERE 在该表中检索符合 search_condition 条件的列。

【例 5.15】 查询 student 表中所有学生的学号、姓名和专业。

```
USE stsc
SELECT stno, stname, speciality
FROM student
```

查询结果:

```
stno     stname    speciality
----     ------    ----------
121001   李贤友     通信
121002   周映雪     通信
121005   刘刚       通信
122001   郭德强     计算机
122002   谢萱       计算机
122004   孙婷       计算机
```

2. 投影全部列

在 SELECT 子句指定列的位置上使用*号时为查询表中的所有列。

【例 5.16】 查询 student 表中的所有列。

```
USE stsc
SELECT *
FROM student
```

该语句与下面的语句等价：

```
USE stsc
SELECT stno,stname,stsex,stbirthday,speciality,tc
```

```
FROM student
```

查询结果：

```
stno     stname    stsex   stbirthday    speciality   tc
----     ------    -----   ----------    ----------   --
121001   李贤友    男      1991-12-30    通信         52
121002   周映雪    女      1993-01-12    通信         49
121005   刘刚      男      1992-07-05    通信         50
122001   郭德强    男      1991-10-23    计算机       48
122002   谢萱      女      1992-09-11    计算机       52
122004   孙婷      女      1992-02-24    计算机       50
```

3．修改查询结果的列标题

为了改变查询结果中显示的列标题，可以在列名后使用 AS 子句，语法格式如下：

```
AS column_alias
```

其中，column_alias 是指定显示的列标题，AS 可省略。

【例 5.17】 查询 student 表中通信专业学生的 stno、stname、tc，并将结果中各列的标题分别修改为学号、姓名、总学分。

```
USE stsc
SELECT stno AS '学号',stname AS '姓名',tc AS '总学分'
FROM student
```

查询结果：

```
学号      姓名     总学分
------    -----    -----
121001    李贤友    52
121002    周映雪    49
121005    刘刚      50
122001    郭德强    48
122002    谢萱      52
122004    孙婷      50
```

4．去掉重复行

去掉结果集中的重复行可使用 DISTINCT 关键字，其语法格式如下：

```
SELECT DISTINCT column_name [ ,column_name…]
```

【例 5.18】 查询 student 表中的 speciality 列，消除结果中的重复行。

```
USE stsc
SELECT DISTINCT speciality
FROM student
```

查询结果：

```
speciality
------------
计算机
通信
```

5.4.2 选择查询

选择查询通过 WHERE 子句实现，WHERE 子句给出查询条件，该子句必须紧跟 FROM
子句之后。

语法格式：

```
WHERE <search_condition>
```

其中，search_condition 为查询条件，<search_condition>的语法格式如下：

```
{ [ NOT ] <precdicate> | (<search_condition> ) }
    [ { AND | OR } [ NOT ] { <predicate> | (<search_condition>) } ]
} [ ,…n ]
```

其中，predicate 为判定运算，<predicate>的语法格式如下：

```
{ expression { = | < | <= | > | >= | <> | != | !< | !> } expression
                                            /*比较运算*/
 | string_expression [ NOT ] LIKE string_expression [ ESCAPE 'escape_
 character' ]
                                            /*字符串模式匹配*/
 | expression [ NOT ] BETWEEN expression AND expression    /*指定范围*/
 | expression IS [ NOT ] NULL              /*是否空值判断*/
 | CONTAINS ( { column | * },'<contains_search_condition>')
                                            /*包含式查询*/
 | FREETEXT ({ column | * },'freetext_string')          /*自由式查询*/
 | expression [ NOT ] IN ( subquery | expression [,…n] )  /*IN子句*/
 | expression { = | < | <= | > | >= | <> | != | !< | !> } { ALL | SOME |
 ANY } ( subquery )
                                            /*比较子查询*/
 | EXIST ( subquery )                      /*EXIST子查询*/
}
```

现将 WHERE 子句的常用查询条件列于表 5.3 中，以便读者更清楚地了解查询条件。

表 5.3 查询条件

查询条件	谓 词
比较	<=、<、=,>=、>、!=、<>、!>、!<
指定范围	BETWEEN AND、NOT BETWEEN AND、IN
确定集合	IN、NOT IN
字符匹配	LIKE、NOT LIKE
空值	IS NULL、IS NOT NULL
多重条件	AND、OR

> **注意**：在 SQL 中，返回逻辑值的运算符或关键字都称为谓词。

1．表达式的比较

比较运算符用于比较两个表达式的值，比较运算的语法格式如下：

```
expression { = | < | <= | > | >= | <> | != | !< | !> } expression
```

其中，expression 是除 text、ntext 和 image 之外类型的表达式。

【例 5.19】 查询 student 表中专业为计算机或性别为女的学生。

```
USE stsc
SELECT *
FROM student
WHERE speciality='计算机' OR stsex='女'
```

查询结果：

```
stno    stname   stsex   stbirthday   speciality   tc
----    ------   -----   ----------   ----------   --
121002  周映雪   女      1993-01-12   通信         49
122001  郭德强   男      1991-10-23   计算机       48
122002  谢萱     女      1992-09-11   计算机       52
122004  孙婷     女      1992-02-24   计算机       50
```

2．范围的比较

BETWEEN、NOT BETWEEN、IN 是用于范围比较的 3 个关键字，用于查找字段值在（或不在）指定范围的行。

【例 5.20】 查询 score 表中成绩为 82、91、95 的记录。

```
USE stsc
SELECT *
FROM score
WHERE grade IN (82,91,95)
```

查询结果：

```
stno    cno   grade
----    ---   -----------
121001  205   91
121005  801   82
122002  801   95
```

3．模式匹配

字符串模式匹配使用 LIKE 谓词，LIKE 谓词表达式的语法格式如下：

```
string_expression [ NOT ] LIKE string_expression [ ESCAPE 'escape_
character']
```

其含义是查找指定列值与匹配串相匹配的行，匹配串（即 string_expression）可以是一个完整的字符串，也可以含有通配符，通配符有以下两种。

- %：代表 0 或多个字符。
- _：代表一个字符。

LIKE 匹配中使用通配符的查询也称模糊查询。

【例 5.21】 查询 student 表中姓孙的学生情况。

```
USE stsc
SELECT *
FROM student
WHERE stname LIKE '孙%'
```

T-SQL 基础

查询结果：

```
stno    stname    stsex   stbirthday    speciality    tc
----    ------    -----   ----------    ----------    --
122004  孙婷       女      1992-02-24    计算机         50
```

4. 空值的使用

空值是未知的值，判定一个表达式的值是否为空值时使用 IS NULL 关键字，语法格式如下：

```
expression IS [ NOT ] NULL
```

【例 5.22】 查询已选课但未参加考试的学生情况。

```
USE stsc
SELECT *
FROM score
WHERE grade IS NULL
```

查询结果：

```
stno    cno   grade
----    ---   -----
122001  801   NULL
```

5.4.3 连接查询

当一个查询涉及两个或多个表的数据时需要指定连接列进行连接查询。

连接查询是关系数据库中的重要查询，在 T-SQL 中连接查询有两类表示形式，一类是连接谓词表示形式，另一类是使用关键字 JOIN 表示形式。

1. 连接谓词

在 SELECT 语句的 WHERE 子句中使用比较运算符给出连接条件对表进行连接，将这种表示形式称为连接谓词表示形式。连接谓词又称为连接条件，其一般语法格式如下：

```
[<表名1.>] <列名1> <比较运算符> [<表名2.>] <列名2>
```

比较运算符有<、<=、=、>、>=、!=、<>、!<、!>。

连接谓词还有以下形式：

```
[<表名1.>] <列名1> BETWEEN [<表名2.>] <列名2>AND[<表名2.>] <列名3>
```

由于连接多个表存在公共列，为了区分是哪个表中的列，引入表名前缀指定连接列。例如，student.stno 表示 student 表的 stno 列，score.stno 表示 score 表的 stno 列。

为了简化输入，SQL 允许在查询中使用表的别名，可在 FROM 子句中为表定义别名，然后在查询中引用。

经常用到的连接如下。

- 等值连接：表之间通过比较运算符"="连接起来，称为等值连接。
- 非等值连接：表之间使用非等号进行连接，称为非等值连接。
- 自然连接：如果在目标列中去除相同的字段名，称为自然连接。

- 自连接：将同一个表进行连接，称为自连接。

【例5.23】 查询学生的情况和选修课程的情况。

```
USE stsc
SELECT student.*,score.*
FROM student,score
WHERE student.stno=score.stno
```

该语句采用等值连接。

查询结果：

stno	stname	stsex	stbirthday	speciality	tc	stno	cno	grade
121001	李贤友	男	1991-12-30	通信	52	121001	102	92
121001	李贤友	男	1991-12-30	通信	52	121001	205	91
121001	李贤友	男	1991-12-30	通信	52	121001	801	94
121002	周映雪	女	1993-01-12	通信	49	121002	102	72
121002	周映雪	女	1993-01-12	通信	49	121002	205	65
121002	周映雪	女	1993-01-12	通信	49	121002	801	73
121005	刘刚	男	1992-07-05	通信	50	121005	102	87
121005	刘刚	男	1992-07-05	通信	50	121005	205	85
121005	刘刚	男	1992-07-05	通信	50	121005	801	82
122001	郭德强	男	1991-10-23	计算机	48	122001	801	NULL
122002	谢萱	女	1992-09-11	计算机	52	122002	203	94
122002	谢萱	女	1992-09-11	计算机	52	122002	801	95
122004	孙婷	女	1992-02-24	计算机	50	122004	203	81
122004	孙婷	女	1992-02-24	计算机	50	122004	801	86

【例5.24】 对上例进行自然连接查询。

```
USE stsc
SELECT student.*,score.cno,score.grade
FROM student,score
WHERE student.stno=score.stno
```

该语句采用自然连接。

查询结果：

stno	stname	stsex	stbirthday	speciality	tc	cno	grade
121001	李贤友	男	1991-12-30	通信	52	102	92
121001	李贤友	男	1991-12-30	通信	52	205	91
121001	李贤友	男	1991-12-30	通信	52	801	94
121002	周映雪	女	1993-01-12	通信	49	102	72
121002	周映雪	女	1993-01-12	通信	49	205	65
121002	周映雪	女	1993-01-12	通信	49	801	73
121005	刘刚	男	1992-07-05	通信	50	205	85
121005	刘刚	男	1992-07-05	通信	50	801	82
122001	郭德强	男	1991-10-23	计算机	48	801	NULL
122002	谢萱	女	1992-09-11	计算机	52	203	94
122002	谢萱	女	1992-09-11	计算机	52	801	95
122004	孙婷	女	1992-02-24	计算机	50	203	81

| 122004 | 孙婷 | 女 | 1992-02-24 | 计算机 | 50 | 801 | 86 |

【例 5.25】 查询选修了"微机原理"且成绩在 80 分以上的学生姓名。

```
USE stsc
SELECT a.stno,a.stname,b.cname,c.grade
FROM student a,course b,score c
WHERE a.stno=c.stno AND b.cno=c.cno AND b.cname='微机原理' AND C.grade>=80
```

该语句实现了多表连接，并采用别名以缩写表名。

查询结果：

```
stno      stname    cname     grade
----      ------    -----     -----
121001    李贤友    微机原理  91
121005    刘刚      微机原理  85
```

> **说明：** 本例中为 student 指定的别名是 a，为 course 指定的别名是 b，为 score 指定的别名是 c。

【例 5.26】 查询选修了"801"课程的成绩高于学号为"121002"的成绩的学生姓名。

```
USE stsc
SELECT a.cno,a.stno,a.grade
FROM score a,score b
WHERE a.cno='801' AND a.grade>b.grade AND b.stno='121002' AND b.cno='801'
ORDER BY a.grade DESC
```

该语句实现了自连接，使用自连接需要为一个表指定两个别名。

查询结果：

```
cno  stno    grade
---  ----    -----
801  122002  95
801  121001  94
801  122004  86
801  121005  82
```

2. 以 JOIN 关键字指定的连接

T-SQL 扩展了以 JOIN 关键字指定连接的表示方式，使表的连接运算能力有了增强。JOIN 连接在 FROM 子句的< joined_table >中指定。

语法格式：

```
<joined_table> ::=
{
<table_source> <join_type> <table_source> ON <search_condition>
  | <table_source> CROSS JOIN <table_source>
  | <joined_table>
}
```

说明：

其中，<join_type>为连接类型，ON 用于指定连接条件。<join_type>的格式如下：

```
[INNER|{LEFT|RIGHT|FULL}[OUTER][<join_hint>]JOIN
```

INNER 表示内连接，OUTER 表示外连接，CROSS 表示交叉连接，此为 JOIN 关键字指定的连接的 3 种类型。

1）内连接

内连接按照 ON 指定的连接条件合并两个表，返回满足条件的行。

内连接是系统默认的，可省略 INNER 关键字。

【例 5.27】 查询学生的情况和选修课程的情况。

```
USE stsc
SELECT *
FROM student INNER JOIN score ON student.stno=score.stno
```

该语句采用内连接，查询结果与例 5.23 相同。

【例 5.28】 查询选修了 102 课程且成绩在 85 分以上的学生情况。

```
USE stsc
SELECT a.stno, a.stname, b.cno, b.grade
FROM student a JOIN score b ON a.stno=b.stno
WHERE b.cno='102' AND b.grade>=85
```

该语句采用内连接，省略 INNER 关键字，使用了 WHERE 子句。

查询结果：

```
stno    stname  cno grade
----    ------  --- -----
121001  李贤友   102 92
121005  刘刚     102 87
```

2）外连接

在内连接的结果表中只有满足连接条件的行才能作为结果输出，外连接的结果表不仅包括满足连接条件的行，还包括相应表中的所有行。外连接有以下 3 种。

- 左外连接（LEFT OUTER JOIN）：结果表中除了包括满足连接条件的行外还包括左表的所有行。
- 右外连接（RIGHT OUTER JOIN）：结果表中除了包括满足连接条件的行外还包括右表的所有行。
- 完全外连接（FULL OUTER JOIN）：结果表中除了包括满足连接条件的行外还包括两个表的所有行。

【例 5.29】 采用左外连接查询教师的任课情况。

```
USE stsc
SELECT teacher.tname, course.cname
FROM teacher LEFT JOIN course ON (teacher.tno=course.tno)
```

该语句采用左外连接。

查询结果：

```
tname   cname
-----   -----
刘林卓   数字电路
```

周学莉	NULL
吴波	数据库系统
王冬琴	微机原理
李伟	高等数学

【例 5.30】 采用右外连接查询教师的任课情况。

```
USE stsc
SELECT teacher.tname,course.cname
FROM teacher RIGHT JOIN course ON (teacher.tno=course.tno)
```

该语句采用右外连接。

查询结果：

```
tname     cname
-----     -----
刘林卓    数字电路
吴波      数据库系统
王冬琴    微机原理
NULL      计算机网络
李伟      高等数学
```

【例 5.31】 采用全外连接查询教师的任课情况。

```
USE stsc
SELECT teacher.tname, course.cname
FROM teacher FULL JOIN course ON (teacher.tno=course.tno)
```

该语句采用全外连接。

查询结果：

```
tname     cname
-----     -----
刘林卓    数字电路
周学莉    NULL
吴波      数据库系统
王冬琴    微机原理
李伟      高等数学
NULL      计算机网络
```

注意： 外连接只能对两个表进行。

3）交叉连接

【例 5.32】 采用交叉连接查询教师和课程的所有可能组合。

```
USE stsc
SELECT teacher.tname,course.cname
FROM teacher CROSS JOIN course
```

该语句采用交叉连接。

查询结果:

```
tname     cname
-----     --------
刘林卓     数字电路
周学莉     数字电路
吴波       数字电路
王冬琴     数字电路
李伟       数字电路
刘林卓     数据库系统
周学莉     数据库系统
吴波       数据库系统
王冬琴     数据库系统
李伟       数据库系统
刘林卓     微机原理
周学莉     微机原理
吴波       微机原理
王冬琴     微机原理
李伟       微机原理
刘林卓     计算机网络
周学莉     计算机网络
吴波       计算机网络
王冬琴     计算机网络
李伟       计算机网络
刘林卓     高等数学
周学莉     高等数学
吴波       高等数学
王冬琴     高等数学
李伟       高等数学
```

5.4.4 统计计算

检索数据经常需要进行统计或计算,下面介绍使用聚合函数、GROUP BY 子句、HAVING 子句进行统计或计算的方法。

1. 聚合函数

聚合函数实现数据统计或计算,用于计算表中的数据,返回单个计算结果。除 COUNT 函数外,聚合函数忽略空值。

SQL Server 提供的常用的聚合函数如表 5.4 所示。

表 5.4 聚合函数

函 数 名	功 能
AVG	求组中数值的平均值
COUNT	求组中项数
MAX	求最大值
MIN	求最小值
SUM	返回表达式中数值的总和
STDEV	返回给定表达式中所有数值的统计标准偏差
STDEVP	返回给定表达式中所有数值的填充统计标准偏差
VAR	返回给定表达式中所有数值的统计方差
VARP	返回给定表达式中所有数值的填充统计方差

聚合函数的一般语法格式如下：

```
( [ ALL | DISTINCT ] expression )
```

其中，ALL 表示对所有值进行聚合函数运算，ALL 为默认值，DISTINCT 表示去除重复值，expression 指定进行聚合函数运算的表达式。

【例 5.33】 查询 102 课程的最高分、最低分、平均成绩。

```
USE stsc
SELECT MAX(grade) AS '最高分',MIN(grade) AS '最低分',AVG(grade) AS
'平均成绩'
FROM score
WHERE cno='102'
```

该语句采用 MAX 求最高分、MIN 求最低分、AVG 求平均成绩。

查询结果：

```
最高分        最低分        平均成绩
-----        -----        -------
92           72           83
```

【例 5.34】 求学生的总人数。

```
USE stsc
SELECT COUNT(*) AS '总人数'
FROM student
```

该语句采用 COUNT（*）计算总行数，总人数与总行数一致。

查询结果：

```
总人数
-----
6
```

【例 5.35】 查询计算机专业学生的总人数。

```
USE stsc
SELECT COUNT(*) AS '总人数'
FROM student
WHERE speciality='计算机'
```

该语句采用 COUNT(*)计算总人数，并用 WHERE 子句指定的条件限定为计算机专业。

查询结果：

```
总人数
-----------
3
```

2. GROUP BY 子句

GROUP BY 子句用于将查询结果表按某一列或多列值进行分组，其语法格式如下：

```
[ GROUP BY [ ALL ] group_by_expression [, …n]
```

```
[ WITH { CUBE | ROLLUP } ] ]
```

其中，group_by_expression 为分组表达式，通常包含字段名，ALL 显示所有分组，WITH 指定 CUBE 或 ROLLUP 操作符，在查询结果中增加汇总记录。

注意：聚合函数常与 GROUP BY 子句一起使用。

【例 5.36】 查询各门课程的最高分、最低分、平均成绩。

```
USE stsc
SELECT cno AS '课程号',MAX(grade)AS '最高分',MIN (grade)AS '最低分',AVG
(grade)AS '平均成绩'
FROM score
WHERE NOT grade IS null
GROUP BY cno
```

该语句采用 MAX、MIN、AVG 等聚合函数，并用 GROUP BY 子句对 cno（课程号）进行分组。

查询结果：

课程号	最高分	最低分	平均成绩
102	92	72	83
203	94	81	87
205	91	65	80
801	95	73	86

提示：如果 SELECT 子句的列名表包含聚合函数，则该列名表只能包含聚合函数指定的列名和 GROUP BY 子句指定的列名。

【例 5.37】 求选修各门课程的平均成绩和选修人数。

```
USE stsc
SELECT cno AS '课程号',AVG(grade) AS '平均成绩',COUNT(*) AS '选修人数'
FROM score
GROUP BY cno
```

该语句采用 AVG、COUNT 等聚合函数，并用 GROUP BY 子句对 cno（课程号）进行分组。

查询结果：

课程号	平均成绩	选修人数
102	83	3
203	87	2
205	80	3
801	86	6

3. HAVING 子句

HAVING 子句用于对分组按指定条件进行进一步筛选，最后只输出满足指定条件的分组。HAVING 子句的格式如下：

```
[ HAVING <search_condition> ]
```

其中，search_condition 为查询条件，可以使用聚合函数。

当 WHERE 子句、GROUP BY 子句、HAVING 子句在一个 SELECT 语句中时执行顺序如下：

（1）执行 WHERE 子句，在表中选择行。

（2）执行 GROUP BY 子句，对选取行进行分组。

（3）执行聚合函数。

（4）执行 HAVING 子句，筛选满足条件的分组。

【例 5.38】 查询选修课程两门以上且成绩在 80 分以上的学生的学号。

```
USE stsc
SELECT stno AS '学号',COUNT(cno) AS '选修课程数'
FROM score
WHERE grade>=80
GROUP BY stno
HAVING COUNT(*)>=2
```

该语句采用 COUNT 聚合函数、WHERE 子句、GROUP BY 子句、HAVING 子句。

查询结果：

```
学号       选修课程数
---       --------
121001    3
121005    3
122002    2
122004    2
```

【例 5.39】 查询至少有 4 名学生选修且以 8 开头的课程号和平均分数。

```
USE stsc
SELECT cno AS '课程号',AVG (grade) AS '平均分数'
FROM score
WHERE cno LIKE '8%'
GROUP BY cno
HAVING COUNT(*)>4
```

该语句采用 AVG 聚合函数、WHERE 子句、GROUP BY 子句、HAVING 子句。

查询结果：

```
课程号    平均分数
----     -------
801      86
```

5.4.5　排序查询

SELECT 语句的 ORDER BY 子句用于对查询结果按升序（默认或 ASC）或降序（DESC）排列行，可按照一个或多个字段的值进行排序。ORDER BY 子句的格式如下：

```
[ ORDER BY { order_by_expression [ ASC | DESC ] } [ ,…n ]
```

其中，order_by_expression 是排序表达式，可以是列名、表达式或一个正整数。

【例 5.40】 将计算机专业的学生按出生时间先后排序。

```
USE stsc
SELECT *
FROM student
WHERE speciality='计算机'
ORDER BY stbirthday
```

该语句采用 ORDER BY 子句进行排序。

查询结果：

```
stno    stname  stsex  stbirthday   speciality    tc
----    ------  -----  ----------   ----------    --
122001  郭德强   男     1991-10-23   计算机         48
122004  孙婷     女     1992-02-24   计算机         50
122002  谢萱     女     1992-09-11   计算机         52
```

【例 5.41】 将通信专业学生按"数字电路"课程成绩降序排序。

```
USE stsc
SELECT a.stname,b.cname,c.grade
FROM student a,course b,score c
WHERE a.stno=c.stno AND b.cno=c.cno AND b.cname='数字电路' AND a.speciality='
通信'
ORDER BY c.grade DESC
```

该语句采用谓词连接和 ORDER BY 子句进行排序。

查询结果：

```
stname   cname      grade
------   ------     -----
李贤友    数字电路    92
刘刚      数字电路    87
周映雪    数字电路    72
```

5.4.6 子查询

在 SQL 语言中，一个 SELECT-FROM-WHERE 语句称为一个查询块。在 WHERE 子句或 HAVING 子句所指定的条件中可以使用另一个查询块的查询结果作为条件的一部分，这种用一个查询块嵌套在另一个查询块的子句指定条件中的查询称为嵌套查询。例如：

```
SELECT *
FROM student
WHERE stno IN
  ( SELECT stno
    FROM score
    WHERE cno='203'
  )
```

在本例中，下层查询块"SELECT stno FROM score WHERE cno='203'"的查询结果作为上层查询块"SELECT * FROM student WHERE stno IN"的查询条件，上层查询块称为父查询或外层查询，下层查询块称为子查询或内层查询，嵌套查询的处理过程是由内向外，即由子查询到父查询，子查询的结果作为父查询的查询条件。

T-SQL 允许 SELECT 多层嵌套使用，即一个子查询可以嵌套其他子查询，以增强查询能力。子查询通常与 IN、EXIST 谓词和比较运算符结合使用。

1. IN 子查询

IN 子查询用于进行一个给定值是否在子查询结果集中的判断，语法格式如下：

```
expression [ NOT ] IN ( subquery )
```

当表达式 expression 与子查询 subquery 的结果集中的某个值相等时，IN 谓词返回 TRUE，否则返回 FALSE；若使用了 NOT，则返回的值相反。

【例 5.42】 查询选修了课程号为 203 的课程的学生情况。

```
USE stsc
SELECT *
FROM student
WHERE stno IN
  ( SELECT stno
    FROM score
    WHERE cno='203'
  )
```

该语句采用 IN 子查询。

查询结果：

stno	stname	stsex	stbirthday	speciality	tc
122002	谢萱	女	1992-09-11	计算机	52
122004	孙婷	女	1992-02-24	计算机	50

【例 5.43】 查询选修某课程的学生人数多于 4 人的教师姓名。

```
USE stsc
SELECT tname AS '教师姓名'
FROM teacher
WHERE tno IN
  ( SELECT a.tno
    FROM course a, score b
    WHERE a.cno=b.cno
    GROUP BY a.tno
    HAVING COUNT(a.tno)>4
  )
```

该语句采用 IN 子查询，在子查询中使用了谓词连接、GROUP BY 子句、HAVING 子句。

查询结果：

```
教师姓名
--------
李伟
```

2. 比较子查询

比较子查询是指父查询与子查询之间用比较运算符进行关联，其语法格式如下：

```
expression { < | <= | = | > | >= | != | <> | !< | !> } { ALL | SOME | ANY }
( subquery )
```

其中，expression 为要进行比较的表达式，subquery 是子查询，ALL、SOME 和 ANY 是对比较运算的限制。

【例 5.44】 查询比所有计算机专业学生年龄都小的学生。

```
USE stsc
SELECT *
FROM student
WHERE stbirthday >ALL
  ( SELECT stbirthday
    FROM student
    WHERE speciality='计算机'
  )
```

该语句采用比较子查询。

查询结果：

```
stno    stname   stsex   stbirthday   speciality   tc
----    ------   -----   ----------   ----------   --
121002  周映雪   女      1993-01-12   通信         49
```

【例 5.45】 查询课程号 801 的成绩高于课程号 205 成绩的学生。

```
USE stsc
SELECT stno AS '学号'
FROM score
WHERE cno='801' AND grade>= ANY
  ( SELECT grade
    FROM score
    WHERE cno='205'
  )
```

该语句采用比较子查询。

查询结果：

```
学号
------
121001
121002
121005
122002
122004
```

3．EXISTS 子查询

EXISTS 谓词用于测试子查询的结果是否为空表，若子查询的结果集不为空，则 EXISTS 返回 TRUE，否则返回 FALSE，如果为 NOT EXISTS，其返回值与 EXIST 相反，其语法格式如下：

```
[ NOT ] EXISTS ( subquery )
```

【例 5.46】 查询选修 205 课程的学生姓名。

```
USE stsc
SELECT stname AS '姓名'
FROM student
WHERE EXISTS
  ( SELECT *
    FROM score
    WHERE score.stno=student.stno AND cno= '205'
  )
```

该语句采用 EXISTS 子查询。

查询结果:

```
姓名
-----
李贤友
周映雪
刘刚
```

【例 5.47】 查询所有认课教师姓名和所在学院。

```
USE stsc
SELECT tname AS '教师姓名',school AS '学院'
FROM teacher a
WHERE EXISTS
  ( SELECT *
    FROM course b
    WHERE a.tno=b.tno
  )
```

该语句采用 EXISTS 子查询。

查询结果:

```
教师姓名     学院
-------  --------
刘林卓     通信学院
吴波       计算机学院
王冬琴     计算机学院
李伟       数学学院
```

> **提示:** 子查询和连接往往都要涉及两个表或多个表，其区别是连接可以合并两个表或多个表的数据，而带子查询的 SELECT 语句的结果只能来自一个表。

5.4.7　SELECT 查询的其他子句

SELECT 查询的其他子句包括 UNION、EXCEPT 和 INTERSECT 以及 INTO 子句、CTE 子句等，下面分别介绍。

1. UNION

使用 UNION 可以将两个或多个 SELECT 查询的结果合并成一个结果集。

语法格式：

```
{ <query specification> | (<query expression> ) }
    UNION [ A LL ] <query specification> | (<query expression> )
    [ UNION [ A LL ] <query specification> | (<query expression> ) […n] ]
```

说明：

<query specification>和<query expression>都是 SELECT 查询语句。

使用 UNION 合并两个查询的结果集的基本规则如下：

- 所有查询中的列数和列的顺序必须相同。
- 数据类型必须兼容。

【例 5.48】 查询总学分大于 50 及学号小于 121051 的学生。

```
USE stsc
SELECT *
FROM student
WHERE tc>50
UNION
SELECT *
FROM student
WHERE stno<1051
```

该语句采用 UNION 将两个查询的结果合并成一个结果集。

查询结果：

```
stno    stname    stsex    stbirthday    speciality    tc
----    ------    -----    ----------    ----------    --
121001  李贤友    男       1991-12-30    通信          52
121002  周映雪    女       1993-01-12    通信          49
121005  刘刚      男       1992-07-05    通信          50
122002  谢萱      女       1992-09-11    计算机        52
```

2. EXCEPT 和 INTERSECT

EXCEPT 和 INTERSECT 用于比较两个查询结果，返回非重复值，EXCEPT 从左查询中返回右查询没有找到的所有非重复值，INTERSECT 返回 INTERSECT 操作数左、右两边的两个查询都返回的所有非重复值。

语法格式：

```
{ <query_specification> | ( <query_expression> ) }
{ EXCEPT | INTERSECT }
{ <query_specification> | ( <query_expression> ) }
```

说明：

<query specification>和<query expression>都是 SELECT 查询语句。

使用 EXCEPT 或 INTERSECT 的两个查询的结果集组合起来的基本规则如下：

- 所有查询中的列数和列的顺序必须相同。
- 数据类型必须兼容。

【例 5.49】 查询学过 801 课程但未学过 102 课程的学生。

```
USE stsc
SELECT a.stno AS '学号',a.stname AS '姓名'
FROM student a,course b,score c
WHERE a.stno=c.stno AND b.cno=c.cno AND c.cno='801'
EXCEPT
SELECT a.stno AS '学号',a.stname AS '姓名'
FROM student a,course b,score c
WHERE a.stno=c.stno AND b.cno=c.cno AND c.cno='102'
```

该语句从 EXCEPT 操作数左侧的查询返回右侧查询没有找到的所有非重复值。

查询结果：

```
学号       姓名
------    -----
122001    郭德强
122002    谢萱
122004    孙婷
```

【例 5.50】 查询既学过 801 课程又学过 102 课程的学生。

```
USE stsc
SELECT a.stno AS '学号',a.stname AS '姓名'
FROM student a,course b,score c
WHERE a.stno=c.stno AND b.cno=c.cno AND c.cno='801'
INTERSECT
SELECT a.stno AS '学号',a.stname AS '姓名'
FROM student a,course b,score c
WHERE a.stno=c.stno AND b.cno=c.cno AND c.cno='102'
```

该语句返回从 INTERSECT 操作数左、右两边的两个查询都返回的所有非重复值。

查询结果：

```
学号       姓名
------    -----
121001    李贤友
121002    周映雪
121005    刘刚
```

3. INTO 子句

INTO 子句用于创建新表并将查询所得的结果插入新表中。

语法格式：

```
[ INTO new_table ]
```

说明：

new_table 是要创建的新表名，创建的新表的结构由 SELECT 所选择的列决定，新表中的记录由 SELECT 的查询结果决定，若 SELECT 的查询结果为空，则创建一个只有结构没有记录的空表。

【例 5.51】 由 student 表创建 st 表，包括学号、姓名、性别、专业和学分。

```
USE stsc
SELECT stno,stname,stsex,speciality,tc INTO st
FROM student
```

该语句通过 INTO 子句创建新表 st，新表的结构和记录由 SELECT…INTO 语句决定。

4. CTE 子句

CTE 用于指定临时结果集，这些结果集称为公用表表达式（Common Table Expression，CTE）。

语法格式：

```
[ WITH <common_table_expression> [ ,...n ] ]
AS ( CTE_query_definition )
```

其中

```
<common_table_expression>::=
    expression_name [ ( column_name [ ,...n ] ) ]
```

说明：

- expression_name：CTE 的名称。
- column_name：在 CTE 中指定的列名，其个数要和 CTE_query_definition 返回的字段个数相同。
- CTE_query_definition：指定一个其结果集填充 CTE 的 SELECT 语句。CTE 下方的 SELECT 语句可以直接查询 CTE 中的数据。

> **注意**：CTE 源自简单查询，并且在单条 SELECT、INSERT、UPDATE 或 DELETE 语句的执行范围内定义，该子句也可用在 CREATE VIEW 语句中，公用表表达式可以包括对自身的引用，这种表达式称为递归公用表表达式。

【例 5.52】 使用 CTE 从 score 表中查询学号、课程号和成绩，并指定新列名为 c_stno、c_cno、c_grade，再使用 SELECT 语句从 CTE 和 student 表中查询姓名为"孙婷"的学生的学号、课程号和成绩。

```
USE stsc;
WITH cte_st(c_stno,c_cno,c_grade)
AS (SELECT stno,cno,grade FROM score)
SELECT c_stno,c_cno,c_grade
FROM cte_st,student
WHERE student.stname='孙婷' AND student.stno =cte_st.c_stno
```

该语句通过 CTE 子句查询姓名为"孙婷"的学生的学号、课程号和成绩。

查询结果：

```
c_stno   c_cno  c_grade
------   -----  -------
122004   203    81
122004   801    86
```

【例 5.53】 计算 1～10 的阶乘。

```
WITH Cfact(n,k)
AS (
    SELECT n=1,k=1
    UNION ALL
    SELECT n=n+1,k=k*(n+1)
    FROM Cfact
    WHERE n<10
    )
SELECT n, k FROM Cfact
```

该语句通过递归公用表表达式计算 1～10 的阶乘。

查询结果：

```
n           k
--          --
1           1
2           2
3           6
4           24
5           120
6           720
7           5040
8           40320
9           362880
10          3628800
```

5. FROM 子句

FROM 子句指定用于 SELECT 的查询对象。

语法格式：

```
[ FROM {<table_source>} [,...n] ]
<table_source> ::=
{
    table_or_view_name [ [ AS ] table_alias ]       /*查询表或视图，可指定别名*/
    | rowset_function [ [ AS ] table_alias ]          /*行集函数*/
        [ ( bulk_column_alias [ ,...n ] ) ]
    | user_defined_function [ [ AS ] table_alias ]   /*指定表值函数*/
    | OPENXML <openxml_clause>                        /*xml文档*/
    | derived_table [ AS ] table_alias [ ( column_alias [ ,...n ] ) ]
                                                      /*子查询*/
    | <joined_table>                                  /*连接表*/
    | <pivoted_table>                                 /*将行转换为列*/
    | <unpivoted_table>                               /*将列转换为行*/
}
```

说明：

- table_or_view_name：指定 SELECT 语句要查询的表或视图。
- rowset_function：rowset_function 是一个行集函数，行集函数通常返回一个表或视图。
- derived_table：由执行 SELECT 查询语句返回的表，必须为其指定一个别名，也可以为列指定别名。

- joined_table：joined_table 为连接表。
- pivoted_table：将行转换为列。

  <pivoted_table>的格式如下：

```
<pivoted_table> ::=
     table_source PIVOT <pivot_clause> [AS] table_alias
<pivot_clause> ::=
     ( aggregate_function ( value_column ) FOR pivot_column IN (<column_
     list>) )
```

- <unpivoted_table>：将列转换为行。

<unpivoted_table>的格式如下：

```
<unpivoted_table> ::=
     table_source UNPIVOT <unpivot_clause> table_alias
<unpivot_clause> ::=
     ( value_column FOR pivot_column IN ( <column_list> ) )
```

【例 5.54】 查找 student 表中 1992 年 12 月 31 日之前出生的学生的姓名和性别，并列出其专业属于通信还是计算机，1 表示是，0 表示否。

```
USE stsc
SELECT stname,stsex,通信,计算机
FROM student
PIVOT
(
    COUNT(stno)
    FOR speciality
    IN (通信,计算机)
)AS pvt
WHERE stbirthday<'1992-12-31'
```

该语句通过 PIVOT 子句将通信、计算机等行转换为列。

查询结果：

```
stname   stsex   通信   计算机
------   -----   ---   ----
郭德强    男      0     1
李贤友    男      1     0
刘刚      男      1     0
孙婷      女      0     1
谢萱      女      0     1
```

【例 5.55】 将 teacher 表中的职称和学院列转换为行输出。

```
USE stsc
SELECT tno,tname,选项,内容
FROM teacher
UNPIVOT
(
    内容
    FOR 选项 IN
    (title,school)
) unpvt
```

该语句通过 UNPIVOT 子句将职称和学院列转换为行。

查询结果：

```
tno      tname     选项       内容
------   ------    -----     ------------
102101   刘林卓    title     教授
102101   刘林卓    school    通信学院
102105   周学莉    title     讲师
102105   周学莉    school    通信学院
204101   吴波      title     教授
204101   吴波      school    计算机学院
204107   王冬琴    title     副教授
204107   王冬琴    school    计算机学院
801102   李伟      title     副教授
801102   李伟      school    计算机学院
```

6. TOP 谓词

在使用 SELECT 语句进行查询时，有时需要列出前几行数据，可以使用 TOP 谓词对结果集进行限定。

语法格式：

```
TOP n [ percent ] [ WITH TIES]
```

说明：

- TOP n：获取查询结果的前 n 行数据。
- TOP n percent：获取查询结果的前 n%行数据。
- WITH TIES：包括最后一行取值并列的结果。

> **注意**：TOP 谓词写在 SELECT 单词后面。在使用 TOP 谓词时应与 ORDER BY 子句一起使用，列出前几行才有意义。如果选用 WITH TIES 选项，则必须使用 ORDER BY 子句。

【例 5.56】 查询总学分在前两名的学生情况。

```
USE stsc
SELECT TOP 2 stno,stname,tc
FROM student
ORDER BY tc DESC
```

该语句通过 TOP 谓词与 ORDER BY 子句一起使用，获取前两名的学生情况。

查询结果：

```
stno     stname   tc
------   ------   ---
121001   李贤友    52
122002   谢萱      52
```

【例 5.57】 查询总学分在前 3 名的学生情况（包含专业）。

```
USE stsc
```

```
SELECT TOP 3 WITH TIES stno,stname,speciality,tc
FROM student
ORDER BY tc DESC
```

该语句通过 TOP 谓词，选用 WITH TIES 选项并与 ORDER BY 子句一起使用，获取前 3 名的学生情况，其中孙婷与刘刚并列第 3。

查询结果：

```
stno    stname   speciality    tc
------  ------   ----------    --
121001  李贤友   通信          52
122002  谢萱     计算机        52
122004  孙婷     计算机        50
121005  刘刚     通信          50
```

5.5 综 合 训 练

1. 训练要求

本章介绍 T-SQL 中的数据定义语言（DDL）、数据操纵语言（DML）和数据查询语言（DQL），数据库查询是数据库的核心操作，并重点讨论了用 SELECT 查询语句对数据库进行各种查询的方法，下面结合 stsc 学生成绩数据库进行数据查询的综合训练。

（1）查询 student 表中通信专业学生的情况。

（2）查询 score 表中学号为 122002、课程号为 203 的学生成绩。

（3）查找学号为 121005、课程名为"高等数学"的学生成绩。

（4）查找选修了 801 课程且为计算机专业学生的姓名及成绩，查出的成绩按降序排列。

（5）查找学号为 121001 的学生的所有课程的平均成绩。

2. T-SQL 语句的编写

根据题目要求进行 T-SQL 语句的编写。

（1）编写 T-SQL 语句如下：

```
USE stsc
SELECT *
FROM student
WHERE speciality='通信'
```

查询结果：

```
stno    stname   stsex   stbirthday   speciality    tc
----    ------   -----   ----------   ----------    --
121001  李贤友   男      1991-12-30   通信          52
121002  周映雪   女      1993-01-12   通信          49
121005  刘刚     男      1992-07-05   通信          50
```

（2）编写 T-SQL 语句如下：

```
USE stsc
SELECT *
FROM score
WHERE stno='122002' AND cno='203'
```

查询结果：

```
stno    cno   grade
------  ----  -----
122002  203   94
```

（3）编写 T-SQL 语句如下：

```
USE stsc
SELECT *
FROM score
WHERE stno='121005' AND cno IN
  ( SELECT cno
    FROM course
    WHERE cname='高等数学'
  )
```

该语句在子查询中由课程名查出课程号，在外查询中由课程号（在子查询中查出）和学号查出成绩。

查询结果：

```
stno    cno   grade
------  ---   -----
121005  801   82
```

（4）编写 T-SQL 语句如下：

```
USE stsc
SELECT a.stname,c.grade
FROM student a,course b,score c
WHERE b.cno='801' AND a.stno=c.stno AND b.cno=c.cno
ORDER BY grade DESC
```

该语句采用连接查询和 ORDER 子句进行查询。

查询结果：

```
stname   grade
------   -----
谢萱      95
李贤友    94
孙婷      86
刘刚      82
周映雪    73
郭德强    NULL
```

（5）编写 T-SQL 语句如下：

```
USE stsc
SELECT stno,AVG(grade) AS 平均成绩
FROM score
WHERE stno='121001'
GROUP BY stno
```

该语句采用聚合函数和 GROUP 子句进行查询。

查询结果：

```
stno     平均成绩
------   ------
121001   92
```

5.6 小 结

本章主要介绍了以下内容：

（1）SQL（Structured Query Language）语言是目前主流的在关系型数据库上执行数据操作、数据检索以及数据库维护所需要的标准语言，是用户与数据库之间进行交流的接口，许多关系型数据库管理系统都支持 SQL 语言，但不同的数据库管理系统之间的 SQL 语言不能完全通用，SQL Server 数据库使用的 SQL 语言是 Transact-SQL（简称 T-SQL）。

（2）通常将 SQL 语言分为 4 类，即数据定义语言（Data Definition Language，DDL）、数据操纵语言（Data Manipulation Language，DML）、数据查询语言（Data Query Language，DQL）、数据控制语言（Data Control Language，DCL）。

SQL 语言具有高度非过程化、应用于数据库、面向集合的操作方式、既是自含式语言又是嵌入式语言、综合统一、语言简洁和易学易用等特点。

（3）T-SQL 中的数据定义语言 DDL。

DDL 中的数据库操作语句：创建数据库用 CREATE DATABASE 语句、修改数据库用 ALTER DATABASE 语句、删除数据库用 DROP DATABASE 语句。

DDL 中的表操作语句：创建表用 CREATE TABLE 语句、修改表用 ALTER TABLE 语句、删除表用 DROP TABLE 语句。

（4）T-SQL 中的数据操纵语言 DML。

在表中插入记录用 INSERT 语句，在表中修改记录或列用 UPDATE 语句，在表中删除记录用 DELETE 语句。

（5）T-SQL 中的数据查询语言 DQL。

DQL 是 T-SQL 语言的核心，DQL 使用 SELECT 语句，它包含 SELECT 子句、FROM 子句、WHERE 子句、GROUP BY 子句、HAVING 子句、ORDER BY 子句等。

（6）投影查询、选择查询和排序查询。

投影查询通过 SELECT 语句的 SELECT 子句来表示，由选择表中的部分或全部列组成结果表。

选择查询通过 WHERE 子句实现，WHERE 子句给出查询条件，该子句必须紧跟在 FROM 子句之后。

排序查询通过 ORDER BY 子句实现，查询结果按升序（默认或 ASC）或降序（DESC）排列行，可按照一个或多个字段的值进行排序。

（7）连接查询是关系数据库中的重要查询，在 T-SQL 中连接查询有两类表示形式，一类是连接谓词表示形式，另一类是使用关键字 JOIN 表示形式。

（8）在 SELECT 语句的 WHERE 子句中使用比较运算符给出连接条件对表进行连接，将这种表示形式称为连接谓词表示形式。

在使用 JOIN 关键字指定的连接中，在 FROM 子句中用 JOIN 关键字指定连接的多个表的表名，用 ON 子句指定连接条件。JOIN 关键字指定的连接类型有 3 种，INNER JOIN 表示内连接，OUTER JOIN 表示外连接，CROSS JOIN 表示交叉连接。

外连接有 3 种，即左外连接（LEFT OUTER JOIN）、右外连接（RIGHT OUTER JOIN）、完全外连接（FULL OUTER JOIN）。

（9）用一个查询块嵌套在另一个查询块的子句指定条件中的查询称为嵌套查询，在嵌套查询中，上层查询块称为父查询或外层查询，下层查询块称为子查询（Subquery）或内层查询。子查询通常包括 IN 子查询、比较子查询和 EXIST 子查询。

（10）SELECT 查询的其他子句包括 UNION、EXCEPT 和 INTERSECT 以及 INTO 子句、CTE 子句等。

习 题 5

一、选择题

5.1 使用 student 表查询年龄最小的学生的姓名和年龄，下列实现此功能的查询语句中正确的是_____。

    A. SELECT sname，MIN(sage)FROM student

    B. SELECT sname，sage FROM student WHERE sage= MIN(sage)

    C. SELECT TOP1 sname，sage FROM student

    D. SELECT TOP1 sname，sage FROM student ORDER BY sage

5.2 设在某 SELECT 语句的 WHERE 子句中需要对 Grade 列的空值进行处理，下列关于空值的操作中错误的是_____。

    A. Grade IS NOT NULL

    B. Grade IS NULL

    C. Grade = NULL

    D. NOT(Grade IS NULL)

5.3 设在 SQL Server 中有学生表(学号，姓名，年龄)，其中姓名为 varchar(10)类型。查询姓"张"且名字是 3 个字的学生的详细信息，正确的语句是_____。

    A. SELECT *FROM 学生表 WHERE 姓名 LIKE '张_'

    B. SELECT *FROM 学生表 WHERE 姓名 LIKE '张__'

    C. SELECT *FROM 学生表 WHERE 姓名 LIKE '张_' AND LEN（姓名）=3

    D. SELECT *FROM 学生表 WHERE 姓名 LIKE '张__' AND LEN（姓名）=3

5.4 设在 SQL Server 中有学生表(学号，姓名，所在系)和选课表(学号,课程号,成绩)，查询没选课的学生姓名和所在系，下列语句中能够实现该查询要求的是_____。

    A. SELECT 姓名, 所在系 FROM 学生表 a LEFT JOIN 选课表 b
       ON a.学号= b.学号 WHERE a.学号 IS NULL

    B. SELECT 姓名, 所在系 FROM 学生表 a LEFT JOIN 选课表 b
       ON a.学号= b.学号 WHERE b.学号 IS NULL

    C. SELECT 姓名, 所在系 FROM 学生表 a RIGHT JOIN 选课表 b
       ON a.学号= b.学号 WHERE a.学号 IS NULL

D. SELECT 姓名, 所在系 FROM 学生表 a RIGHT JOIN 选课表 b

    ON a.学号= b.学号 WHERE b.学号 IS NULL

5.5 下述语句的功能是将两个查询结果合并成一个结果，其中正确的是_____。

A. SELECT sno，sname，sage FROM student WHERE sdept='cs'

    ORDER BY sage

    UNION

    SELECT sno，sname，sage FROM student WHERE sdept='is'

    ORDER BY sage

B. SELECT sno，sname，sage FROM student WHERE sdept='cs'

    UNION

    SELECT sno，sname，sage FROM student WHERE sdept='is'

    ORDER BY sage

C. SELECT sno，sname，sage FROM student WHERE sdept='cs'

    UNION

    SELECT sno，sname FROM student WHERE sdept='is'

    ORDER BY sage

D. SELECT sno，sname，sage FROM student WHERE sdept='cs'

    ORDER BY sage

    UNION

    SELECT sno，sname，sage FROM student WHERE sdept='is'

二、填空题

5.6 在 EXISTS 子查询中，子查询的执行次数是由_____决定的。

5.7 在 IN 子查询和比较子查询中，是先执行_____层查询，再执行_____层查询。

5.8 在 EXISTS 子查询中是先执行_____层查询，再执行_____层查询。

5.9 UNION 操作用于合并多个 SELECT 查询的结果，如果在合并结果时不希望去掉重复数据，应使用_____关键字。

5.10 若 SELECT 语句中同时包含 WHERE 子句和 GROUP 子句,则先执行_____子句。

三、问答题

5.11 什么是 SQL 语言？简述 SQL 语言的分类。

5.12 在 SELECT 语句中包括哪些子句？简述各子句的功能。

5.13 什么是连接谓词？简述连接谓词表示形式的语法规则。

5.14 内连接、外连接有什么区别？左外连接、右外连接和全外连接有什么区别？

5.15 简述常用聚合函数的函数名称和功能。

5.16 在一个 SELECT 语句中，当 WHERE 子句、GROUP BY 子句和 HAVING 子句同时出现在一个查询中时 SQL 的执行顺序如何？

5.17 在 SQL Server 中使用 GROUP BY 子句有什么规则？

5.18 什么是子查询？IN 子查询、比较子查询、EXIST 子查询有何区别？

四、上机实验题

5.19 使用 T-SQL 语句创建 stsc 数据库，然后在该数据库中创建 student 表、course 表、score 表、teacher 表。

5.20 使用 T-SQL 语句分别向 student 表、course 表、score 表、teacher 表插入表 4.1～4.4 的各行数据。

5.21 查询 student 表中总学分大于或等于 50 分的学生的情况。

5.22 查找谢萱的"高等数学"的成绩。

5.23 查找选修了"数字电路"的学生姓名及成绩，并按成绩降序排列。

5.24 查找"数据库系统"和"微机原理"的平均成绩。

5.25 查询每个专业最高分的课程名和分数。

5.26 查询通信专业的最高分的学生的学号、姓名、课程号和分数。

5.27 查询有两门以上（含两门）课程超过 80 分的学生姓名及其平均成绩。

5.28 查询选学了所有已安排任课教师的课程的学生姓名。

第6章 视　图

本章要点：

- 创建视图。
- 查询视图。
- 更新视图。
- 修改视图定义和重命名视图。
- 查看视图信息。
- 删除视图。

视图（View）是从一个或多个表或者其他视图导出的，用来导出视图的表称为基表，导出的视图又称为虚表。在数据库中只存储视图的定义，不存放视图对应的数据，这些数据仍然存放在原来的基表中。

视图有以下优点：

（1）方便用户的查询和处理，简化数据操作。

（2）简化用户的权限管理，增加安全性。

（3）便于数据共享。

（4）屏蔽数据库的复杂性。

（5）可以重新组织数据。

6.1　创　建　视　图

在使用视图前必须先创建视图，创建视图要遵守以下原则：

（1）只有在当前数据库中才能创建视图，视图的命名必须遵循标识符规则。

（2）不能将规则、默认值或触发器与视图相关联。

（3）不能在视图上建立任何索引。

6.1.1　使用图形界面方式创建视图

【例6.1】 使用图形界面方式在 stsc 数据库中创建 st_comm 视图，包括学号、姓名、课程名、成绩，按学号升序排列，且专业为通信。

操作步骤如下：

（1）启动 SQL Server Management Studio，在对象资源管理器中展开"数据库"结点，选中 stsc 数据库，展开该数据库结点，然后选中"视图"右击，在弹出的快捷菜单中选择

"新建视图"命令，如图 6.1 所示。

图 6.1 选择"新建视图"命令

（2）屏幕上出现"添加表"对话框，在"添加表"对话框中选择 student、course、score 3 个表，如图 6.2 所示，单击"添加"按钮，再单击"关闭"按钮。

图 6.2 "添加表"对话框

（3）返回到对象资源管理器，在其右边出现"视图设计器"，包括关系图窗格、网格窗格、SQL 窗格、结果窗格等。

选择视图所包含的列，在网格窗格的"列"栏中指定，例如选择第一列为 student.stno 列，在列组合框中选择，不设置别名、筛选器，"排序类型"设置为"升序"，依次设置 student.stname 列、course.cname 列、score.grade 列、student.spcialist 列，如图 6.3 所示。其对应的 SELECT 语句出现在 SQL 窗格中，语句如下：

```
SELECT TOP (100) PERCENT dbo.student.stno, dbo.student.stname, grade,
dbo.score.dbo.course.cname, dbo.student.speciality
FROM dbo.course INNER JOIN
      dbo.score ON dbo.course.cno = dbo.score.cno INNER JOIN
      dbo.student ON dbo.score.stno = dbo.student.stno
WHERE (dbo.student.speciality = '通信')
ORDER BY dbo.student.stno
```

图 6.3 视图设计器

（4）单击工具栏上的"保存"按钮，在弹出的"选择名称"对话框中输入视图名称 st_comm，单击"确定"按钮。

6.1.2 使用 T-SQL 语句创建视图

创建视图的 T-SQL 语句是 CREATE VIEW 语句。

语法格式：

```
CREATE VIEW [ schema_name . ] view_name [ (column [ ,...n ] ) ]
[ WITH <view_attribute>[ ,…n ] ]
    AS select_statement
    [ WITH CHECK OPTION ]
```

说明：

- view_name 为视图名称，scheme 是数据库架构名。
- column：列名，此为视图中包含的列，最多可引用 1024 个列。
- WITH 子句：指出视图的属性。
- select_statement：定义视图的 SELECT 语句，可在该语句中使用多个表或视图。
- WITH CHECK OPTION：指出在视图上进行的修改都要符合 select_statement 指定的准则。

> **注意：** CREATE VIEW 必须是批处理命令的第一条语句。

【例 6.2】 使用 CREATE VIEW 语句在 stsc 数据库中创建 st2_comm 视图，包括学号、姓名、课程号、成绩，且专业为通信。

```
USE stsc
GO
CREATE VIEW st2_comm
AS
SELECT student.stno,student.stname,score.cno,score.grade
  FROM student,score
  WHERE student.stno=score.stno AND student.speciality= '通信'
  WITH CHECK OPTION
GO
```

6.2　查　询　视　图

查询视图使用 SELECT 语句，使用 SELECT 语句对视图进行查询与使用 SELECT 语句对表进行查询一样，举例如下：

【例 6.3】 查询 st_comm 视图、st2_comm 视图。

使用 SELECT 语句对 st_comm 视图进行查询：

```
USE stsc
SELECT *
FROM st_comm
```

查询结果：

```
stno    stname   cname      grade   speciality
------  -------  ------     -----   ------------
121001  李贤友    数字电路     92      通信
121001  李贤友    微机原理     91      通信
121001  李贤友    高等数学     94      通信
121002  周映雪    数字电路     72      通信
121002  周映雪    微机原理     65      通信
121002  周映雪    高等数学     73      通信
121005  刘刚      数字电路     87      通信
121005  刘刚      微机原理     85      通信
121005  刘刚      高等数学     82      通信
```

使用 SELECT 语句对 st2_comm 视图进行查询：

```
USE stsc
SELECT *
FROM st2_comm
```

查询结果：

```
stno     stname   cno  grade
------   -------  ---  -----
121001   李贤友   102  92
121001   李贤友   205  91
121001   李贤友   801  94
121002   周映雪   102  72
121002   周映雪   205  65
121002   周映雪   801  73
121005   刘刚     102  87
121005   刘刚     205  85
121005   刘刚     801  82
```

【例 6.4】 查询通信专业学生的学号、姓名、课程名。

```
USE stsc
SELECT stno,stname,cname
FROM st_comm
```

该语句对 st_comm 视图进行查询。

查询结果：

```
stno     stname   cname
------   -------  ------
121001   李贤友   数字电路
121001   李贤友   微机原理
121001   李贤友   高等数学
121002   周映雪   数字电路
121002   周映雪   微机原理
121002   周映雪   高等数学
121005   刘刚     数字电路
121005   刘刚     微机原理
121005   刘刚     高等数学
```

【例 6.5】 查询平均成绩在 85 分以上的学生的学号和平均成绩。

创建视图 sc_avg 的语句如下：

```
USE stsc
GO
CREATE VIEW sc_avg(stno,avg_grade)
AS
SELECT stno,AVG(grade)
   FROM score
   GROUP BY stno
GO
```

使用 SELECT 语句对 sc_avg 视图进行查询：

```
USE stsc
SELECT *
FROM sc_avg
```

查询结果：

```
stno    avg_grade
------  ----------
121001  92
121002  70
121005  84
122001  NULL
122002  94
122004  83
```

6.3 更 新 视 图

更新视图指通过视图进行插入、删除、修改数据，由于视图是不存储数据的虚表，对视图的更新最终转化为对基表的更新。

6.3.1 可更新视图

通过更新视图数据可更新基表数据，但只有满足可更新条件的视图才能更新，可更新视图必须满足的条件是创建视图的 SELECT 语句没有聚合函数，且没有 TOP、GROUP BY、UNION 子句及 DISTICT 关键字，不包含从基表列通过计算所得的列，且 FROM 子句至少包含一个基本表。

在前面的视图中，st_comm、st2_comm 是可更新视图，sc_avg 是不可更新视图。

【例 6.6】 在 stsc 数据库中以 student 为基表创建专业为计算机的可更新视图 st_cp。

创建视图 st_cp 的语句如下：

```
USE stsc
GO
CREATE VIEW st_cp
AS
SELECT *
  FROM student
  WHERE speciality= '计算机'
GO
```

使用 SELECT 语句查询 st_cp 视图：

```
USE stsc
SELECT *
FROM st_cp
```

查询结果：

```
stno    stname  stsex  stbirthday  speciality  tc
------  ------  -----  ----------  ----------  ----
122001  郭德强   男     1991-10-23  计算机       48
122002  谢萱     女     1992-09-11  计算机       52
122004  孙婷     女     1992-02-24  计算机       50-
```

6.3.2 插入数据

使用 INSERT 语句通过视图向基表插入数据，有关 INSERT 语句的介绍参见第 5 章。

【例 6.7】 向 st_cp 视图中插入记录('122009', '董智强', '男', '1992-11-23', '计算机', 50）。

```
USE stsc
INSERT INTO st_cp VALUES ('122009','董智强','男','1992-11-23','计算机',50)
```

使用 SELECT 语句查询 st_cp 视图的基表 student：

```
USE stsc
SELECT *
FROM student
```

上述语句对基表 student 进行查询，该表已添加记录('122009', '董智强', '男', '1992-11-23', '计算机', 50)。

查询结果：

```
stno      stname      stsex    stbirthday    speciality    tc
----      ------      -----    ----------    ----------    --
121001    李贤友      男       1991-12-30    通信          52
121002    周映雪      女       1993-01-12    通信          49
121005    刘刚        男       1992-07-05    通信          50
122001    郭德强      男       1991-10-23    计算机        48
122002    谢萱        女       1992-09-11    计算机        52
122004    孙婷        女       1992-02-24    计算机        50
122009    董智强      男       1992-11-23    计算机        50
```

> 注意：当视图依赖的基表有多个时不能向该视图插入数据。

6.3.3 修改数据

使用 UPDATE 语句通过视图修改基表数据，有关 UPDATE 语句的介绍参见第 5 章。

【例 6.8】 将 st_cp 视图中学号为 122009 的学生的总学分增加 2 分。

```
USE stsc
UPDATE st_cp SET tc=tc+2
WHERE stno='122009'
```

使用 SELECT 语句查询 st_cp 视图的基表 student：

```
USE stsc
SELECT *
FROM student
```

上述语句对基表 student 进行查询，该表已将学号为 122009 的学生的总学分增加了 2 分。

查询结果：

```
stno      stname      stsex    stbirthday    speciality    tc
----      ------      -----    ----------    ----------    --
121001    李贤友      男       1991-12-30    通信          52
```

121002	周映雪	女	1993-01-12	通信	49
121005	刘刚	男	1992-07-05	通信	50
122001	郭德强	男	1991-10-23	计算机	48
122002	谢萱	女	1992-09-11	计算机	52
122004	孙婷	女	1992-02-24	计算机	50
122009	董智强	男	1992-11-23	计算机	52

注意： 当视图依赖的基表有多个时修改视图只能修改一个基表的数据。

6.3.4 删除数据

使用 DELETE 语句通过视图向基表删除数据，有关 DELETE 语句的介绍参见第 5 章。

【例 6.9】 删除 st_cp 视图中学号为 122009 的记录。

```
USE stsc
DELETE FROM st_cp
WHERE stno='122009'
```

使用 SELECT 语句查询 st_cp 视图的基表 student：

```
USE stsc
SELECT *
FROM student
```

上述语句对基表 student 进行查询，该表已删除记录('122009', '董智强', '男', '1992-11-23', '计算机', 52)。

查询结果：

```
stno    stname  stsex  stbirthday  speciality  tc
----    ------  -----  ----------  ----------  --
121001  李贤友  男     1991-12-30  通信        52
121002  周映雪  女     1993-01-12  通信        49
121005  刘刚    男     1992-07-05  通信        50
122001  郭德强  男     1991-10-23  计算机      48
122002  谢萱    女     1992-09-11  计算机      52
122004  孙婷    女     1992-02-24  计算机      50
```

注意： 当视图依赖的基表有多个时不能向该视图删除数据。

6.4　修改视图定义和重命名视图

在视图定义之后可以修改视图定义或重命名视图，而无须删除并重新创建视图，有关内容介绍如下。

6.4.1 修改视图定义

修改视图定义可以使用图形界面方式，也可以使用 T-SQL 的 ALTER VIEW 语句。

1. 使用图形界面方式修改视图定义

使用图形界面方式修改视图定义举例如下。

【**例 6.10**】 使用图形界面方式修改例 6.1 创建的 st_comm 视图，以降序显示成绩。

操作步骤如下：

（1）启动 SQL Server Management Studio，在对象资源管理器中展开"数据库"结点，选中 stsc 数据库，展开该数据库结点，然后展开"视图"，选择 dbo. st_comm 右击，在弹出的快捷菜单中选择"设计"命令，如图 6.4 所示。

图 6.4 选择"设计"命令

（2）进入"视图设计器"窗口，如图 6.5 所示，可以查看和修改视图结构，其操作和创建视图类似。

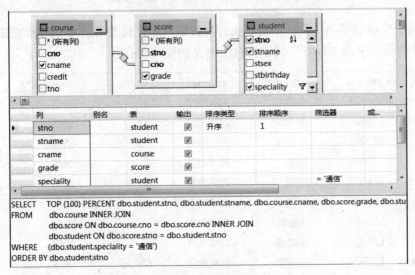

图 6.5 修改前的"视图设计器"窗口

（3）在"视图设计器"窗口中将 grade 列的排序类型修改为"降序"，在 SQL 窗格中对应的 SELECT 语句自动修改为：

```
SELECT TOP (100) PERCENT dbo.student.stno,dbo.student.stname,dbo.course.
cname, dbo.score.grade, dbo.student.speciality
FROM dbo.course INNER JOIN
     dbo.score ON dbo.course.cno = dbo.score.cno INNER JOIN
     dbo.student ON dbo.score.stno = dbo.student.stno
WHERE (dbo.student.speciality = '通信')
ORDER BY dbo.score.grade DESC
```

修改视图定义的结果如图 6.6 所示。

图 6.6　修改后的"视图设计器"窗口

（4）修改完成后单击工具栏中的"执行"按钮，运行修改后的 st_comm 视图，运行结果如图 6.7 所示。单击"保存"按钮将视图定义的修改保存。

stno	stname	cname	grade	speciality
121001	李贤友	高等数学	94	通信
121001	李贤友	数字电路	92	通信
121001	李贤友	微机原理	91	通信
121005	刘刚	数字电路	87	通信
121005	刘刚	微机原理	85	通信
121005	刘刚	高等数学	82	通信
121002	周映雪	高等数学	73	通信
121002	周映雪	数字电路	72	通信
121002	周映雪	微机原理	65	通信

图 6.7　修改后的 st_comm 视图的执行结果

2. 使用 T-SQL 语句修改视图定义

使用 T-SQL 的 ALTER VIEW 语句修改视图。

语法格式：

```
ALTER VIEW [ schema_name . ] view_name [ ( column [ ,...n ] ) ]
  [ WITH <view_attribute>[,…n ] ]
  AS select_statement
  [ WITH CHECK OPTION ]
```

其中，view_attribute、select_statement 等参数与 CREATE VIEW 语句中的含义相同。

【例 6.11】 将例 6.2 定义的 st2_comm 视图进行修改，取消专业为通信的要求。

```
USE stsc
GO
ALTER VIEW st2_comm
AS
SELECT student.stno, student.stname,score.cno,score.grade
  FROM student,score
  WHERE student.stno=score.stno
  WITH CHECK OPTION
GO
```

该语句通过 ALTER VIEW 语句对 st2_comm 视图的定义进行修改。

> **注意：** ALTER VIEW 必须是批处理命令的第一条语句。

使用 SELECT 语句对修改后的 st2_comm 视图进行查询：

```
USE stsc
SELECT *
FROM st2_comm
```

查询结果：

```
stno    stname  cno grade
------  ------- --- -----
121001  李贤友  102 92
121001  李贤友  205 91
121001  李贤友  801 94
121002  周映雪  102 72
121002  周映雪  205 65
121002  周映雪  801 73
121005  刘刚    102 87
121005  刘刚    205 85
121005  刘刚    801 82
122001  郭德强  801 NULL
122002  谢萱    203 94
122002  谢萱    801 95
122004  孙婷    203 81
122004  孙婷    801 86
```

从查询结果可以看出修改后的 st2_comm 视图已取消专业为通信的要求。

6.4.2 重命名视图

重命名视图可以采用图形界面方式或系统存储过程方式，在重命名视图时应考虑以下
原则：

- 要重命名的视图必须位于当前数据库中。
- 新名称必须遵守标识符规则。
- 仅可以重命名具有其更改权限的视图。
- 数据库所有者可以更改任何用户视图的名称。

1. 使用图形界面方式重命名视图

在需要重命名的视图上右击，这里在 dbo.st.cp 视图上右击，在弹出的快捷菜单中选择
"重命名"命令，如图 6.8 所示，然后输入新名称即可。

图 6.8　选择"重命名"命令

2. 使用系统存储过程重命名视图

使用系统存储过程 sp_rename 重命名视图的语法格式如下：

```
sp_rename [ @objname = ] 'object_name' ,[ @newname = ] 'new_name'
    [ ,[ @objtype = ] 'object_type' ]
```

说明：

- [@objname =] 'object_name'：视图的当前名称。

- [@newname =] 'new_name'：视图的新名称。
- [@objtype =] 'object_type'：要重命名的对象的类型。

【例 6.12】 将 st_view1 视图重命名为 st_view2。

```
USE stsc
GO
EXEC sp_rename 'st_view1','st_view2'
GO
```

该语句将 st_view1 视图重命名为 st_view2。

注意：更改对象名的任一部分都可能破坏脚本和存储过程。

6.5　查看视图信息

查看视图信息包括查看视图怎样从基表中引用、查看视图定义等，可以使用图形界面方式或系统存储过程方式来查看视图信息。

6.5.1　使用图形界面方式查看视图信息

下面通过例题说明使用图形界面方式查看视图信息的操作过程。

【例 6.13】 使用图形界面方式查看 st_cp 视图信息。

操作步骤如下：

（1）启动 SQL Server Management Studio，在对象资源管理器中展开"数据库"结点，选中 stsc 数据库，展开该数据库结点，然后展开"视图"，选择 dbo.st_cp，展开。

（2）选中"列"结点，将其展开，下面显示该视图的列信息，包括列名称、数据类型、约束信息等，如图 6.9 所示。

图 6.9　st_cp 视图的列信息

6.5.2　使用系统存储过程查看视图信息

使用系统存储过程 sp_helptext 查看视图信息的语法格式如下：

```
sp_helptext [ @objname = ] 'name' [ ,[ @columnname = ] computed_column_name ]
```

其中，[@objname =] 'name'为对象的名称，将显示该对象的定义信息。

【例 6.14】　查看 st_comm 视图的定义信息。

```
USE stsc
GO
EXEC sp_helptext st_comm
GO
```

该语句显示创建 st_comm 视图的文本，如图 6.10 所示。

图 6.10　创建 st_comm 视图的文本

6.6　删　除　视　图

删除视图可以使用图形界面方式和 T-SQL 语句两种方法。

6.6.1　使用图形界面方式删除视图

启动 SQL Server Management Studio，在对象资源管理器中展开"数据库"结点，选中 stsc 数据库，展开该数据库结点，然后展开"视图"，选择需要删除的视图，这里选择 dbo.st.cp 并右击，在弹出的快捷菜单中选择"删除"命令，如图 6.11 所示，进入"删除对象"窗口，单击"确定"按钮即可。

6.6.2　使用 T-SQL 语句删除视图

使用 T-SQL 的 DROP VIEW 语句删除视图。

语法格式：

```
DROP VIEW [ schema_name . ] view_name [ …, n ] [ ; ]
```

其中，view_name 是视图名，使用 DROP VIEW 可以删除一个或多个视图。

图 6.11 选择 "删除" 命令

【例 6.15】 将 st_view2 视图删除。

```
USE stsc
DROP VIEW st_view2
```

6.7 小　结

本章主要介绍了以下内容：

（1）视图（View）是从一个或多个表或者其他视图导出的，用来导出视图的表称为基表，导出的视图称为虚表。在数据库中只存储视图的定义，不存放视图对应的数据，这些数据仍然存放在原来的基表中。

（2）创建视图有使用图形界面方式和使用 T-SQL 语句两种方式，创建视图的 T-SQL 语句是 CREATE VIEW 语句。

（3）查询视图使用 SELECT 语句，使用 SELECT 语句对视图进行查询与使用 SELECT 语句对表进行查询一样。

（4）更新视图指通过视图进行插入、删除、修改数据，由于视图是不存储数据的虚表，对视图的更新最终转化为对基表的更新。使用 INSERT 语句通过视图向基表插入数据，使用 UPDATE 语句通过视图修改基表数据，使用 DELETE 语句通过视图向基表删除数据。

（5）修改视图定义可以使用图形界面方式，也可以使用 T-SQL 的 ALTER VIEW 语句。

（6）查看视图信息可以使用图形界面方式或系统存储过程方式。

（7）删除视图可以使用图形界面方式和 T-SQL 语句两种方法，在 T-SQL 语句中使用 DROP VIEW 语句删除视图。

习　题　6

一、选择题

6.1　下面几项中关于视图的叙述正确的是_____。

A. 视图可在数据库中存储数据

B. 视图的建立会影响基表

C. 视图的删除会影响基表

D. 视图既可以通过表得到，也可以通过其他视图得到

6.2　以下关于视图的叙述错误的是_____。

A. 视图可以从一个或多个其他视图中产生

B. 视图是一种虚表，因此不会影响基表的数据

C. 视图是从一个或者多个表中使用 SELECT 语句导出的

D. 视图是查询数据库表中数据的一种方法

6.3　在 T-SQL 中，创建一个视图的命令是_____。

A. DECLARE VIEW　　　　　　　　B. CREATE VIEW

C. SET VIEW　　　　　　　　　　　D. ALTER VIEW

6.4　在 T-SQL 中，删除一个视图的命令是_____。

A. DELETE　　　　B. CLEAR　　　　C. DROP　　　　D. REMOVE

二、填空题

6.5　视图是从_____导出的。

6.6　用来导出视图的表称为基表，导出的视图又称为_____。

6.7　在数据库中只存储视图的_____，不存放视图对应的数据。

6.8　由于视图是不存储数据的虚表，对视图的更新最终转化为对_____的更新。

三、问答题

6.9　什么是视图？使用视图有哪些优点和缺点？

6.10　基表和视图的区别与联系是什么？

6.11　什么是可更新视图？可更新视图必须满足哪些条件？

6.12　将创建视图的基表从数据库中删除，视图会被删除吗？为什么？

6.13　更改视图名称会导致哪些问题？

四、上机实验题

6.14　创建视图 st_co_sr，包含学号、姓名、性别、课程号、课程名、成绩等列，并输出该视图的所有记录。

6.15　创建视图 st_computer，包含学生姓名、课程名、成绩等列，专业为计算机，并输出该视图的所有记录。

6.16　创建视图 st_av，包含学生姓名、平均分等列，并输出该视图的所有记录。

第 7 章　　　索　引

本章要点：
- 索引的分类。
- 索引的创建。
- 查看和修改索引属性。
- 索引的删除。

数据库中的索引与书中的目录一样，可以快速找到表中的特定行。索引是与表关联的存储在磁盘上的单独结构，它包含由表中的一列或多列生成的键，以及映射到指定表行的存储位置的指针，这些键存储在一个结构（B 树）中，使 SQL Server 可以快速、有效地查找与键值关联的行。

建立索引的作用如下：

（1）提高查询速度。

（2）保证数据记录的唯一性。

（3）查询优化依靠索引起作用。

（4）提高 ORDER BY、GROUP BY 的执行速度。

7.1　索引的分类

按照索引的结构将索引分为聚集索引和非聚集索引，按照索引实现的功能将索引分为唯一性索引和非唯一性索引，如果索引是由多列组合创建的，称为复合索引。

1．聚集索引

在聚集索引中，索引的顺序决定数据表中记录行的顺序，由于数据表中的记录行经过排序，所以每个表只能有一个聚集索引。

当表列定义了 PRIMARY KEY 约束和 UNIQUE 约束时会自动创建索引。例如，如果创建了表并将一个特定列标识为主键，则数据库引擎自动对该列创建 PRIMARY KEY 约束和索引。

SQL Server 按 B 树（BTREE）方式组织聚集索引。

2．非聚集索引

在非聚集索引中，索引的结构完全独立于数据行的结构，数据表中记录行的顺序和索引的顺序不相同，索引表仅包含指向数据表的指针，这些指针本身是有序的，用于在表中快速地定位数据行。一个表可以有多个非聚集索引。

SQL Server 也是按 B 树组织非聚集索引的。

7.2　索引的创建

在 SQL Server Management Studio 中可以用图形界面方式或 T-SQL 语句创建索引。

7.2.1　使用图形界面方式创建索引

【例 7.1】使用图形界面方式在 stsc 数据库的 student 表的 stbirthday 列创建升序非聚集索引 idx_stbirthday。

操作步骤如下：

（1）启动 SQL Server Management Studio，在对象资源管理器中展开"数据库"结点，选中 stsc 数据库，展开该数据库结点，然后展开"表"结点，展开 dbo. student 结点，选中"索引"并右击，选择"新建索引"→"非聚集索引"命令，如图 7.1 所示。

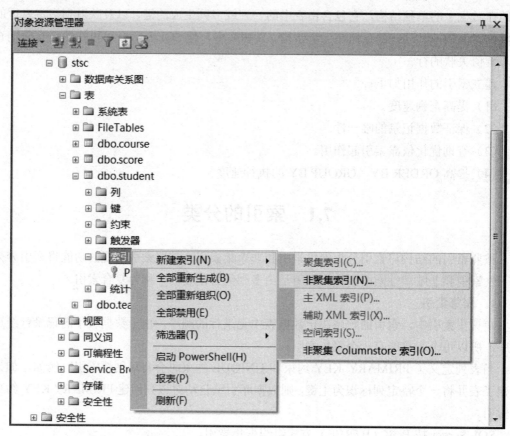

图 7.1　"新建索引"命令

（2）出现"新建索引"窗口，在"索引名称"框中输入索引名称，这里输入"idx_stbirthday"，如图 7.2 所示，单击"添加"按钮。

图 7.2 "新建索引"窗口

（3）出现"选择列"窗口，从表列中勾选需要建立索引的列，这里勾选"stbirthday"，如图 7.3 所示，单击"确定"按钮。

图 7.3 "选择列"窗口

（4）返回到"新建索引"窗口，选择"索引键列"中的"排序顺序"为"升序"，如图 7.4 所示。

129

第
7
章

索引

图 7.4　设置排序顺序

（5）单击"选项"，出现如图 7.5 所示的界面，"自动重新计算统计信息""在访问索引时使用行锁""在访问索引时使用页锁""使用索引"等复选框均保持默认值，不做任何修改。

图 7.5　"选项"选项卡

提供"填充因子"选项是为了优化索引数据的存储和性能,在创建或重新生成索引时,填充因子值可确定每个叶级页上要填充数据的空间百分比,以便保留一定百分比的可用空间供以后扩展索引。填充因子值是 1~100 的百分比值,服务器范围的默认值为 0,这表示将完全填充叶级页。这里设置填充因子为 85%,选中"填充索引"。

(6) 选择"存储"选项卡,出现如图 7.6 所示的界面,设置文件组为"PRIMARY"(主文件组)。

图 7.6 "存储"选项卡

(7) 单击"确定"按钮,完成创建索引工作。

7.2.2 使用 T-SQL 语句创建索引

使用 T-SQL 语句中的 CREATE INDEX 语句为表创建索引。

语法格式:

```
CREATE [ UNIQUE ]                                      /*指定索引是否唯一*/
     [ CLUSTERED | NONCLUSTERED ]                      /*索引的组织方式*/
     INDEX index_name                                  /*索引名称*/
ON {[ database_name. [ schema_name ] . | schema_name. ] table_or_view_name}
   ( column [ ASC | DESC ] [ ,...n ] )                 /*定义索引的依据*/
[ INCLUDE ( column_name [ ,...n ] ) ]
[ WITH ( <relational_index_option> [ ,...n ] ) ]      /*索引选项*/
[ ON {   partition_scheme_name ( column_name )         /*指定分区方案*/
         | filegroup_name                              /*指定索引文件所在的文件组*/
         | default
   }
```

```
    ]
    [ FILESTREAM_ON { filestream_filegroup_name | partition_scheme_name |
"NULL" } ]
```
                                                    /*指定FILESTREAM数据的位置*/

```
    [ ; ]
```

说明：

- UNIQUE：表示表或视图创建唯一性索引。
- CLUSTERED | NONCLUSTERED：指定是聚集索引还是非聚集索引。
- index_name：指定索引名称。
- column：指定索引列。
- ASC | DESC：指定是升序还是降序。
- INCLUDE 子句：指定要添加到非聚集索引的叶级别的非键列。
- WITH 子句：指定定义的索引选项。
- ON partition_scheme_name：指定分区方案。
- ON filegroup_name：为指定文件组创建指定索引。
- ON default：为默认文件组创建指定索引。

【例 7.2】 在 stsc 数据库的 score 表的 grade 列上创建非聚集索引 idx_grade。

```
USE stsc
CREATE INDEX idx_grade ON score(grade)
```

【例 7.3】在 stsc 数据库的 score 表的 sno 列和 cno 列上创建唯一聚集索引 idx_sno_cno。

```
USE stsc
CREATE UNIQUE CLUSTERED INDEX idx_sno_cno ON score(stno,cno)
```

注意：如果在创建唯一聚集索引 idx_sno_cno 前已创建了主键索引，则创建索引 idx_sno_cno 失败，可在创建新聚集索引前删除现有的聚集索引。

7.3 查看和修改索引属性

查看和修改索引属性的方法有两种，即使用图形界面方式和使用系统存储过程及 T-SQL 语句。

7.3.1 使用图形界面方式查看和修改索引属性

使用图形界面方式查看和修改索引属性举例如下：

【例 7.4】 使用图形界面方式查看在 stsc 数据库的 student 表上建立的索引。

操作步骤如下：

（1）启动 SQL Server Management Studio，在对象资源管理器中展开"数据库"结点，选中 stsc 数据库，展开该数据库结点，然后展开"表"结点，展开"dbo.student"结点。

（2）选中"索引"项，在其下方列出所有已建的索引，这里是 idx_stbirthday（不唯一，非聚集）和 PK_student（聚集），前者是例 7.1 所建的非聚集索引，后者是在创建 student 表时指定 stno 为主键，由 SQL Server 系统自动创建的聚集索引，如图 7.7 所示。

图 7.7　查看创建的索引

（3）选中索引 idx_stbirthday，然后右击，在弹出的快捷菜单中选择"属性"命令，如图 7.8 所示。

图 7.8　选择"属性"命令

（4）屏幕上出现"索引属性"窗口，如图 7.9 所示，在其中对索引的各选项进行修改，方法与"新建索引"窗口的操作类似，参看 7.2.1 节。

图 7.9 "索引属性"窗口

7.3.2 使用系统存储过程查看索引属性

查看索引信息使用系统存储过程 sp_helpindex。
语法格式：

```
sp_helpindex [ @objname = ] 'name'
```

其中，'name'为需要查看索引的表。

【例 7.5】 使用系统存储过程 sp_helpindex 查看 student 表上所建的索引。

```
USE stsc
GO
EXEC sp_helpindex student
GO
```

该语句的执行结果如图 7.10 所示。

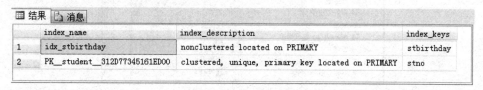

	index_name	index_description	index_keys
1	idx_stbirthday	nonclustered located on PRIMARY	stbirthday
2	PK__student__312D77345161ED00	clustered, unique, primary key located on PRIMARY	stno

图 7.10 查看 student 表上所建的索引

7.3.3 使用 T-SQL 语句修改索引属性

修改索引信息使用 ALTER INDEX 语句。

语法格式：

```
ALTER INDEX { index_name | ALL }
   ON <object>
   { REBUILD
      [ [PARTITION = ALL]
            [ WITH ( <rebuild_index_option> [ ,…n ] ) ]
   …
   }
```

说明：

- REBUILD：重建索引。
- rebuild_index_option：重建索引选项。

【例 7.6】 修改例 7.2 创建的 idx_grade 索引，将填充因子（FILLFACTOR）改为 80。

```
USE stsc
ALTER INDEX idx_grade
  ON score
  REBUILD
    WITH (PAD_INDEX=ON, FILLFACTOR=80)
GO
```

该语句将 idx_grade 索引的填充因子修改为 80，如图 7.11 所示。

图 7.11 修改 idx_grade 索引的填充因子

7.4 索引的删除

索引的删除有两种方式，即图形界面方式和 T-SQL 语句。

7.4.1 使用图形界面方式删除索引

使用图形界面方式删除索引举例如下：

【例 7.7】 使用图形界面方式删除 score 表上建立的索引 idx_grade。

操作步骤如下：

（1）启动 SQL Server Management Studio，在对象资源管理器中，展开"数据库"结点，选中 stsc 数据库，展开该数据库结点，然后展开"表"结点，展开 dbo.score 结点，选中 idx_grade 索引右击，在弹出的快捷菜单中选择"删除"命令，如图 7.12 所示。

图 7.12 选择"删除"命令

（2）屏幕上出现"删除对象"窗口，如图 7.13 所示，单击"确定"按钮，完成索引的删除工作。

7.4.2 使用 T-SQL 语句删除索引

使用 T-SQL 语句中的 DROP INDEX 语句删除索引。

语法格式：

```
DROP INDEX
```

```
{ index_name ON  table_or_view_name [ ,…n ]
  | table_or_view_name.index_name [ ,…n ]
}
```

图 7.13 "删除对象"窗口

【例 7.8】 删除已建索引 idx_grade。

```
USE stsc
DROP INDEX score.idx_grade
```

7.5 小　结

本章主要介绍了以下内容：

（1）索引是与表关联的存储在磁盘上的单独结构，它包含由表中的一列或多列生成的键，以及映射到指定表行的存储位置的指针，这些键存储在一个结构（B 树）中，使 SQL Server 可以快速、有效地查找与键值关联的行。

（2）在 SQL Server Management Studio 中可以用图形界面方式或 T-SQL 语句创建索引，创建索引的语句是 CREATE INDEX 语句。

（3）查看和修改索引属性的方法有两种，即使用图形界面方式和使用系统存储过程及 T-SQL 语句，在 T-SQL 语句中修改索引属性使用 ALTER INDEX 语句。

（4）索引的删除有两种方式，即使用图形界面方式和 T-SQL 语句，在 T-SQL 语句中使用 DROP INDEX 语句删除索引。

习 题 7

一、选择题

7.1 建立索引的作用之一是_____。

    A. 节省存储空间   B. 便于管理

    C. 提高查询速度   D. 提高查询和更新的速度

7.2 在 T-SQL 中创建索引的命令是_____。

    A. SET INDEX   B. CREATE INDEX

    C. ALTER INDEX   D. DECLARE INDEX

7.3 索引是对数据库表中_____字段的值进行排序。

    A. 一个   B. 多个   C. 一个或多个   D. 零个

7.4 在 T-SQL 中删除索引的命令是_____。

    A. DELETE   B. CLEAR   C. DROP   D. REMOVE

7.5 在 SQL Server 中设有商品表(商品号, 商品名, 生产日期, 单价, 类别), 经常需要执行下列查询：

    SELECT 商品号, 商品名, 单价

    FROM 商品表 WHERE 类别 IN ('食品', '家电')

    ORDER BY 商品号

现需要在商品表上建立合适的索引来提高该查询的执行效率。下列建立索引的语句最合适的是_____。

    A. CREATE INDEX Idxl ON 商品表 (类别)

    B. CREATE INDEX Idxl ON 商品表 (商品号, 商品名, 单价)

    C. CREATE INDEX Idxl ON 商品表 (类别, 商品号) INCLUDE (商品名, 单价)

    D. CREATE INDEX Idxl ON 商品表 (商品号) INCLUDE (商品名, 单价)
        WHERE 类别='食品' OR 类别='家电'

二、填空题

7.6 在 SQL Server 中, 在 t1 表的 c1 列上创建一个唯一聚集索引, 请补全下面的语句：

    CREATE _____ INDEX ixc1 ON t1(c1);

7.7 建立索引的主要作用是_____。

7.8 T-SQL 语句创建索引的语句是_____语句。

三、问答题

7.9 什么是索引？

7.10 建立索引有何作用？

7.11 索引分为哪两种？各有什么特点？

7.12 如何创建升序和降序索引？

四、上机实验题

7.13 写出在 teacher 表上的 tno 列建立聚集索引的语句。

7.14 写出在 course 表上的 credit 列建立非聚集索引的语句, 并设置填充因子为 90。

第8章 数据完整性

本章要点:
- 数据完整性概述。
- 域完整性。
- 实体完整性。
- 参照完整性。
- 规则。
- 默认值。

数据完整性指数据库中数据的一致性和准确性,强制数据完整性可保证数据库中数据的质量,本章介绍数据完整性概述以及域完整性、实体完整性、参照完整性、规则、默认值等内容。

8.1 数据完整性概述

数据完整性一般包括域完整性、实体完整性、参照完整性、用户定义完整性,下面分别介绍。

1. 域完整性

域完整性指列数据输入的有效性,又称列完整性,通过 CHECK 约束、DEFAULT 约束、NOT NULL 约束等实现域完整性。

CHECK 约束通过显示输入到列中的值来实现域完整性,例如对于 stsc 数据库的 score 表,grade 规定为 0~100 分,可用 CHECK 约束表示。

2. 实体完整性

实体完整性要求表中有一个主键,其值不能为空且能唯一地标识对应的记录,又称为行完整性,通过 PRIMARY KEY 约束、UNIQUE 约束等实现数据的实体完整性。

例如对于 stsc 数据库中的 student 表,stno 列作为主键,每一个学生的 stno 列能唯一地标识该学生对应的行记录信息,通过 stno 列建立主键约束实现 student 表的实体完整性。

3. 参照完整性

参照完整性保证主表中数据与从表中数据的一致性,又称为引用完整性,在 SQL Server 中通过定义主键(主码)与外键(外码)之间的对应关系实现参照完整性,参照完整性确保键值在所有表中一致。

- 主键:表中能唯一地标识每个数据行的一个或多个列。
- 外键:一个表中的一个或多个列的组合是另一个表的主键。

例如，将 student 表作为主表，表中的 stno 列作为主键，score 表作为从表，表中的 stno 列作为外键，从而建立主表与从表之间的联系实现参照完整性。student 表和 score 表的对应关系如表 8.1 和表 8.2 所示。

表 8.1　student 表（主表）

stno	stname	stsex	stbirthday	specialist	tc
1001	李贤友	男	1991-12-30	通信	52
1002	周映雪	女	1993-01-12	通信	49
1005	刘刚	男	1992-07-05	通信	50

表 8.2　score 表（从表）

stno	cno	grade
1001	102	92
1001	205	91
1001	801	94
1002	102	72
1002	205	65
1002	801	73
1005	102	87

如果定义了两个表之间的参照完整性，则要求：

（1）从表不能引用不存在的键值。

（2）如果主表中的键值更改了，那么在整个数据库中对从表中该键值的所有引用要进行一致的更改。

（3）如果要删除主表中的某一记录，应先删除从表中与该记录匹配的相关记录。

4．用户定义完整性

用户定义完整性可以定义不属于其他任何完整性类别的特定业务规则，所有完整性类别都支持用户定义完整性，包括 CREATE TABLE 中的所有列级约束和表级约束、规则、默认值、存储过程以及触发器。

域完整性、实体完整性、参照完整性通过约束来实现。

- CHECK 约束：检查约束，实现域完整性。
- NOT NULL 约束：非空约束，实现域完整性。
- PRIMARY KEY 约束：主键约束，实现实体完整性。
- UNIQUE KEY 约束：唯一性约束，实现实体完整性。
- FOREIGN KEY 约束：外键约束，实现参照完整性。

8.2　域　完　整　性

域完整性通过 CHECK 约束、DEFAULT 约束、NOT NULL 约束等实现，下面介绍通过 CHECK 约束和 DEFAULT 约束实现域完整性。

8.2.1　CHECK 约束

CHECK 约束对输入列或整个表中的值设置检查条件，以限制输入值，保证数据库的数据完整性。

1. 使用图形界面方式创建与删除 CHECK 约束

使用图形界面方式创建与删除 CHECK 约束举例如下：

【例 8.1】 使用对象资源管理器在 stsc 数据库的 score 表的 grade 列创建一个成绩在 0～100 的 CHECK 约束。

操作步骤如下：

（1）启动 SQL Server Management Studio，在对象资源管理器中，展开"数据库"节点，选中 stsc 数据库，展开该数据库结点，然后展开"表"结点，选择 dbo.score 右击，在弹出的快捷菜单中选择设计命令，在打开的"表设计器"窗口中选择 grade 列，右击选择"CHECK 约束"命令。

（2）在出现的"CHECK 约束"窗口中单击"添加"按钮，添加一个 CHECK 约束，这里是"CK_grade"，在"表达式"文本框后面单击 ... 按钮，打开"CHECK 约束表达式"窗口，编辑相应的 CHECK 约束表达式为"grade>=0 AND grade<=100"（也可以直接在文本框中输入内容），然后单击"确定"按钮，返回到"CHECK 约束"窗口，如图 8.1 所示。

图 8.1　"CHECK 约束"窗口

（3）在"CHECK 约束"窗口中单击"关闭"按钮，保存对各项的修改，完成 CHECK 约束的创建。

如果需要删除 CHECK 约束，在进入"CHECK 约束"窗口后选择需要删除的内容，单击"删除"按钮，再单击"关闭"按钮，即可完成 CHECK 约束的删除。

2. 使用 T-SQL 语句在创建表时创建 CHECK 约束

使用 T-SQL 语句在创建表时创建 CHECK 约束有两种方式，即作为列的约束或作为表的约束。

语法格式：

```
CREATE TABLE table_name                              /*指定表名*/
(column_name datatype
    {
    NOT NULL | NULL                              /*指定为空性*/
    | [ DEFAULT constraint_expression ]      /*指定默认值*/
    | [ CONSTRAINT constraint_name ] CHECK ( logical_expression )]
                                                 /*CHECK约束表达式*/
}[,…n]
[ CONSTRAINT constraint_name ] CHECK ( logical_expression )][,…n]
)
```

关键字 CHECK 表示 CHECK 约束，logical_expression 为 CHECK 约束表达式。

【例 8.2】 在 stsc 数据库中创建 goods 表，包含有关域完整性定义。

```
USE stsc
CREATE TABLE goods
(
  gid int NOT NULL,                                     /*商品号*/
  gname varchar(100) NOT NULL,                          /*商品名*/
  gprice float NOT NULL CHECK(gprice<=500),             /*价格*/
  gclass varchar(60) DEFAULT 'articles of everyday use', /*类型*/
  gamount int NOT NULL,                                 /*数量*/
  gdate date NULL,                                      /*上架日期*/
  trade_price float NOT NULL                            /*批发价格*/
)
```

注意： 如果在指定的一个约束中涉及多个列，该约束必须定义为表的约束。

3. 使用 T-SQL 语句在修改表时创建 CHECK 约束

使用 ALTER TABLE 的 ADD 子句在修改表时创建 CHECK 约束的语法格式如下：

```
ALTER TABLE table_name
    ADD [<column_definition>]
        [CONSTRAINT constraint_name] CHECK (logical_expression)
```

【例 8.3】 通过修改 stsc 数据库的 goods 表，增加批发价格列的 CHECK 约束。

```
USE stsc
ALTER TABLE goods
ADD CONSTRAINT CK_trade_price CHECK(trade_price<=500)
```

4. 使用 T-SQL 语句删除 CHECK 约束

使用 ALTER TABLE 语句的 DROP 子句删除 CHECK 约束的语法格式如下：

```
ALTER TABLE table_name
   DROP CONSTRAINT check_name
```

【例 8.4】 删除 stsc 数据库的 goods 表的批发价格列的 CHECK 约束。

```
USE stsc
ALTER TABLE goods
DROP CONSTRAINT CK_trade_price
```

8.2.2　DEFAULT 约束

DEFAULT 约束通过定义列的默认值或使用数据库的默认值对象绑定表的列，当没有为某列指定数据时自动指定列的值。

在创建表时可以创建 DEFAULT 约束作为表定义的一部分。如果某个表已经存在，则可以为其添加 DEFAULT 约束，表中的每一列都可以包含一个 DEFAULT 约束。

默认值可以是常量，也可以是表达式，还可以为 NULL 值。

在创建表时创建 DEFAULT 约束的语法格式如下：

```
[CONSTRAINT constraint_name]
DEFAULT constant_expression [FOR column_name]
```

【例 8.5】 在 stsc 数据库中创建 st 表时建立 DEFAULT 约束。

```
USE stsc
CREATE TABLE st
(
    stno char(6) NOT NULL PRIMARY KEY,
    stname char(8) NOT NULL,
    stsex char(2) NOT NULL DEFAULT '男',   /*定义stsex列的DEFAULT约束值为'男' */
    stbirthday date NOT NULL,
    speciality char(12) NULL DEFAULT '计算机',     /**定义speciality列的
                                                    DEFAULT约束值为'计算机' */
    tc int NULL
)
GO
```

该语句执行后，为验证 DEFAULT 约束的作用，向 st 表插入记录('122007','李茂','1991-08-28',52)，未指定 stsex（性别）列、speciality 列。

```
USE stsc
INSERT INTO st(stno,stname,stbirthday,tc)
VALUES('122007','李茂','1992-08-28',52)
GO
```

通过以下 SELECT 语句进行查询。

```
USE stsc
SELECT *
FROM st
GO
```

查询结果：

```
stno    stname   stsex    stbirthday    speciality     tc
-----   -------  -------  -----------   ------------   ----------
122007  李茂      男        1992-08-28    计算机          52
```

由于已创建 stsex 列的 DEFAULT 约束值为'男'、speciality 列的 DEFAULT 约束值为'计算机'，虽然在插入记录中未指定 stsex 列、speciality 列，SQL Server 自动为上述两列分别插入字符值'男'和'计算机'。

8.3　实体完整性

实体完整性通过 PRIMARY KEY 约束、UNIQUE 约束等实现。

通过 PRIMARY KEY 约束定义主键，一个表只能有一个 PRIMARY KEY 约束，且 PRIMARY KEY 约束不能取空值，SQL Server 为主键自动创建唯一性索引，实现数据的唯一性。

通过 UNIQUE 约束定义唯一性约束，为了保证一个表的非主键列不输入重复值，应该在该列定义 UNIQUE 约束。

PRIMARY KEY 约束与 UNIQUE 约束的主要区别如下：

（1）一个表只能创建一个 PRIMARY KEY 约束，但可创建多个 UNIQUE 约束。

（2）PRIMARY KEY 约束的列值不允许为 NULL，UNIQUE 约束的列值可取 NULL。

（3）在创建 PRIMARY KEY 约束时系统自动创建聚集索引，在创建 UNIQUE 约束时系统自动创建非聚集索引。

PRIMARY KEY 约束与 UNIQUE 约束都不允许对应列存在重复值。

8.3.1　使用图形界面方式创建与删除 PRIMARY KEY 约束、UNIQUE 约束

1. 使用图形界面方式创建与删除 PRIMARY KEY 约束

使用图形界面方式创建 PRIMARY KEY 约束的相关操作在此不再介绍。

删除 PRIMARY KEY 约束的操作为在"对象资源管理器"中选择 dbo.student 表右击，在弹出的快捷菜单中选择"设计"命令，进入"表设计器"窗口，选中主键所对应的行，然后右击，在弹出的快捷菜单中选择"删除主键"命令。

2. 使用图形界面方式创建与删除 UNIQUE 约束

使用图形界面方式创建与删除 UNIQUE 约束举例如下：

【例 8.6】　使用对象资源管理器在 stsc 数据库的 goods 表的商品名列创建 UNIQUE 约束。

操作步骤如下：

（1）启动 SQL Server Management Studio，在对象资源管理器中展开"数据库"结点，选中 stsc 数据库，展开该数据库结点，展开"表"节点，选择 dbo. goods 右击，在弹出的快捷菜单中选择"设计"命令，进入"表设计器"窗口，然后选择 gname 列右击，在弹出的快捷菜单中选择"索引/键"命令，打开"索引/键"窗口。

（2）单击"添加"按钮，在右边的"标识"属性区域的"(名称)"栏中输入唯一键的名称，这里是"gname(ASC)"，在常规属性区域的"类型"栏中选择类型为"唯一键"，在

常规属性区域的"列"栏后单击按钮，选择要创建索引的列，这里选择 gname 列，如图 8.2 所示。

图 8.2　创建唯一键

（3）单击"关闭"按钮，保存修改，完成 UNIQUE 约束的创建。

如果要删除 UNIQUE 约束，打开如图 8.2 所示的"索引/键"窗口，选择要删除的 UNIQUE 约束，单击"删除"按钮，然后单击"关闭"按钮即可。

8.3.2　使用 T-SQL 语句创建与删除 PRIMARY KEY 约束、UNIQUE 约束

1. 使用 T-SQL 语句在创建表时创建 PRIMARY KEY 约束、UNIQUE 约束

在创建表时创建 PRIMARY KEY 约束或 UNIQUE 约束的语法格式如下：

语法格式：

```
CREATE TABLE table_name                         /*指定表名*/
(    column_name  datatype                      /*定义字段*/
     [ CONSTRAINT constraint_name ]             /*约束名*/
     { PRIMARY KEY | UNIQUE }                    /*定义约束类型**/
     [ CLUSTERED | NONCLUSTERED ]               /*定义约束的索引类型*/
     [,…n]
)
```

说明：

- PRIMARY KEY | UNIQUE：定义约束的关键字，PRIMARY KEY 为主键，UNIQUE 为唯一键。
- CLUSTERED | NONCLUSTERED：定义约束的索引类型，CLUSTERED 表示聚集

索引，NONCLUSTERED 表示非聚集索引，与 CREATE INDEX 语句中的选项相同。

【例 8.7】 对 stsc 数据库中 goods2 表的商品号列创建 PRIMARY KEY 约束，对商品名称列创建 UNIQUE 约束。

```
USE stsc
CREATE TABLE goods2
(
  gid int NOT NULL CONSTRAINT PK_gid PRIMARY KEY,
  gname varchar(100) NOT NULL CONSTRAINT UK_gname UNIQUE,
  gprice float NOT NULL CHECK(gprice<=500),
  gclass varchar(60) DEFAULT 'articles of everyday use',
  gamount int NOT NULL,
  gdate date NULL,
  trade_price float NOT NULL
)
```

2．使用 T-SQL 语句在修改表时创建 PRIMARY KEY 约束或 UNIQUE 约束

在修改表时创建 PRIMARY KEY 约束或 UNIQUE 约束的语法格式如下：

```
ALTER TABLE table_name
  ADD[ CONSTRAINT constraint_name ]{ PRIMARY KEY | UNIQUE }
    [ CLUSTERED | NONCLUSTERED]
    ( column [ ,...n ] )
```

【例 8.8】 在 stsc 数据库中创建 goods3 表后，通过修改表对商品号列创建 PRIMARY KEY 约束，对商品名称列创建 UNIQUE 约束。

```
USE stsc
ALTER TABLE goods3
ADD
  CONSTRAINT PK_gdid PRIMARY KEY (gid),
  CONSTRAINT UK_gdname UNIQUE (gname)
```

3．使用 T-SQL 语句删除 PRIMARY KEY 约束、UNIQUE 约束

删除 PRIMARY KEY 约束或 UNIQUE 约束使用 ALTER TABLE 的 DROP 子句，其语法格式如下：

```
ALTER TABLE table_name
  DROP CONSTRAINT constraint_name [,...n]
```

【例 8.9】 删除上例创建的 PRIMARY KEY 约束、UNIQUE 约束。

```
USE stsc
ALTER TABLE goods3
DROP CONSTRAINT PK_gdid, UK_gdname
```

8.4 参照完整性

表的一列或几列的组合的值在表中唯一地指定一行记录，选择这样的一列或多列的组合作为主键可实现表的实体完整性，通过定义 PRIMARY KEY 约束来创建主键。

外键约束定义了表与表之间的关系，通过将一个表中的一列或多列添加到另一个表中创建两个表之间的连接，这个列就成为第二个表的外键，通过定义 FOREIGN KEY 约束来创建外键。

使用 PRIMARY KEY 约束或 UNIQUE 约束来定义主表的主键或唯一键，使用 FOREIGN KEY 约束来定义从表的外键，可实现主表与从表之间的参照完整性。

定义表间参照关系的步骤是先定义主表的主键（或唯一键），再定义从表的外键。

8.4.1 使用图形界面方式创建与删除表间参照关系

1. 使用图形界面方式创建表间参照关系

使用图形界面方式创建表间参照关系举例如下：

【例 8.10】 使用对象资源管理器在 stsc 数据库中建立 student 表和 score 表的参照关系。

操作步骤如下：

（1）按照前面介绍的方法定义主表的主键，此处已定义 student 表的 stno 列为主键。

（2）启动 SQL Server Management Studio，在对象资源管理器中展开"数据库"结点，选中 stsc 数据库，展开该数据库结点，选择"数据库关系图"，然后右击，在弹出的快捷菜单中选择"新建数据库关系图"命令，打开"添加表"窗口。

（3）在出现的"添加表"窗口中选择要添加的表，这里选择 student 表和 score 表，单击"添加"按钮，然后单击"关闭"按钮退出"添加表"窗口。

（4）在"数据库关系图设计"窗口中将鼠标指针指向主表的主键，并拖动到从表，这里将 student 表的 stno 列拖动到从表 score 中的 stno 列。

（5）在弹出的"表和列"窗口中输入关系名，设置主键表和列名、外键表和列名，如图 8.3 所示，然后单击"表和列"窗口中的"确定"按钮，再单击"外键关系"窗口中的"确定"按钮。

图 8.3 设置参照完整性

（6）出现如图 8.4 所示的界面，单击"保存"按钮，在弹出的"选择名称"对话框中输入关系图名称，然后单击"确定"按钮，在弹出的"保存"对话框中单击"是"按钮，完成表间参照关系的创建。

图 8.4　建立主表和从表的参照关系

2．使用图形界面方式删除表间参照关系

使用图形界面方式删除表间参照关系举例如下：

【**例 8.11**】　使用对象资源管理器在 stsc 数据库中删除 student 表和 score 表的参照关系。操作步骤如下：

（1）在 stsc 数据库的"数据库关系图"目录下选择要修改的关系图，这里是"Diagram_student_score"，然后右击，在弹出的快捷菜单中选择"修改"命令，打开"数据库关系图设计"窗口。

（2）在"数据库关系图设计"窗口中选择已经建立的关系，然后右击，选择"从数据库中删除关系"命令，如图 8.5 所示，在弹出的对话框中单击"是"按钮，删除主表和从表的参照关系。

图 8.5　删除主表和从表的参照关系

8.4.2 使用 T-SQL 语句创建与删除表间参照关系

1. 使用 T-SQL 语句创建表间参照关系

创建主键（PRMARY KEY 约束）和唯一键（UNIQUE 约束）的方法在前面已经介绍，这里介绍使用 T-SQL 语句创建外键的方法。

1）在创建表的同时定义外键

语法格式：

```
CREATE TABLE table_name
(
  column_name datatype
  [ CONSTRAINT constraint_name ]
  [ FOREIGN KEY ][ ( column [ ,...n ] )]
  REFERENCES referenced_table_name [ ( ref_column [ ,...n ] ) ]
  [ ON DELETE { NO ACTION | CASCADE | SET NULL | SET DEFAULT } ]
  [ ON UPDATE { NO ACTION | CASCADE | SET NULL | SET DEFAULT } ]
  [ NOT FOR REPLICATION ]
)
```

说明：

（1）FOREIGN KEY 定义的外键应与参数 referenced_table_name 指定的主表中的主键或唯一键对应。

（2）ON DELETE|ON UPDATE 可为外键定义以下参照动作。

- CASCADE：从父表删除或更新行时自动删除或更新行子表中匹配的行。
- NO ACTION：如果有一个相关的外键值在子表中，删除或更新父表中的主键值不允许。

【例 8.12】 创建 stu 表，其中 stno 列作为外键，与已建立的以 stno 列作为主键的 student 表创建表间参照关系。

```
USE stsc
CREATE TABLE stu
(
  stno char(6)NOT NULL REFERENCES student(stno),
  stname char(8) NOT NULL,
  stbirthday date NULL
)
```

> **提示：** 建立 student 表和 stu 表的表间参照关系后，在 stu 表中输入数据，要求 stu 表中所有的学生学号都必须出现在 student 表中，否则数据不能提交。

【例 8.13】 创建 sco 表，以学号、课程号组合作为外键，与已建立的以学号、课程号组合作为主键的 score 表创建表间参照关系，并且当删除 score 表中的记录时删除 sco 表中与主键对应的记录。

```
USE stsc
CREATE TABLE sco
(
```

```
stno char(6)NOT NULL,
cno char(3)NOT NULL,
grade int NULL,
CONSTRAINT FK_sco FOREIGN KEY(stno,cno) REFERENCES score (stno,cno)
    ON DELETE CASCADE
)
```

> **提示：** 本例在建立 score 表和 sco 表的表间参照关系中由于使用了 ON DELETE CASCADE 语句，当删除 score 表记录时自动删除 stu 表中的匹配行。

2）通过修改表定义外键

使用 ALTER TABLE 语句的 ADD 子句定义外键约束的语法格式如下：

```
ALTER TABLE table_name
  ADD   [ CONSTRAINT constraint_name]
  [ FOREIGN KEY ][ ( column [ ,...n ] )]
  REFERENCES referenced_table_name [ ( ref_column [ ,...n ] ) ]
  [ ON DELETE { NO ACTION | CASCADE | SET NULL | SET DEFAULT } ]
  [ ON UPDATE { NO ACTION
```

【例 8.14】 修改 scst 数据库中 score 表的定义，将它的"课程号"列定义为外键，假设 course 表的"课程号"列已定义为主键。

```
ALTER TABLE score
ADD CONSTRAINT FK_score_course FOREIGN KEY(cno)
  REFERENCES course(cno)
```

2. 使用 T-SQL 语句删除表间参照关系

使用 T-SQL 语句删除表间参照关系的语法格式如下：

```
ALTER TABLE table_name
  DROP CONSTRAINT constraint_name [,…n]
```

【例 8.15】 删除以上对 score 课程号列定义的 FK_score_course 外键约束。

```
ALTER TABLE score
DROP CONSTRAINT FK_score_course
```

8.5 规　　则

规则（Rule）就是数据库中对存储在表的列或用户定义数据类型中的值的规定和限制，规则是单独存储的独立的数据库对象。

规则和 CHECK 约束可以同时使用，表的列可以有一个规则及多个 CHECK 约束。规则与 CHECK 约束在功能上相似，使用 CHECK 约束是限制列值的首选标准方法，CHECK 约束比规则更简明，但 CHECK 约束不能直接作用于用户定义数据类型，它们在使用上是有所区别的。

（1）CHECK 约束是在 CREATE TABLE 或 ALTER TABLE 语句中定义的，嵌入了被定义的表结构，在删除表的时候 CHECK 约束也随之被删除。

（2）规则需要用 CREATE RULE 语句定义后才能使用，是独立于表之外的数据库对象，删除表并不能删除规则，需要用 DROP RULE 语句才能删除。

规则是一个向后兼容的功能，用于执行一些与 CHECK 约束相同的功能，CHECK 约束被指定为 CREATE TABLE 语句的一部分，而规则是作为单独的对象创建，然后绑定到列上。

规则的管理包括创建、查看、绑定、解除和删除等操作。

8.5.1 创建规则

使用 T-SQL 语句中的 CREATE RULE 语句在当前数据库中创建规则。

语法格式：

```
CREATE RULE [ schema_name . ] rule_name
AS condition_expression
[ ; ]
```

说明：

- rule_name：新规则的名称。
- condition_expression：定义规则的条件。规则可以是 WHERE 子句中任何有效的表达式，并且可以包括算术运算符、关系运算符和谓词（如 IN、LIKE、BETWEEN 等）。

condition_expression 包括一个变量，在每个变量的前面都有一个@符号，变量的名称应与规则关联的列或用户定义的数据类型具有相同的符号。

【例 8.16】 创建成绩规则 grade_rule。

```
USE stsc
GO
CREATE RULE grade_rule
AS @grade between 0 and 100
GO
```

本例将限定绑定该规则的列只能接受 0～100 的数值。

【例 8.17】 创建出生日期规则 stbirthday_rule。

```
USE stsc
GO
CREATE RULE stbirthday_rule
AS @stbirthday>='1990-01-01' and @stbirthday<='1996-01-01'
GO
```

本例将限定绑定该规则的列所能插入的日期范围为 1990 年 1 月 1 日到 1996 年 1 月 1 日。

【例 8.18】 创建性别规则 stsex_rule。

```
USE stsc
GO
CREATE RULE stsex_rule
AS @stsex in ('男','女')
GO
```

本例将限定绑定该规则的列接受的值只能为'男'或'女'。

【例 8.19】 创建字符规则 character_rule。

```
USE stsc
GO
CREATE RULE character_rule
AS @value like '[a-h]%[0-9]'
GO
```

本例将限定绑定该规则的列所接受的字符串必须以 a～h 的字母开头、0～9 的数字结尾。

8.5.2 查看规则

查看规则使用系统存储过程 sp_helptext。

语法格式：

```
sp_helptext [ @objname = ] 'name' [ , [ @columnname = ] computed_column_name ]
```

其中，[@objname =] 'name' 子句指明对象名称。sp_helptext 查看的对象可以是当前数据库的规则、默认值、触发器、未加密的存储过程等。

【例 8.20】 查看规则 grade_rule 的文本信息。

```
USE stsc
GO
EXECUTE sp_helptext grade_rule
GO
```

运行结果：

```
Text
----------------------------
CREATE RULE grade_rule
AS @grade between 0 and 100
```

【例 8.21】 查看规则 stbirthday_rule 的文本信息。

```
USE stsc
GO
EXECUTE sp_helptext stbirthday_rule
GO
```

运行结果：

```
Text
------------------------------------------------------------
CREATE RULE stbirthday_rule
AS @stbirthday>='1990-01-01' and @stbirthday<='1996-01-01'
```

8.5.3 绑定规则

使用系统存储过程 sp_bindrule 可以绑定一个规则到表的一个列或一个用户定义数据类型上。

语法格式：

```
sp_bindrule [ @rulename = ] 'rule' ,
    [ @objname = ] 'object_name'
```

```
      [ , [ @futureonly = ] 'futureonly_flag' ]
```

说明：

- [@rulename =] 'rule：指定规则的名称。
- [@objname =] 'object_name'：要绑定规则的表的列或用户定义数据类型。
- [@futureonly =] 'futureonly_flag'：仅当将规则绑定到用户定义数据类型时才能使用。

【例 8.22】 将规则 grade_rule 绑定到 score 表的 grade 列上。

```
USE stsc
GO
EXECUTE sp_bindrule grade_rule,'score.grade'
GO
```

运行结果：

已将规则绑定到表的列。

【例 8.23】 将规则 stbirthday_rule 绑定到 student 表的 stbirthday 列上。

```
USE stsc
GO
EXECUTE sp_bindrule stbirthday_rule,'student.stbirthday'
GO
```

运行结果：

已将规则绑定到表的列。

【例 8.24】 将规则 character_rule 绑定到用户定义数据类型 cst 上。

```
USE stsc
GO
EXEC sp_addtype cst,'char(10)','NOT NULL'          /*定义用户定义数据类型cst */
GO
EXEC sp_bindrule character_rule,cst,'futureonly'
GO
```

运行结果：

已将规则绑定到数据类型。

> **注意：** 在不取消绑定原有规则的情况下将新规则绑定到列时将替换已经绑定到该列的规则，但是将新规则绑定到用户定义数据类型时不会替换绑定到该用户定义数据类型的规则。

8.5.4 验证规则的作用

规则绑定到表的列之后用户的操作必须满足规则的要求，如果违反了规则的要求，该操作将被禁止执行。

【例 8.25】 向 score 表插入记录('122001','203',120)，其 grade（成绩）值为 120。

```
USE stsc
```

```
GO
INSERT INTO score VALUES('122001','203',120)
GO
```

运行结果：

消息 513，级别 16，状态 0，第 1 行
列的插入或更新与先前的 CREATE RULE 语句所指定的规则发生冲突。该语句已终止。冲突发生于数据库 'stsc'，表 'dbo.score'，列 'grade'。
语句已终止。

验证消息表明，由于规则 grade_rule 已绑定到 score 表的 grade 列上，而插入记录中的 grade 值为 120，与该规则要求 grade 只能接受 0～100 的数值冲突，操作终止。

8.5.5　解除规则

解除规则使用系统存储过程 sp_unbindrule。

语法格式：

```
sp_unbindrule [ @objname = ] 'object_name'
    [ , [ @futureonly = ] 'futureonly_flag' ]
```

其中，[@objname =] 'object_name'为要取消规则绑定的表和列或用户定义数据类型的名称。

【例 8.26】　解除绑定到 score 表的 grade 列上的规则。

```
USE stsc
GO
EXECUTE sp_unbindrule'score.grade'
GO
```

运行结果：

已解除了表列与规则之间的绑定。

【例 8.27】　解除绑定到用户定义数据类型 cst 上的规则。

```
USE stsc
GO
EXECUTE sp_unbindrule cst,'futureonly'
GO
```

运行结果：

已解除了数据类型与规则之间的绑定。

8.5.6　删除规则

删除规则使用 DROP RULE 语句，用于从当前数据库中删除一个或多个规则。

语法格式：

```
DROP RULE { [ schema_name . ] rule_name } [ ,…n ] [ ; ]
```

注意：在删除规则前必须先解除该规则与对象的绑定。

【例 8.28】 删除规则 stbirthday_rule、character_rule。

```
USE stsc
GO
DROP RULE stbirthday_rule,character_rule
GO
```

运行结果:

命令已成功完成。

8.6 默 认 值

默认值（Default）是用户插入记录时向没有指定具体数据的列中自动插入的数据，默认值对象与使用 CREATE TABLE 或 ALTER TABLE 语句操作表时用 DEFAULT 约束指定的默认值功能相似，两者的区别类似于规则与 CHECK 约束在使用上的区别。

默认值对象可以用于多个列或用户定义数据类型，表的一列或一个用户定义数据类型只能与一个默认值相绑定。

默认值的创建、查看、绑定、解除和删除等操作可在图形界面中进行，也可利用 T-SQL 语句进行。

8.6.1 创建默认值

使用 T-SQL 语句中的 CREATE DEFAULT 语句在当前数据库中创建默认值。

语法格式:

```
CREATE DEFAULT [ schema_name . ] default_name
AS constant_expression [ ; ]
```

说明:

- default_name：默认值的名称。
- constant_expression：包含常量值的表达式。

【例 8.29】 创建性别默认值 stsex_dft。

```
USE stsc
GO
CREATE DEFAULT stsex_dft
AS '男'
GO
```

该语句创建性别默认值 stsex_dft，其常量值的表达式是一个字符值，将自动插入字符值'男'。

【例 8.30】 创建出生日期默认值 stbirthday_dft。

```
USE stsc
GO
CREATE DEFAULT stbirthday_dft
AS '1992-01-01'
GO
```

8.6.2 查看默认值

查看默认值使用系统存储过程 sp_helptext。

语法格式：

```
sp_helptext [ @objname = ] 'name' [ , [ @columnname = ] computed_column_name ]
```

其中，[@objname =] 'name'子句指明对象名称。

【例 8.31】 查看默认值 stsex_dft。

```
USE stsc
GO
EXECUTE sp_helptext stsex_dft
GO
```

运行结果：

```
Text
-------------------------------
CREATE DEFAULT stsex_dft
AS '男'
```

8.6.3 绑定默认值

使用系统存储过程 sp_bindefault 绑定默认值。

语法格式：

```
sp_bindefault [ @defname = ] 'default' ,
    [ @objname = ] 'object_name'
    [ , [ @futureonly = ] 'futureonly_flag' ]
```

说明：

- [@defname =] 'default'：指定默认值的名称。
- [@objname =] 'object_name'：要绑定默认值的表的列或用户定义数据类型。
- [@futureonly =] 'futureonly_flag'：仅当将默认值绑定到用户定义数据类型时才能使用。

【例 8.32】 将 stsex_dft 默认值绑定到 student 表的 stsex 列上。

```
USE stsc
GO
EXECUTE sp_bindefault stsex_dft,'student.stsex'
GO
```

运行结果：

已将默认值绑定到列。

8.6.4 验证默认值的作用

默认值的作用是当用户插入记录时如果某列未指定具体数据，SQL Server 会自动为该列插入默认值。

【例 8.33】 向 student 表插入记录('122008','张青林','1992-05-18','计算机',50)，未指定 stsex

（性别）列。

```
USE stsc
GO
INSERT INTO student(stno,stname,stbirthday,speciality,tc)
VALUES('122008','张青林','1992-05-18','计算机',50)
GO
```

该语句执行后对 student 表进行查询。

查询结果：

```
stno    stname    stsex    stbirthday    speciality    tc
-----   -------   -------   ----------    -----------   -------
121001  李贤友     男        1991-12-30    通信          52
121002  周映雪     女        1993-01-12    通信          49
121005  刘刚       男        1992-07-05    通信          50
122001  郭德强     男        1991-10-23    计算机        48
122002  谢萱       女        1992-09-11    计算机        52
122004  孙婷       女        1992-02-24    计算机        50
122008  张青林     男        1992-05-18    计算机        50
```

由于 stsex_dft 默认值已绑定到 student 表的 stsex 列上，虽然在插入记录中未指定 stsex 列，SQL Server 会自动为该列插入字符值'男'。

8.6.5 解除默认值

解除默认值使用系统存储过程 sp_unbindefault。

语法格式：

```
sp_unbindefault [ @objname = ] 'object_name'
    [ , [ @futureonly = ] 'futureonly_flag' ]
```

其中，[@objname =] 'object_name'为要取消默认值绑定的表和列或用户定义数据类型的名称。

【例 8.34】 解除 stsex_dft 默认值与 student 表的 stsex 列的绑定。

```
USE stsc
GO
EXECUTE sp_unbindefault 'student.stsex'
GO
```

运行结果：

已解除了表列与其默认值之间的绑定。

8.6.6 删除默认值

删除默认值使用 DROP DEFAULT 语句，用于从当前数据库中删除一个或多个默认值。

语法格式：

```
DROP DEFAULT { [ schema_name . ] default_name } [ ,…n ] [ ; ]
```

注意：在删除默认值前必须先解除该默认值与对象的绑定。

【例 8.35】 删除出生日期默认值 stbirthday_dft。

```
USE stsc
GO
DROP DEFAULT stbirthday_dft
GO
```

运行结果：

命令已成功完成。

8.7 综合训练

1．训练要求

（1）在 test 数据库中建立 3 个表，即 stu、cou、sco。

（2）将 stu 表中的 sno 修改为主键。

（3）将 stu 表中的 age 列的值设为 16～25。

（4）将 stu 表中 sex 列的默认约束设为'男'。

（5）将 sco 表中的 sno 设置为引用 sco 表中 sno 列的外键。

（6）将 sco 表中的 cno 设置为引用 cou 表中 cno 列的外键。

（7）删除前面所有的限定。

2．实现的程序代码

根据题目要求编写 T-SQL 语句如下：

（1）在 test 数据库中创建 3 个表。

```
USE test
GO
CREATE TABLE stu                /*学生表*/
(  sno char(5),                 /*学号*/
   sname char(10),              /*姓名*/
   age int,                     /*年龄*/
   sex char(2)                  /*性别*/
)
CREATE TABLE cou                /*课程表*/
(  cno char(5),                 /*课程号*/
   cname char(10),              /*课程名*/
   teacher char(10)             /*任课教师*/
)
CREATE TABLE sco                /*成绩表**/
(  sno char(5),                 /*学号*/
   cno char(5),                 /*课程号**/
   degree int                        /*分数**/
)
```

（2）先将 stu 中的 sno 改为非空属性，然后将其设置为主键。

```
USE test
GO
```

```
ALTER TABLE stu
ALTER COLUMN sno char(5) NOT NULL
GO
ALTER TABLE stu
ADD CONSTRAINT sno_pk PRIMARY KEY(sno)
GO
```

（3）将 stu 表中的 age 列的值设为 16～25。

```
USE test
GO
ALTER TABLE stu
ADD CONSTRAINT age_check CHECK(age>=16 AND age<=25)
GO
```

（4）将 stu 表中 sex 列的默认约束设为'男'。

```
USE test
GO
ALTER TABLE stu
ADD CONSTRAINT sex_def DEFAULT '男' FOR sex
GO
```

（5）将 sco 表中的 sno 设置为引用 stu 表中 sno 列的外键。

```
USE test
GO
ALTER TABLE sco
ADD CONSTRAINT sno_fk
    FOREIGN KEY (sno) REFERENCES stu (sno)
GO
```

（6）先将 cou 表中的 cno 设为主键，然后建立引用关系。

```
USE test
GO
ALTER TABLE cou
ALTER COLUMN cno char(5) NOT NULL
GO
ALTER TABLE cou
ADD CONSTRAINT cno_pk PRIMARY KEY(cno)
GO
ALTER TABLE sco
ADD CONSTRAINT cno_fk
    FOREIGN KEY (cno) REFERENCES cou (cno)
GO
```

（7）删除前面所有的限定。

```
USE test
GO
ALTER TABLE stu
DROP CONSTRAINT age_check
GO
ALTER TABLE stu
DROP CONSTRAINT sex_def
GO
```

```
ALTER TABLE sco
DROP CONSTRAINT sno_fk
GO
ALTER TABLE stu
DROP CONSTRAINT sno_pk
GO
ALTER TABLE sco
DROP CONSTRAINT cno_fk
GO
ALTER TABLE cou
DROP CONSTRAINT cno_pk
GO
```

8.8 小　　结

本章主要介绍了以下内容：

（1）数据完整性指数据库中数据的一致性和准确性，强制数据完整性可保证数据库中数据的质量。数据完整性包括域完整性、实体完整性、参照完整性、用户定义完整性。实现上述完整性的约束如下。

- CHECK 约束：检查约束，实现域完整性。
- NOT NULL 约束：非空约束，实现域完整性。
- PRIMARY KEY 约束：主键约束，实现实体完整性。
- UNIQUE KEY 约束：唯一性约束，实现实体完整性。
- FOREIGN KEY 约束：外键约束，实现参照完整性。

（2）域完整性指列数据输入的有效性，又称列完整性，通过 CHECK 约束、DEFAULT 约束、NOT NULL 约束、数据类型和规则等实现域完整性，可以使用图形界面方式或 T-SQL 语句创建与删除 CHECK 约束。

（3）实体完整性要求表中有一个主键，其值不能为空且能唯一地标识对应的记录，又称为行完整性，通过 PRIMARY KEY 约束、UNIQUE 约束、索引或 IDENTITY 属性等实现数据的实体完整性，可以使用图形界面方式或 T-SQL 语句创建与删除 PRIMARY KEY 约束、UNIQUE 约束。

（4）参照完整性保证主表中的数据与从表中数据的一致性，又称为引用完整性，在 SQL Server 中通过定义主键（主码）与外键（外码）之间的对应关系实现参照完整性，参照完整性确保键值在所有表中一致。

外键约束定义了表与表之间的关系，通过定义 FOREIGN KEY 约束来创建外键，可以使用图形界面方式或 T-SQL 语句创建与删除 FOREIGN KEY 约束。

（5）规则（Rule）是数据库中对存储在表的列或用户定义数据类型中的值的规定和限制，规则是单独存储的独立的数据库对象，规则对象的创建、查看、绑定、解除和删除等操作可以使用 T-SQL 语句进行。

（6）默认值（Default）是用户插入记录时向没有指定具体数据的列中自动插入的数据，默认值对象的创建、查看、绑定、解除和删除等操作可使用 T-SQL 语句进行。

习　题　8

一、选择题

8.1　域完整性通过_____来实现。

　　A．PRIMARY KEY 约束　　　　　　B．FOREIGN KEY 约束

　　C．CHECK 约束　　　　　　　　　　D．触发器

8.2　参照完整性通过_____来实现。

　　A．PRIMARY KEY 约束　　　　　　B．FOREIGN KEY 约束

　　C．CHECK 约束　　　　　　　　　　D．规则

8.3　限制性别字段中只能输入"男"或"女"，采用的约束是_____。

　　A．UNIQUE 约束　　　　　　　　　B．PRIMARY KEY 约束

　　C．FOREIGN KEY 约束　　　　　　D．CHECK 约束

8.4　下列关于外键约束的叙述正确的是_____。

　　A．需要与另外一个表的主键相关联　B．自动创建聚集索引

　　C．可以参照其他数据库的表　　　　D．一个表只能有一个外键约束

8.5　在 SQL Server 中，设某数据库应用系统中有商品类别表(商品类别号,类别名称,类别描述信息)和商品表(商品号,商品类别号,商品名称,生产日期,单价,库存量)。该系统要求增加每种商品在入库的时候自动检查其类别，禁止未归类商品入库的约束。下列实现此约束的语句中正确的是_____。

　　A．ALTER TABLE 商品类别表 ADD CHECK(商品类别号 IN
　　　　(SELECT 商品类别号 FROM 商品表))

　　B．ALTER TABLE 商品表 ADD CHECK(商品类别号 IN (SELECT 商品类别号
　　　　FROM 商品类别表))

　　C．ALTER TABLE 商品表 ADD
　　　　FOREIGN KEY(商品类别号) REFERENCES 商品类别表(商品类别号)

　　D．ALTER TABLE 商品类别表 ADD
　　　　FOREIGN KEY(商品类别号) REFERENCES 商品表(商品类别号)

二、填空题

8.6　域完整性指_____数据输入的有效性，又称列完整性。

8.7　实体完整性要求表中有一个主键，其值不能为空且能唯一地标识对应的记录，又称为_____。

8.8　修改某数据库的员工表，增加性别列的默认约束，使默认值为'男'，请补全下面的语句：

```
ALTER TABLE 员工表
ADD CONSTRAINT DF_员工表_性别_____
```

8.9　修改某数据库的成绩表，增加成绩列的检查约束，使成绩限定在 0～100，请补全下面的语句：

```
ALTER TABLE 成绩表
ADD CONSTRAINT CK_成绩表_成绩_____
```

数据完整性

8.10　修改某数据库的商品表，增加商品号的主键约束，请补全下面的语句：

```
ALTER TABLE 商品表
ADD CONSTRAINT PK_商品表_商品号_____
```

8.11　修改某数据库的订单表，将它的商品号列定义为外键，假设引用表为商品表，其商品号列已定义为主键，请补全下面的语句：

```
ALTER TABLE 订单表
ADD CONSTRAINT FK_订单表_商品号_____
```

三、问答题

8.12　什么是数据完整性？SQL Server 有哪几种数据完整性类型？

8.13　怎样定义 CHECK 约束和 DEFAULT 约束？

8.14　什么是主键约束？什么是唯一性约束？两者有什么区别？

8.15　什么是外键约束？

8.16　怎样定义规则和默认值？

四、上机实验题

8.17　在 score 表的 grade 列添加 CHECK 约束，限制 grade 列的值在 0～100。

8.18　使用 T-SQL 语句在 student 表的 stsex 列添加 DEFALUT 约束，使 stsex 列的默认值为'男'。

8.19　删除 student 表的 stno 列的 PRIMARY KEY 约束，然后在该列添加 PRIMARY KEY 约束。

8.20　在 score 表的 stno 列添加 FOREIGN KEY 约束。

8.21　创建学分规则 credit_rule，限制学分值为 1～4，创建完毕后将该规则绑定到 course 表的 credit 列，并进行验证。

8.22　创建学院默认值 school_dft，其常量值的表达式为'通信学院'，创建完毕后将该默认值绑定到 teacher 表的 school 列，并进行验证。

第9章

T–SQL 程序设计

本章要点:

- 数据类型。
- 标识符、常量和变量。
- 运算符与表达式。
- 流程控制语句。
- 系统内置函数。
- 用户定义函数。
- 游标。

SQL 语言是非过程化的查询语言,非过程化既是它的优点也是它的弱点,即缺少流程控制能力难以实现应用业务中的逻辑控制,SQL 编程技术可以有效地克服 SQL 语言实现复杂应用方面的不足。

Transact-SQL(T-SQL)是 Microsoft 公司在 SQL Server 数据库管理系统中 ANSI SQL-99 标准的实现,为数据集的处理添加结构。它虽然与高级语言不同,但具有变量、数据类型、运算符和表达式、流程控制、函数、存储过程、触发器等功能。T-SQL 是面向数据编程的最佳选择,本章介绍 T-SQL 语言在程序设计方面的内容。

9.1 数 据 类 型

在 SQL Server 中,每个局部变量、列、表达式和参数根据对应的数据特性有各自的数据类型。SQL Server 支持两类数据类型,即系统数据类型和用户自定义数据类型。

9.1.1 系统数据类型

SQL Server 定义的系统数据类型如表 9.1 所示。

表 9.1 SQL Server 系统数据类型

数 据 类 型	符 号 标 识
整数型	bigint、int、smallint、tinyint
精确数值型	decimal、numeric
浮点型	float、real
货币型	money、smallmoney
位型	bit
字符型	char、varchar、varchar(MAX)
Unicode 字符型	nchar、nvarchar、nvarchar(MAX)

数 据 类 型	符 号 标 识
文本型	text、ntext
二进制型	binary、varbinary、varbinary(MAX)
日期时间类型	datetime、smalldatetime、date、time、datetime2、datetimeoffset
时间戳型	timestamp
图像型	image
其他	cursor、sql_variant、table、uniqueidentifier、xml、hierarchyid

系统数据类型又称基本数据类型，常用的系统数据类型参见 4.1.2 节。

9.1.2 用户自定义数据类型

在 SQL Server 中除提供的系统数据类型外，用户还可以自己定义数据类型。用户自定义数据类型根据基本数据类型进行定义，可以将一个名称用于一个数据类型，能更好地说明该对象中保存值的类型，方便用户使用。例如 student 表和 score 表都有 stno 列，该列应有相同的类型，即均为字符型值、长度为 6，不允许为空值。为了含义明确、使用方便，由用户定义一个数据类型，命名为 school_student_num，作为 student 表和 score 表的 stno 列的数据类型。

创建的用户自定义数据类型应有以下 3 个属性：

- 新数据类型的名称。
- 新数据类型所依据的系统数据类型。
- 为空性。

1．创建用户自定义数据类型

1）使用图形界面方式定义

【例 9.1】 使用图形界面方式创建用户自定义数据类型 school_student_num。

操作步骤如下：

（1）启动 SQL Server Management Studio，在对象资源管理器中展开"数据库"结点，选中 stsc 数据库，展开该数据库结点，然后展开"可编程性"结点，展开"类型"结点，右击"用户定义数据类型"选项，在弹出的快捷菜单中选择"新建用户定义数据类型"命令，出现"新建用户定义数据类型"窗口。

（2）在"名称"文本框中输入自定义的数据类型名称，此处是 school_student_num。在"数据类型"下拉框中选择自定义数据类型的系统数据类型，此处是 char；在"长度"栏中输入要定义的数据类型的长度，此处是 6；其他选项使用默认值，如图 9.1 所示，单击"确定"按钮，完成用户自定义数据类型的创建。

2）使用 CREATE TYPE 语句定义

使用 CREATE TYPE 语句来实现用户数据类型定义的语法格式如下：

```
CREATE TYPE [ schema_name. ] type_name
    FROM base_type [ ( precision [ , scale ] ) ]
    [ NULL | NOT NULL ]
[ ; ]
```

图 9.1 "新建用户定义数据类型"窗口

说明:

type_name 为指定用户自定义数据类型名称,base_type 为用户自定义数据类型所依据的系统数据类型。

【例 9.2】 使用 CREATE TYPE 语句创建用户自定义数据类型 school_student_num。

```
CREATE TYPE school_student_num
FROM char(4) NOT NULL
```

该语句创建了用户自定义数据类型 school_student_num。

2. 删除用户自定义数据类型

1)使用图形界面方式删除

如果要删除用户自定义数据类型,例如删除用户自定义数据类型 school_student_num,选择该类型,然后右击,在弹出的快捷菜单中选择"删除"命令,在打开的"删除对象"窗口中单击"确定"按钮即可。

2)使用 DROP TYPE 语句删除

使用 DROP TYPE 语句删除自定义数据类型的语法格式如下:

```
DROP TYPE [ schema_name. ] type_name [ ; ]
```

T-SQL 程序设计

例如，删除前面定义的类型 school_student_num 的语句如下：

```
DROP TYPE school_student_num
```

3．使用用户自定义数据类型定义列

使用用户自定义数据类型定义列可以采用图形界面和 T-SQL 语句两种方式实现，不同点是数据类型是用户自定义数据类型，而不是系统数据类型。

例如采用图形界面方式，使用用户自定义数据类型 school_student_num 定义 student 表的 stno 列，如图 9.2 所示。

图 9.2　使用用户自定义数据类型定义列

采用 T-SQL 语句方式，使用用户自定义数据类型 school_student_num 定义 student 表的 stno 列的语句如下：

```
USE stsc
CREATE TABLE student (
stno school_student_num NOT NULL PRIMARY KEY,
stname char(8) NOT NULL,
stsex char(2) NOT NULL,
stbirthday date NOT NULL,
speciality char(12) NULL,
tc int NULL
)
```

该语句创建 student 表，与以前不同的是在定义 stno 列时引用了用户自定义数据类型 school_student_num。

9.1.3　用户自定义表数据类型

SQL Server 提供了一种称为用户自定义表数据类型的新的用户自定义类型，它可以作为参数提供给语句、存储过程或者函数。

创建自定义表数据类型使用 CREATE TYPE 语句。

语法格式：

```
CREATE TYPE [ schema_name. ] type_name
  AS TABLE ( <column_definition>
        [ <table_constraint> ] [ ,...n ] )
[ ; ]
```

说明：

<column_definition>是对列的描述，包含列名、数据类型、为空性、约束等。
<table_constraint>定义表的约束。

【例 9.3】　创建用户自定义表数据类型，包含课程表的所有列。

```
USE stsc
CREATE TYPE course_tabletype
  AS TABLE
(
  cno char(3) NOT NULL PRIMARY KEY,
  cname char(16) NOT NULL,
  credit int NULL,
  tno char(6) NULL
)
```

该语句创建用户自定义表数据类型 course_tabletype，包含课程表的课程号、课程名、学分、教师编号等列及其数据类型、为空性、主键约束等。

9.2　标识符、常量和变量

9.2.1　标识符

标识符用于定义服务器、数据库、数据库对象、变量等的名称，包括常规标识符和分隔标识符两类。

1．常规标识符

常规标识符就是不需要使用分隔标识符进行分隔的标识符，它以字母、下画线（_）、@或#开头，可后续一个或若干个 ASCII 字符、Unicode 字符、下画线（_）、美元符号（$）、@或#，但不能全为下画线（_）、@或#。

2．分隔标识符

分隔标识符是包含在双引号（"）或者方括号（[]）内的常规标识符或不符合常规标识

符规则的标识符。

标识符允许的最大长度为 128 个字符，符合常规标识符格式规则的标识符可以分隔，也可以不分隔，对不符合标识符规则的标识符必须进行分隔。

9.2.2 常量

常量是在程序运行中其值不能改变的量，又称为标量值。常量的使用格式取决于值的数据类型，可分为整型常量、实型常量、字符串常量、日期时间常量、货币常量等。

1．整型常量

整型常量分为二进制整型常量、十六进制整型常量和十进制整型常量。

（1）十进制整型常量：不带小数点的十进制数，例如 58、2491、+138 649 427、-3 694 269 714。

（2）二进制整型常量：二进制数字串，用数字 0 或 1 组成，例如 101011110、10110111。

（3）十六进制整型常量：前缀 0x 后跟十六进制数字串表示，例如 0x1DA、0xA2F8、0x37DAF93EFA、0x（0x 为空十六进制常量）。

2．实型常量

实型常量有定点表示和浮点表示两种方式。

定点表示举例如下：

24.7

3795.408

+274958149.4876

-5904271059.83

浮点表示举例如下：

0.7E-3

285.7E5

+483E-2

-18E4

3．字符串常量

字符串常量有 ASCII 字符串常量和 Unicode 字符串常量两种类型。

1）ASCII 字符串常量

ASCII 字符串常量是用单引号括起来，由 ASCII 字符构成的符号串，举例如下：

```
'World'
'How are you!'
```

2）Unicode 字符串常量

Unicode 字符串常量与 ASCII 字符串常量相似，不同的是它前面有一个 N 标识符，N 前缀必须大写，举例如下：

```
N 'World'
N 'How are you!'
```

4．日期时间常量

日期时间常量用单引号将表示日期时间的字符串括起来构成，有以下格式的日期和时间。

- 字母日期格式：例如'June 25, 2011'。
- 数字日期格式：例如'9/25/2012'、'2013-03-11'。
- 未分隔的字符串格式：例如'20101026'。
- 时间常量：例如'15:42:47'、'09:38:AM'。
- 日期时间常量：例如'July 18, 2010 16:27:08'。

5. 货币常量

货币常量是以"$"作为前缀的整型或实型常量数据，例如$38、$1842906、-$26.41、+$27485.13。

9.2.3 变量

变量是在程序运行中其值可以改变的量，一个变量应有一个变量名，变量名必须是一个合法的标识符。

变量分为局部变量和全局变量两类。

1. 局部变量

局部变量由用户定义和使用，局部变量名称前有"@"符号，局部变量仅在声明它的批处理或过程中有效，当批处理或过程执行结束后变成无效。

1）局部变量的定义

使用 DECLARE 语句声明局部变量，所有局部变量在声明后均初始化为 NULL，局部变量的语法格式如下：

语法格式：

```
DECLARE{ @local_variable data_type [= value]}[ ,...n]
```

说明：

- local_variable：局部变量名，前面的@表示是局部变量。
- data_type：用于定义局部变量的类型。
- =value：为变量赋值。
- *n*：表示叮定义多个变量，各变量间用逗号隔开。

2）局部变量的赋值

在定义局部变量后可使用 SET 语句或 SELECT 语句赋值。

（1）使用 SET 语句赋值。

使用 SET 语句赋值的语法格式如下：

```
SET  @local_variable=expression
```

其中，@local_variable 是除 cursor、text、ntext、image、table 外的任何类型的变量名，变量名必须以"@"符号开头。expression 是任何有效的 SQL Server 表达式。

注意： 为局部变量赋值，该局部变量必须首先使用 DECLARE 语句定义。

【**例 9.4**】 创建两个局部变量并赋值，然后输出变量值。

```
DECLARE @var1 char(10),@var2 char(20)
SET @var1='曹志'
```

T-SQL 程序设计

```
SET @var2='是计算机学院的学生'
SELECT @var1+@var2
```

该语句定义两个局部变量后采用 SET 语句赋值，将两个变量的字符值连接后输出。

运行结果：

```
------------------------------
曹志      是计算机学院的学生
```

【例 9.5】 创建一个局部变量，在 SELECT 语句中使用该变量查找计算机专业学生的学号、姓名、性别。

```
USE stsc
DECLARE @spe char(12)
SET @spe='计算机'
  SELECT stno, stname, stsex
  FROM student
  WHERE speciality=@spe
```

该语句采用 SET 语句给局部变量赋值，再将变量值赋给 speciality 列进行查询输出。

运行结果：

```
stno     stname   stsex
------   --------  -----
122001   郭德强     男
122002   谢萱       女
122004   孙婷       女
```

【例 9.6】 将查询结果赋给局部变量。

```
USE stsc
DECLARE @snm char(8)
SET @snm=(SELECT stname FROM student WHERE stno= '121002')
SELECT @snm
```

该语句定义局部变量后将查询结果赋给局部变量。

运行结果：

```
--------
周映雪
```

（2）使用 SELECT 语句赋值。

使用 SELECT 语句赋值，其语法格式如下：

```
SELECT {@local_variable=expression} [,…n]
```

其中，@local_variable 是除 cursor、text、ntext、image 外的任何类型的变量名，变量名必须以@开头。expression 是任何有效的 SQL Server 表达式，包括标量子查询。n 表示可给多个变量赋值。

【例 9.7】 使用 SELECT 语句给变量赋值。

```
USE stsc
DECLARE @no char(6), @name char(10)
```

```
SELECT @no=stno,@name=stname
FROM student
WHERE speciality='通信'
PRINT @no+'  '+@name
```

该语句定义局部变量后使用 SELECT 语句给变量赋值，采用屏幕输出语句输出。

运行结果：

121005 刘刚

> **注意**：PRINT 语句是屏幕输出语句，该语句用于向屏幕输出信息，可输出局部变量、全局变量、表达式的值。

【例 9.8】 使用排序规则在查询语句中为变量赋值。

```
USE stsc
DECLARE @no char(6), @name char(10)
SELECT @no=stno,@name=stname
FROM student
WHERE speciality='通信'
ORDER BY stno DESC
PRINT @no+'  '+@name
```

该语句使用排序规则在 SELECT 语句中给变量赋值。

运行结果：

121001 李贤友

【例 9.9】 使用聚合函数为变量赋值。

```
USE stsc
DECLARE @hg int
SELECT @hg=MAX(grade) FROM score WHERE grade IS NOT NULL
PRINT '最高分'
PRINT @hg
```

该语句使用聚合函数在 SELECT 语句中给变量赋值。

运行结果：

最高分
95

2. 全局变量

全局变量由系统定义，在名称前加"@@"符号，用于提供当前的系统信息。

T-SQL 全局变量作为函数引用，例如@@ERROR 返回执行上次执行的 T-SQL 语句的错误编号，@@CONNECTIONS 返回自上次启动 SQL Server 以来连接或试图连接的次数。

9.3 运算符与表达式

运算符是一种符号，用来指定在一个或多个表达式中执行的操作，SQL Server 的运算符有算术运算符、位运算符、比较运算符、逻辑运算符、字符串连接运算符、赋值运算符、一元运算符等。

9.3.1 算术运算符

算术运算符在两个表达式间执行数学运算，这两个表达式可以是任何数字数据类型。算术运算符有+（加）、-（减）、*（乘）、/（除）和%（求模）5 种运算。+（加）和-（减）运算符也可用于对 datetime 及 smalldatetime 值进行算术运算。表达式是由数字、常量、变量和运算符组成的式子，表达式的结果是一个值。

9.3.2 位运算符

位运算符用于对两个表达式进行位操作，这两个表达式可以为整型或与整型兼容的数据类型，位运算符如表 9.2 所示。

表 9.2　位运算符

运　算　符	运 算 名 称	运　算　规　则
&	按位与	两个位均为 1 时结果为 1，否则为 0
|	按位或	只要一个位为 1 结果就为 1，否则为 0
^	按位异或	两个位值不同时结果为 1，否则为 0

【例 9.10】　对两个变量进行按位运算。

```
DECLARE @a int ,@b int
SET @a=7
SET @b=4
SELECT @a&@b AS 'a&b',@a|@b AS 'a|b',@a^@b AS 'a^b'
```

该语句对两个变量分别进行按位与、按位或、按位异或运算。

运行结果：

```
a&b      a|b        a^b
----     ---------  -------
4        7          3
```

9.3.3 比较运算符

比较运算符用于测试两个表达式的值是否相同，它的运算结果返回 TRUE、FALSE 或 UNKNOWN，SQL Server 的比较运算符如表 9.3 所示。

表 9.3　比较运算符

运　算　符	运 算 名 称	运　算　符	运 算 名 称
=	相等	<=	小于或等于
>	大于	<>、!=	不等于
<	小于	!<	不小于
>=	大于或等于	!>	不大于

【例 9.11】　查询成绩表中成绩在 90 分以上的记录。

```
USE stsc
SELECT *
FROM score
WHERE grade>=90
```

该语句在查询语句的 WHERE 条件中采用了比较运算符（大于或等于）。

运行结果：

```
stno    cno     grade
-----   ------  ------
121001  205     91
121001  102     92
121001  801     94
122002  203     94
122002  801     95
```

9.3.4　逻辑运算符

逻辑运算符用于对某个条件进行测试，运算结果为 TRUE 或 FALSE，逻辑运算符如表 9.4 所示。

表 9.4　逻辑运算符

运 算 符	运 算 规 则
AND	如果两个操作数值都为 TRUE，运算结果为 TRUE
OR	如果两个操作数中有一个为 TRUE，运算结果为 TRUE
NOT	若一个操作数值为 TRUE，运算结果为 FALSE，否则为 TRUE
ALL	如果每个操作数值都为 TRUE，运算结果为 TRUE
ANY	在一系列操作数中只要有一个为 TRUE，运算结果就为 TRUE
BETWEEN	如果操作数在指定的范围内，运算结果为 TRUE
EXISTS	如果子查询包含一些行，运算结果为 TRUE
IN	如果操作数值等于表达式列表中的一个，运算结果为 TRUE
LIKE	如果操作数与一种模式相匹配，运算结果为 TRUE
SOME	如果在一系列操作数中有些值为 TRUE，运算结果就为 TRUE

在使用 LIKE 运算符进行模式匹配时用到的通配符如表 9.5 所示。

表 9.5　通配符列表

通 配 符	说 明
%	代表 0 个或多个字符
_（下画线）	代表单个字符
[ ]	指定范围（例如[a-f]、[0-9]）或集合（例如[abcdef]）中的任何单个字符
[^]	指定不属于范围（例如[^a-f]、[^0-9]）或集合（例如：[^abcdef]）的任何单个字符

【例 9.12】　查询出生日期在 1992 年且成绩在 80～95 分的学生情况。

```
USE stsc
SELECT a.stno, a.stname, a.stbirthday, b.cno, b.grade
FROM student a, score b
```

```
WHERE a.stno=b.stno AND a.stbirthday LIKE '1992%' AND b.grade BETWEEN 80
AND 95
```

该语句在查询语句中采用了 LIKE 运算符进行模式匹配，使用通配符%代表多个字符。

运行结果：

```
stno    tname    stbirthday    cno     grade
------  -------  ----------   -------  ----------
121005  刘刚      1992-07-05    102      87
121005  刘刚      1992-07-05    205      85
121005  刘刚      1992-07-05    801      82
122002  谢萱      1992-09-11    203      94
122002  谢萱      1992-09-11    801      95
122004  孙婷      1992-02-24    203      81
122004  孙婷      1992-02-24    801      86
```

9.3.5　字符串连接运算符

字符串连接运算符通过运算符 "+" 实现两个或多个字符串的连接运算。

【例 9.13】　多个字符串连接。

```
SELECT ('ab'+'cdefg'+'hijk') AS '字符串连接'
```

该语句进行了多个字符串连接。

运行结果：

```
字符串连接
-----------
abcdefghijk
```

9.3.6　赋值运算符

在给局部变量赋值的 SET 和 SELECT 语句中使用的 "=" 运算符称为赋值运算符。

赋值运算符用于将表达式的值赋给另外一个变量，也可以使用赋值运算符在列标题和为列定义值的表达式之间建立关系。

9.3.7　一元运算符

一元运算符指只有一个操作数的运算符，包含+（正）、-（负）和~（按位取反）。按位取反运算符的使用举例如下：

设 *a* 的值为 9（1001），则~*a* 的值为 6（0110）。

9.3.8　运算符的优先级

当一个复杂的表达式有多个运算符时，运算符的优先级决定执行运算的先后次序，执行的顺序会影响所得到的运算结果。

运算符的优先级如表 9.6 所示，在一个表达式中按先高（优先级数字小）后低（优先级数字大）的顺序进行运算。

表 9.6　运算符优先级列表

运　算　符	优 先 级
+（正）、-（负）、~（按位 NOT）	1
*（乘）、/（除）、%（模）	2
+（加）、+（串联）、-（减）	3
=、>、<、>=、<=、<>、!=、!>、!<等比较运算符	4
^（位异或）、&（位与）、|（位或）	5
NOT	6
AND	7
ALL、ANY、BETWEEN、IN、LIKE、OR、SOME	8
=（赋值）	9

9.4　流程控制语句

流程控制语句是用来控制程序执行流程的语句，通过对程序流程的组织和控制提高编程语言的处理能力，满足程序设计的需要。SQL Server 提供的流程控制语句如表 9.7 所示。

表 9.7　SQL Server 流程控制语句

流程控制语句	说　明
IF...ELSE	条件语句
GOTO	无条件转移语句
WHILE	循环语句
CONTINUE	用于重新开始下一次循环
BREAK	用于退出最内层的循环
RETURN	无条件返回
WAITFOR	为语句的执行设置延迟

9.4.1　BEGIN…END 语句

BEGIN…END 语句将多条 T-SQL 语句定义为一个语句块，在执行时该语句块作为一个整体来执行，其语法格式如下：

```
BEGIN
  { sql_statement | statement_block }
END
```

其中，关键字 BEGIN 指示 T-SQL 语句块的开始，END 指示语句块的结束。sql_statement 是语句块中的 T-SQL 语句，BEGIN…END 可以嵌套使用，statement_block 表示使用 BEGIN…END 定义的另一个语句块。

> **注意**：经常用到 BEGIN…END 语句块的语句和函数有 WHILE 循环语句、IF…ELSE 语句、CASE 函数。

【例 9.14】 BEGIN…END 语句示例。

```
BEGIN
   DECLARE @me char(20)
   SET @me = '移动电子商务'
   BEGIN
      PRINT '变量@me的值为:'
      PRINT @me
   END
END
```

该语句实现了 BEGIN…END 语句的嵌套，外层 BEGIN…END 语句用于局部变量的定义和赋值，内层 BEGIN…END 语句用于屏幕输出。

运行结果:

变量@me的值为:
移动电子商务

9.4.2　IF…ELSE 语句

在使用 IF…ELSE 语句时需要对给定条件进行判定，当条件为真或假时分别执行不同的 T-SQL 语句或语句序列，其语法格式如下:

```
IF Boolean_expression                       /*条件表达式*/
{ sql_statement | statement_block }         /*条件表达式为真时执行*/
[ ELSE
{ sql_statement | statement_block } ]       /*条件表达式为假时执行*/
```

IF…ELSE 语句分为带 ELSE 部分和不带 ELSE 部分两种形式。

（1）带 ELSE 部分:

```
IF 条件表达式
  A                    /* T-SQL语句或语句块*/
ELSE
  B                    /* T-SQL语句或语句块*/
```

当条件表达式的值为真时执行 A，然后执行 IF 语句的下一条语句；当条件表达式的值为假时执行 B，然后执行 IF 语句的下一条语句。

（2）不带 ELSE 部分:

```
IF 条件表达式
  A                    /**T-SQL语句或语句块*/
```

当条件表达式的值为真时执行 A，然后执行 IF 语句的下一条语句；当条件表达式的值为假时直接执行 IF 语句的下一条语句。

在 IF 和 ELSE 后面的子句都允许嵌套，嵌套层数没有限制。

IF…ELSE 语句的执行流程如图 9.3 所示。

图 9.3 IF…ELSE 语句的流程图

【例 9.15】 IF…ELSE 语句示例。

```
USE stsc
GO
IF (SELECT AVG(grade) FROM score WHERE cno='102')>80
  BEGIN
    PRINT '课程:102'
    PRINT '平均成绩良好'
  END
ELSE
  BEGIN
    PRINT '课程:102'
    PRINT '平均成绩一般'
  END
```

该语句采用了 IF…ELSE 语句，在 IF 和 ELSE 后面分别使用了 BEGIN…END 语句块。

运行结果：

```
课程:102
平均成绩良好
```

9.4.3 WHILE、BREAK 和 CONTINUE 语句

1. WHILE 循环语句

当程序中的一部分语句需要重复执行时可以使用 WHILE 循环语句来实现，它的语法格式如下：

```
WHILE Boolean_expression                   /*条件表达式*/
{ sql_statement | statement_block }        /*T-SQL语句序列构成的循环体*/
```

WHILE 循环语句的执行流程如图 9.4 所示。

图 9.4　WHILE 语句的流程图

从 WHILE 语句的流程图可以看出其使用形式如下：

```
WHILE  条件表达式
    循环体                         /*T-SQL语句或语句块*/
```

首先进行条件判断，当条件表达式的值为真时执行循环体的中 T-SQL 语句或语句块；然后进行条件判断，当条件表达式的值为真时重复执行上述操作；直至条件表达式的值为假，退出循环体，执行 WHILE 语句的下一条语句。

在循环体中可以进行 WHILE 语句的嵌套。

【例 9.16】 显示字符串"Work"中每个字符的 ASCII 值和字符。

```
DECLARE @pn int, @sg char(8)
SET @pn = 1
SET @sg = 'Work'
WHILE @pn <= LEN(@sg)
  BEGIN
    SELECT ASCII(SUBSTRING(@sg, @pn, 1)),CHAR(ASCII(SUBSTRING(@sg,@pn,1)))
    SET @pn = @pn + 1
  END
```

该语句采用了 WHILE 循环语句，循环条件为小于或等于字符串"Work"的长度值，在循环体中使用了 BEGIN…END 语句块，执行结果如图 9.5 所示。

	(无列名)	(无列名)
1	87	W

	(无列名)	(无列名)
1	111	o

	(无列名)	(无列名)
1	114	r

	(无列名)	(无列名)
1	107	k

图 9.5　WHILE 循环语句的执行结果

2. BREAK 语句

BREAK 语句的语法格式如下:

```
BREAK
```

在循环语句中用于退出本层循环,当循环体中有多层循环嵌套时使用 BREAK 语句只能退出其所在的本层循环。

3. CONTINUE 语句

CONTINUE 语句的语法格式如下:

```
CONTINUE
```

在循环语句中用于结束本次循环,重新转入循环开始条件的判断。

9.4.4 GOTO 语句

GOTO 语句用于实现无条件的跳转,将执行流程转移到标号指定的位置,其语法格式如下:

```
GOTO label
```

其中,label 是要跳转的语句标号,标号必须符合标识符规则。

标号的定义形式如下:

```
label : 语句
```

【例 9.17】 计算从 1~100 的和。

```
DECLARE @nm int, @i int
SET @i = 0
SET @nm = 0
lp:
SET @nm = @nm+ @i
SET @i = @i +1
IF @i <=100
  GOTO lp
PRINT '1+2+...+100 = '+CAST (@nm AS char(10))
```

该语句采用了 GOTO 语句。

运行结果:

```
1+2+...+100 = 5050
```

9.4.5 RETURN 语句

RETURN 语句用于从查询语句块、存储过程或者批处理中无条件退出,位于 RETURN 之后的语句将不被执行,其语法格式如下:

```
RETURN [ integer_expression ]
```

其中,integer_expression 将整型表达式的值返回。

【**例 9.18**】 判断是否存在学号为 121002 的学生，如果存在则返回，如果不存在则插入 121002 的学生信息。

```
USE stsc
IF EXISTS(SELECT * FROM student WHERE stno='121002')
  RETURN
ELSE
  INSERT INTO student VALUES('121002','周映雪','女','1993-01-12','通信',49)
```

当查询结果满足判断条件（存在有关学生记录）时通过 RETURN 语句返回，否则插入该生的记录。

9.4.6 WAITFOR 语句

WAITFOR 用于指定语句块、存储过程或事务执行的时刻或者需等待的时间间隔。

语法格式：

```
WAITFOR { DELAY 'time' | TIME 'time' }
```

其中，DELAY 'time'用于指定 SQL Server 必须等待的时间，TIME 'time'用于指定 SQL Server 等待到某一时刻。

【**例 9.19**】 设定在早上八点半执行查询语句。

```
USE stsc
BEGIN
  WAITFOR TIME '8:30'
  SELECT * FROM student
END
```

该语句采用 WAITFOR 语句，用于指定 SQL Server 等待执行的时刻"8:30"。

9.4.7 TRY…CATCH 语句

TRY…CATCH 语句用于对 T-SQL 语言中的错误进行处理，其语法格式如下：

```
BEGIN TRY
    { sql_statement | statement_block }
END TRY
BEGIN CATCH
    [ { sql_statement | statement_block } ]
END CATCH
[ ; ]
```

9.5 系统内置函数

T-SQL 语言提供了 3 种系统内置函数，即标量函数、聚合函数、行集函数，所有函数都是确定性的或非确定性的。例如，DATEADD 内置函数是确定性函数，因为对于其任何给定参数总是返回相同的结果。GETDATE 是非确定性函数，因其每次执行后返回结果都不同。

标量函数的输入参数和返回值的类型均为基本类型，SQL Server 包含的标量函数如下：

- 数学函数；
- 字符串函数；
- 日期时间函数；
- 系统函数；
- 配置函数；
- 系统统计函数；
- 游标函数；
- 文本和图像函数；
- 元数据函数；
- 安全函数。

下面介绍常用的标量函数。

1. 数学函数

数学函数用于对数字表达式进行数学运算并返回运算结果，常用的数学函数如表 9.8 所示。

表 9.8 　数学函数表

函　　　数	描　　　述
ABS	返回数值表达式的绝对值
EXP	返回指定表达式以 e 为底的指数
CEILING	返回大于或等于数值表达式的最小整数
FLOOR	返回小于或等于数值表达式的最大整数
LN	返回数值表达式的自然对数
LOG	返回数值表达式以 10 为底的对数
POWER	返回对数值表达式进行幂运算的结果
RAND	返回 0～1 的一个随机值
ROUND	返回舍入到指定长度或精度的数值表达式
SIGN	返回数值表达式的正号（+）、负号（-）或零（0）
SQUARE	返回数值表达式的平方
SQRT	返回数值表达式的平方根

下面举例说明数学函数的使用。

1）ABS 函数

ABS 函数用于返回数值表达式的绝对值。

语法格式：

```
ABS ( numeric_expression )
```

其中，参数 numeric_expression 为数字型表达式，返回值的类型与 numeric_expression 相同。

【例 9.20】 ABS 函数对不同数字的处理结果。

```
SELECT ABS(-4.7), ABS(0.0), ABS(+9.2)
```

该语句采用了 ABS 函数分别求负数、零和正数的绝对值。

T-SQL 程序设计

运行结果：

```
----    -------    ------
4.7       0.0        9.2
```

182

2）RAND 函数

RAND 函数用于返回 0～1 的一个随机值。

语法格式：

```
RAND ([ seed ] )
```

其中，参数 seed 是指定种子值的整型表达式，返回值的类型为 float。如果未指定种子值，则随机分配种子值；当指定种子值时，返回的结果相同。

【例 9.21】 通过 RAND 函数产生随机数。

```
DECLARE @count int
SET @count = 6
SELECT RAND(@count) AS Random_Number
```

该语句采用了 RAND 函数求随机数。

运行结果：

```
Random_Number
------------------
0.713685158069215
```

2．字符串函数

字符串函数用于对字符串、二进制数据和表达式进行处理，常用的字符串函数如表 9.9 所示。

表 9.9　字符串函数表

函　　数	描　　述
ASCII	ASCII 函数，返回字符表达式中最左侧的字符的 ASCII 代码值
CHAR	ASCII 代码转换函数，返回指定 ASCII 代码的字符
CHARINDEX	返回指定模式的起始位置
LEFT	左子串函数，返回字符串中从左边开始指定个数的字符
LEN	字符串函数，返回指定字符串表达式的字符（而不是字节）数，其中不包含尾随空格
LOWER	小写字母函数，将大写字符数据转换为小写字符数据后返回字符表达式
LTRIM	删除前导空格字符串，返回删除了前导空格后的字符表达式
REPLACE	替换函数，用第三个表达式替换第一个字符串表达式中出现的所有第二个指定字符串表达式的匹配项
REPLICATE	复制函数，以指定的次数重复字符表达式
RIGHT	右子串函数，返回字符串中从右边开始指定个数的字符
RTRIM	删除尾随空格函数，删除所有尾随空格后返回一个字符串
SPACE	空格函数，返回由重复的空格组成的字符串
STR	数字向字符转换函数，返回由数字数据转换来的字符数据
SUBSTRING	子串函数，返回字符表达式、二进制表达式、文本表达式或图像表达式的一部分
UPPER	大写函数，返回小写字符数据转换为大写的字符表达式

1）LEFT 函数

LEFT 函数用于返回字符串中从左边开始指定个数的字符。

语法格式：

```
LEFT ( character_expression , integer_expression )
```

其中，参数 character_expression 为字符型表达式，integer_expression 为整型表达式，返回值为 varchar 型。

【例 9.22】 返回学院名最左边的两个字符。

```
USE stsc
SELECT DISTINCT LEFT(school,2)
FROM teacher
```

该语句采用了 LEFT 函数求学院名最左边的两个字符。

运行结果：

```
--------
计算
数学
通信
```

2）LTRIM 函数

LTRIM 函数用于删除字符串中的前导空格，并返回字符串。

语法格式：

```
LTRIM ( character_expression )
```

其中，参数 character_expression 为字符型表达式，返回值的类型为 varchar。

【例 9.23】 使用 LTRIM 函数删除字符串中的起始空格。

```
DECLARE @string varchar(30)
SET @string = '   大规模集成电路'
SELECT  LTRIM(@string)
```

该语句采用了 LTRIM 函数删除字符串中的前导空格并返回字符串。

运行结果：

```
------------
大规模集成电路
```

3）REPLACE 函数

REPLACE 函数用第三个字符串表达式替换第一个字符串表达式中包含的第二个字符串表达式，并返回替换后的表达式。

语法格式：

```
REPLACE (string_expression1,string_expression2,string_expression3)
```

其中，参数 string_expression1、string_expression2 和 string_expression3 均为字符串表

达式，返回值为字符型。

【例 9.24】 用 REPLACE 函数实现字符串的替换。

```
DECLARE @str1 char(16),@str2 char(4),@str3 char(16)
SET @str1='电子商务系统'
SET @str2='系统'
SET @str3='概论'
SET @str3=REPLACE (@str1, @str2, @str3)
SELECT @str3
```

该语句采用了 REPLACE 函数实现字符串的替换。

运行结果：

```
----------
电子商务概论
```

4）SUBSTRING 函数

SUBSTRING 函数用于返回表达式中指定的部分数据。

语法格式：

```
SUBSTRING ( expression , start , length )
```

其中，参数 expression 可以为字符串、二进制串、text、image 字段或表达式；start、length 均为整型，start 指定子串的开始位置，length 指定子串的长度（要返回的字节数）。

【例 9.25】 在一列中返回学生表中的姓，在另一列中返回表中学生的名。

```
USE stsc
SELECT SUBSTRING(stname, 1,1), SUBSTRING(stname, 2, LEN(stname)-1)
FROM student
ORDER BY stno
```

该语句采用了 SUBSTRING 函数分别求"姓名"字符串中的子串"姓"和子串"名"。

运行结果：

```
--  ------
李    贤友
周    映雪
刘    刚
郭    德强
谢    萱
孙    婷
```

5）CHARINDEX 函数

CHARINDEX 函数用于在表达式 2 中搜索 表达式 1 并返回其起始位置（如果找到）。

语法格式：

```
CHARINDEX ( expression1 ,expression2 [ , start_location ] )
```

其中，expression1 为包含要查找的序列的字符表达式，expression2 为要搜索的字符表达式，start_location 表示搜索起始位置的整数或 bigint 表达式。

【例 9.26】 查询学生姓名中是否含有"郭"。

```
USE stsc
SELECT * FROM student WHERE CHARINDEX('郭',stname)>0
```

该语句采用了 CHARINDEX 函数求"姓名"字符串中是否含有指定字符"郭"。

运行结果:

```
stno      stname      stsex    stbirthday     speciality     tc
-----     --------    -------  -----------    -----------    --------
122001    郭德强       男       1991-10-23     计算机          48
```

3．日期时间函数

日期时间函数用于对日期和时间数据进行各种处理和运算，返回日期和时间值、字符串和数值等，常用的日期时间函数如表 9.10 所示。

表 9.10　日期时间函数表

函　　数	描　　述
DATEADD	返回给指定日期加上一个时间间隔后的新 datetime 值
DATEDIFF	返回跨两个指定日期的日期边界数和时间边界数
DATENAME	返回表示指定日期的指定日期部分的字符串
DATEPART	返回表示指定日期的指定日期部分的整数
DAY	返回一个整数，表示指定日期的 datepart 部分
GETDATE	以 datetime 值的 SQL Server 2008 标准内部格式返回当前系统日期和时间
GETUTCDATE	返回表示当前的 UTC 时间（通用协调时间或格林尼治标准时间）的 datetime 值。当前的 UTC 时间得自当前的本地时间和运行 Microsoft SQL Server 2008 实例的计算机操作系统中的时区设置
MONTH	返回表示指定日期的"月"部分的整数
YEAR	返回表示指定日期的年份的整数

在表 9.10 中，有关 datepart 的取值如表 9.11 所示。

表 9.11　datepart 的取值

datepart 取值	缩写形式	函数返回的值	datepart 取值	缩写形式	函数返回的值
year	yy、yyyy	年份	week	wk、ww	第几周
quarter	qq、q	季度	hour	hh	小时
month	mm、m	月	minute	mi、n	分钟
dayofyear	dy、y	一年的第几天	second	ss、s	秒
day	dd、d	日	millisecond	ms	毫秒

【例 9.27】 求 2013 年 6 月 1 日前后 100 天的日期。

```
DECLARE @curdt datetime,@ntdt datetime
SET @curdt='2013-6-1'
SET @ntdt=DATEADD(dd,100,@curdt)
PRINT @ntdt
SET @ntdt=DATEADD(dd,-100,@curdt)
PRINT @ntdt
```

该语句采用了 DATEADD 函数分别求指定日期加上时间间隔和负的时间间隔后的新

datetime 值。

运行结果：

```
09  9 2013 12:00AM
02 21 2013 12:00AM
```

【例 9.28】 依据教师的出生时间计算年龄。

```
USE stsc
SET NOCOUNT ON
DECLARE @startdt datetime
SET @startdt = getdate()
SELECT tname AS 姓名, DATEDIFF(yy, tbirthday, @startdt ) AS 年龄 FROM teacher
```

该语句通过 GETDATE 函数获取当前系统日期和时间，采用 DATEDIFF 函数由出生时间计算年龄。

运行结果：

姓名	年龄
刘林卓	54
周学莉	39
刘倩	38
吴波	38
王冬琴	48
李伟	41

4. 系统函数

系统函数用于返回有关 SQL Server 系统、数据库、数据库对象和用户的信息。

1）COL_NAME 函数

COL_NAME 函数根据指定的表标识号和列标识号返回列的名称。

语法格式：

```
COL_NAME ( table_id , column_id )
```

其中，table_id 为包含列的表的标识号，column_id 为列的标识号。

【例 9.29】 输出 student 表中所有列的列名。

```
USE stsc
DECLARE @i int
SET @i=1
WHILE @i<=6
  BEGIN
    PRINT COL_NAME(OBJECT_ID('student'),@i)
    SET @i=@i+1
END
```

该语句通过 COL_NAME 函数根据 student 表标识号和列标识号返回所有列名。

运行结果:

```
stno
stname
stsex
stbirthday
speciality
tc
```

2) CONVERT 函数

CONVERT 函数将一种数据类型的表达式转换为另一种数据类型的表达式。

语法格式:

```
CONVERT (data_type[(length)], expression [, style])
```

其中, data_type 为目标数据类型, length 为指定目标数据类型长度的可选整数, expression 为表达式, style 指定 date 和 time 样式。例如, style 为 101 表示美国标准日期格式 mm/dd/yyyy, style 为 102 表示 ANSI 日期格式 yy.mm.dd。

【例 9.30】 输出 student 表中所有列的列名并将出生日期转换成 ANSI 格式。

```
USE stsc
SELECT stno AS 学号, stname AS 姓名, stsex AS 性别, CONVERT(char,
stbirthday,102) AS 出生日期
FROM student
```

该语句通过 CONVERT 函数将出生日期转换成 ANSI 格式。

运行结果:

学号	姓名	性别	出生日期
121001	李贤友	男	1991.12.30
121002	周映雪	女	1993.01.12
121005	刘刚	男	1992.07.05
122001	郭德强	男	1991.10.23
122002	谢萱	女	1992.09.11
122004	孙婷	女	1992.02.24

3) CAST 函数

CAST 函数将一种数据类型的表达式转换为另一种数据类型的表达式。

语法格式:

```
CAST ( expression AS data_type [ (length ) ])
```

其中, expression 为表达式, data_type 为目标数据类型, length 为指定目标数据类型长度的可选整数。

【例 9.31】 求 2013 年 1 月 1 日后 200 天的日期。

```
SELECT CAST('2013-1-1' AS smalldatetime) + 200 AS'2013.1.1加上200天的日期'
```

该语句通过 CAST 函数将指定日期转换成 smalldatetime 类型的 "日期" 加上 200 天的

"日期"。

运行结果：

```
2013.1.1加上200天的日期
---------------------
2013-07-20 00:00:00
```

4）CASE 函数

CASE 函数用于计算条件列表并返回多个可能的结果表达式之一，有两种使用形式，一种是简单 CASE 函数，另一种是搜索型 CASE 函数。

（1）简单 CASE 函数：简单 CASE 函数将某个表达式与一组简单表达式进行比较以确定结果。

语法格式：

```
CASE input_expression
  WHEN when_expression THEN result_expression […n ]
  [ ELSE else_result_expression]
END
```

其功能为计算 input_expression 表达式的值，并与每一个 when_expression 表达式的值比较，若相等，则返回对应的 result_expression 表达式的值，否则返回 else_result_expression 表达式的值。

（2）搜索型 CASE 函数：搜索型 CASE 函数计算一组布尔表达式以确定结果。

语法格式：

```
CASE
  WHEN Boolean_expression THEN result_expression […n ]
  [ ELSE else_result_expression]
END
```

其功能为按指定顺序为每个 WHEN 子句的 Boolean_expression 表达式求值，返回第一个取值为 TRUE 的 Boolean_expression 表达式对应的 result_expression 表达式的值；如果没有取值为 TRUE 的 Boolean_expression 表达式，则当指定 ELSE 子句时返回 else_result_expression 的值；若没有指定 ELSE 子句，则返回 NULL。

【例 9.32】 使用 CASE 函数将教师职称转换为职称类型。

```
USE stsc
SELECT tname AS '姓名', tsex AS '性别',
  CASE title
    WHEN '教授' THEN '高级职称'
    WHEN '副教授' THEN '高级职称'
    WHEN '讲师' THEN '中级职称'
    WHEN '助教' THEN '初级职称'
  END AS '职称类型'
FROM teacher
```

该语句通过简单 CASE 函数将教师职称转换为职称类型。

运行结果：

姓名	性别	职称类型
刘林卓	男	高级职称
周学莉	女	中级职称
刘倩	女	高级职称
吴波	男	高级职称
王冬琴	女	高级职称
李伟	男	高级职称

【例 9.33】　使用 CASE 函数将学生成绩转换为成绩等级。

```
USE stsc
SELECT stno AS '学号', cno AS '课程号', level=
  CASE
    WHEN grade>=90 THEN 'A'
    WHEN grade>=80 THEN 'B'
    WHEN grade>=70 THEN 'C'
    WHEN grade>=60 THEN 'D'
    WHEN grade<60 THEN 'E'
  END
FROM score
WHERE cno='801' AND grade IS NOT NULL
ORDER BY stno
```

该语句通过搜索型 CASE 函数将学生成绩转换为成绩等级。

运行结果：

学号	课程号	level
121001	801	A
121002	801	C
121005	801	B
122002	801	A
122004	801	B

9.6　用户定义函数

用户定义函数是用户根据自己的需要定义的函数，用户定义函数有以下优点：

- 允许模块化程序设计。
- 执行速度更快。
- 减少网络流量。

用户定义函数分为两类，即标量函数和表值函数。

（1）标量函数：返回值为标量值，即返回一个单一数据值。

（2）表值函数：返回值为表值，返回值不是单一数据值，而是由一个表值代表的记录集，即返回 table 数据类型。

表值函数分为以下两种。

（1）内联表值函数：在 RETURN 子句中包含单个 SELECT 语句。

（2）多语句表值函数：在 BEGIN…END 语句块中包含多个 SELECT 语句。

下面介绍系统表 sysobjects 的主要字段，如表 9.12 所示。

表 9.12 系统表 sysobjects 的主要列

字 段 名	类 型	含 义
name	sysname	对象名
id	int	对象标识符
type	char(2)	对象类型 可以是下列值之一： C：CHECK 约束；D：默认值或 DEFAULT 约束； F：FOREIGN KEY 约束；FN：标量函数； IF：内嵌表函数；K：PRIMARY KEY 或 UNIQUE 约束； L：日志；P：存储过程；R：规则；RF：复制筛选存储过程； S：系统表；TF：表值函数；TR：触发器；U：用户表； V：视图；X：扩展存储过程

9.6.1 用户定义函数的定义和调用

1. 标量函数

1）标量函数的定义

定义标量函数的语法格式如下：

```
CREATE FUNCTION [ schema_name. ] function_name          /*函数名部分*/
( [ { @parameter_name [ AS ][ type_schema_name. ] parameter_data_type
                                                       /*形参定义部分*/
  [ = default ] [ READONLY ] } [ ,…n ] ])
RETURNS return_data_type                                /*返回参数的类型*/
  [ WITH <function_option> [ ,…n ] ]                    /*函数选项定义*/
  [ AS ]
  BEGIN
    function_body                                       /*函数体部分*/
    RETURN scalar_expression                            /*返回语句*/
  END
[ ; ]
```

其中：

```
<function_option>::=
{
  [ ENCRYPTION ]
  | [ SCHEMABINDING ]
  | [ RETURNS NULL ON NULL INPUT | CALLED ON NULL INPUT ]
}
```

说明：

- function_name：用户定义函数名。函数名必须符合标识符的规则，对其架构来说，该名在数据库中必须是唯一的。

- @parameter_name：用户定义函数的形参名。在 CREATE FUNCTION 语句中可以声明一个或多个参数，用@符号作为第一个字符来指定形参名，每个函数的参数局部于该函数。

- scalar_parameter_data_type：参数的数据类型，可为系统支持的基本标量类型，不能为 timestamp 类型、用户定义数据类型、非标量类型（如 cursor 和 table）。type_schema_name 为参数所属的架构名。[= default]可以设置参数的默认值。如果定义了 default 值，则无须指定此参数的值即可执行函数。READONLY 选项用于指定不能在函数定义中更新或修改参数。
- scalar_return_data_type：函数使用 RETURNS 语句指定用户定义函数的返回值类型。scalar_return_data_type 可以是 SQL Server 支持的基本标量类型，但 text、ntext、image 和 timestamp 除外。使用 RETURN 语句函数将返回 scalar_expression 表达式的值。
- function_body：由 T-SQL 语句序列构成的函数体。
- <function_option>：标量函数的选项。

根据上述语法格式得出定义标量函数的形式如下：

```
CREATE FUNCTION [所有者名.] 函数名
( 参数1 [AS] 类型1 [ = 默认值 ] ) [ ,...参数n [AS] 类型n [ = 默认值 ] ] ] )
RETURNS 返回值类型
[ WITH 选项 ]
[ AS ]
BEGIN
  函数体
  RETURN 标量表达式
END
```

【例 9.34】 定义一个标量函数 spe_av，按专业计算学生的平均年龄。

（1）为了计算平均年龄，首先创建学生学号、姓名、专业和年龄的视图 st_age。

```
USE stsc
IF EXISTS(SELECT name FROM sysobjects WHERE name='st_age' AND type='v')
  DROP VIEW st_age
GO
CREATE VIEW st_age
  AS
  /*由当前日期的年份减去出生日期年份取得年龄，指定该表达式名称为age*/
  SELECT stno, stname, speciality, datepart(yyyy,GETDATE())-datepart(yyyy,
  stbirthday) AS age
  FROM student
GO
```

（2）创建用户定义标量函数 spe_av，按专业计算当前学生的平均年龄。

```
USE stsc
IF EXISTS(SELECT name FROM sysobjects WHERE name='spe_av' AND type='FN')
  DROP FUNCTION spe_av
GO
/*创建用户定义标量函数spe_av，@spe为该函数的形参，对应实参为'通信'或'计算机'专业*/
CREATE FUNCTION spe_av(@spe char(12))
RETURNS int     /*函数的返回值类型为整数类型*/
  AS
  BEGIN
DECLARE @av int     /*定义变量@av为整数类型*/
SELECT @av=
    /*由实参指定的专业传递给形参@spe作为查询条件，查询统计出该专业的平均年龄*/
```

T-SQL 程序设计

```
            ( SELECT avg(age)
                FROM st_age
         WHERE speciality=@spe
              )
RETURN @av    /*返回该专业平均年龄的标量值*/
  END
GO
```

2）标量函数的调用

调用用户定义的标量函数有以下两种方式。

（1）用 SELECT 语句调用：用 SELECT 语句调用标量函数的形式如下。

```
SELECT 架构名.函数名(实参1,…,实参n)
```

其中，实参可以为已赋值的局部变量或表达式。

【例 9.35】 使用 SELECT 语句对上例定义的 spe_av 函数进行调用。

```
USE stsc
DECLARE @spe char(12)
DECLARE @comm int
SELECT @spe = '通信'
SELECT @comm=dbo.spe_av(@spe)
SELECT @comm AS '通信专业学生平均年龄'
```

该语句使用 SELECT 语句对 spe_av 标量函数进行调用。

运行结果：

```
通信专业学生平均年龄
------------------
24
```

（2）用 EXECUTE（EXEC）语句调用：用 EXECUTE（EXEC）语句调用标量函数的形式如下。

```
EXEC 变量名=架构名.函数名 实参1,…,实参n
或
EXEC变量名=架构名.函数名 形参名1=实参1,…, 形参名n=实参n
```

【例 9.36】 使用 EXEC 语句对上例定义的 spe_av 函数进行调用。

```
DECLARE @cpt int
EXEC @cpt=dbo.spe_av  @spe = '计算机'
SELECT @cpt AS '计算机专业学生平均年龄'
```

该语句使用 EXEC 语句对 spe_av 标量函数进行调用。

运行结果：

```
计算机专业学生平均年龄
-------------------
24
```

2. 内联表值函数

标量函数只返回单个标量值，而内联表值函数返回表值（结果集）。

1）内联表值函数的定义

定义内联表值函数的语法格式如下：

```
CREATE FUNCTION [ schema_name. ] function_name  /*定义函数名部分*/
( [ { @parameter_name [ AS ] [ type_schema_name. ] parameter_data_type
  [ = default ] } [ ,...n ] ])              /*定义参数部分*/
RETURNS TABLE                               /*返回值为表类型*/
  [ WITH <function_option> [ ,...n ] ]      /*定义函数的可选项*/
  [ AS ]
  RETURN [ ( ] select_stmt [ ) ]            /*通过SELECT语句返回内嵌表*/
[ ; ]
```

说明：

在内联表值函数中，RETURNS 子句只包含关键字 TABLE，RETURN 子句在括号中包含单个 SELECT 语句，SELECT 语句的结果集构成函数所返回的表。

【例 9.37】 定义查询学生姓名、性别、课程号、成绩的内联表值函数 stu_sco。

```
USE stsc
IF EXISTS(SELECT * FROM sysobjects WHERE name='stu_sco' AND (type='if' OR
type='tf'))
  DROP FUNCTION stu_sco
GO
/*创建用户定义内联表值函数stu_sco，@pr为该函数的形参，对应实参为'通信'或'计算机'专业*/
CREATE FUNCTION stu_sco(@pr char(12))
RETURNS TABLE    /*函数的返回值类型为table类型，没有指定表结构**/
  AS
/*由实参指定的专业传递给形参@pr作为查询条件，查询出该专业的学生情况，返回查询结果集构
成的表*/
  RETURN
  (
   SELECT a.stname,a.stsex,b.cno,b.grade
   FROM student a,score b
   WHERE a.stno=b.stno AND a.speciality=@pr
  )
GO
```

2）内联表值函数的调用

内嵌表值函数只能通过 SELECT 语句调用，在调用时可以仅使用函数名。

【例 9.38】 使用 SELECT 语句对上例定义的 stu_sco 函数进行调用。

```
USE stsc
SELECT * FROM stu_sco('通信')
```

该语句使用 SELECT 语句对 stu_sco 内联表值函数进行调用。

运行结果：

```
stname   stsex    cno    grade
------   --------  ------  ---------
李贤友    男       102     92
李贤友    男       205     91
李贤友    男       801     94
周映雪    女       102     72
```

周映雪	女	205	65
周映雪	女	801	73
刘刚	男	102	87
刘刚	男	205	85

194

3. 多语句表值函数

多语句表值函数与内联表值函数均返回表值，它们的区别是多语句表值函数需要定义返回表的类型，返回表是多个 T-SQL 语句的结果集，其在 BEGIN…END 语句块中包含多个 T-SQL 语句；内联表值函数不需要定义返回表的类型，返回表是单个 T-SQL 语句的结果集，不需要用 BEGIN…END 分隔。

1）多语句表值函数的定义

定义多语句表值函数的语法格式如下：

```
CREATE FUNCTION [ schema_name. ] function_name        /*定义函数名部分*/
( [ { @parameter_name [ AS ] [ type_schema_name. ] parameter_data_type
  [ = default ] } [ ,…n ] ])                          /*定义函数参数部分*/
RETURNS @return_variable TABLE<table_type_definition>/*定义作为返回值的表*/
  [ WITH <function_option> [ ,…n ] ]                   /*定义函数的可选项*/
  [ AS ]
  BEGIN
    function_body                                       /*定义函数体*/
    RETURN
  END
[ ; ]
```

其中：

```
<table_type_definition>:: =                             /*定义表*/
( {  <column_definition> <column_constraint> }
   [ <table_constraint>
```

说明：

@return_variable 为表变量，function_body 为 T-SQL 语句序列，table_type_definition 为定义表结构的语句，语法格式中其他项的定义与标量函数相同。

【例 9.39】 定义由学号查询学生平均成绩的多语句表值函数 stu_sco2。

```
USE stsc
GO
/*创建用户定义多语句表值函数stu_sco2，@num为该函数的形参，对应实参为学号值*/
CREATE FUNCTION stu_sco2(@num char(6))
/*函数的返回值类型为table类型，返回表@tn，指定了表结构，定义了列属性*/
RETURNS @tn TABLE
  (
    average float
  )
  AS
    BEGIN
      INSERT @tn     /*向@tn表插入满足条件的记录*/
      /*由实参指定的学号值传递给形参@num作为查询条件，查询统计出该学生的平均成绩，通过
      INSERT语句插入到@tn表中 */
        SELECT avg(score.grade)
```

```
        FROM score
        WHERE score.stno=@num
    RETURN
  END
GO
```

2）多语句表值函数的调用

多语句表值函数只能通过 SELECT 语句调用，在调用时可以仅使用函数名。

【例 9.40】 使用 SELECT 语句对上例定义的 stu_sco2 函数进行调用。

```
USE stsc
SELECT * FROM stu_sco2('122002')
```

该语句使用 SELECT 语句对 stu_sco2 多语句表值函数进行调用。

运行结果：

```
average
-------
94
```

4．使用图形界面方式创建用户定义函数

使用图形界面方式创建用户定义函数的操作步骤如下：

（1）启动 SQL Server Management Studio，在对象资源管理器中展开"数据库"结点，选中 stsc 数据库，展开该数据库结点，然后展开"可编程性"结点，展开"函数"结点，右击"标量值函数"选项，在弹出的快捷菜单中选择"新建标量值函数"命令，出现标量函数定义模板界面，如图 9.6 所示。

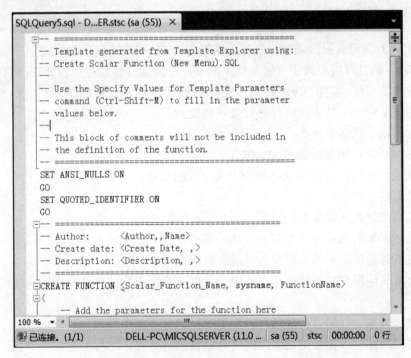

图 9.6　使用图形界面方式创建用户定义标量函数

第
9
章

T-SQL 程序设计

（2）在该界面中编写脚本，然后执行该脚本，完成标量函数的创建。

9.6.2 用户定义函数的删除

删除用户定义函数有以下两种方法。

1．使用 T-SQL 语句删除

使用 T-SQL 语句删除用户定义函数的语法格式如下：

```
DROP FUNCTION { [ schema_name. ] function_name } [ ,…n ]
```

其中，function_name 是要删除的用户定义的函数名称，可以一次删除一个或多个用户定义函数。

2．通过对象资源管理器删除

启动 SQL Server Management Studio，在对象资源管理器中展开"数据库"结点，选中 stsc 数据库，展开该数据库结点，然后展开"可编程性"结点，展开"函数"结点，展开"标量值函数"结点或"表值函数"结点，选择要删除的用户定义函数右击，在弹出的快捷菜单中选择"删除"命令，在弹出的"删除对象"窗口中单击"确定"按钮即可。

9.7 游　　标

由 SELECT 语句返回的完整行集称为结果集，应用程序特别是嵌入到 T-SQL 语句中的应用程序，并不总能将整个结果集作为一个单元来有效处理，这些应用程序需要一种机制以便每次处理一行或一部分行，游标就是提供这种机制的对结果集的一种扩展。

9.7.1 游标的概念

由 SELECT 语句返回的完整行集称为结果集，在使用 SELECT 语句进行查询时可以得到这个结果集，但有时用户需要对结果集中的某一行或部分行进行单独处理，这在 SELECT 的结果集中无法实现，游标（Cursor）就是提供这种机制的对结果集的一种扩展，SQL Server 通过游标提供了对一个结果集进行逐行处理的能力。

游标包括以下两部分内容。

- 游标结果集：定义游标的 SELECT 语句返回的结果集的集合。
- 游标当前行指针：指向该结果集中某一行的指针。

游标具有以下优点：

（1）允许定位在结果集的特定行。

（2）从结果集的当前位置检索一行或一部分行。

（3）支持对结果集中当前位置的行进行数据修改。

（4）为由其他用户对显示在结果集中的数据库数据所做的更改提供不同级别的可见性支持。

（5）提供脚本、存储过程和触发器中用于访问结果集中数据的 T-SQL 语句。

（6）使用游标可以在查询数据的同时对数据进行处理。

9.7.2 游标的基本操作

游标的基本操作包括声明游标、打开游标、提取数据、关闭游标和删除游标。

1. 声明游标

声明游标使用 DECLARE CURSOR 语句。

语法格式:

```
DECLARE cursor_name [ INSENSITIVE ] [ SCROLL ] CURSOR
  FOR select_statement
[ FOR { READ ONLY | UPDATE [ OF column_name [ ,…n ] ] } ]
```

说明:

- cursor_name: 游标名,它是与某个查询结果集相联系的符号名。
- INSENSITIVE: 指定系统将创建供所定义的游标使用的数据的临时副本,对游标的所有请求都从 tempdb 的该临时表中得到应答,因此在对该游标进行提取操作时返回的数据中不反映对基表所做的修改,并且该游标不允许修改。如果省略 INSENSITIVE,则任何用户对基表提交的删除和更新都反映在后面的提取中。
- SCROLL: 说明所声明的游标可以前滚、后滚,可使用所有的提取选项(FIRST、LAST、PRIOR、NEXT、RELATIVE、ABSOLUTE)。如果省略 SCROLL,则只能使用 NEXT 提取选项。
- select_statement: SELECT 语句,由该查询产生与所声明的游标相关联的结果集。在该 SELECT 语句中不能出现 COMPUTE、COMPUTE BY、INTO 或 FOR BROWSE 关键字。
- READ ONLY: 说明所声明的游标为只读的。

2. 打开游标

游标在声明而且被打开以后位于第一行,打开游标使用 OPEN 语句。

语法格式:

```
OPEN { { [ GLOBAL ] cursor_name } | cursor_variable_name }
```

其中, cursor_name 是要打开的游标名, cursor_variable_name 是游标变量名,该名称引用一个游标。GLOBAL 说明打开的是全局游标,否则打开局部游标。

【例 9.41】 使用游标 stu_cur 求学生表中第一行的学生情况。

```
USE stsc
DECLARE stu_cur CURSOR FOR SELECT stno, stname, tc FROM student
OPEN stu_cur
FETCH NEXT FROM stu_cur
CLOSE stu_cur
DEALLOCATE stu_cur
```

该语句定义和打开游标 stu_cur,求学生表中第一行的学生情况。

运行结果：

```
stno    stname    tc
-----   --------  -------
121001  李贤友    52
```

3．提取数据

游标在打开后使用 FETCH 语句提取数据。

语法格式：

```
FETCH [ [ NEXT | PRIOR | FIRST | LAST | ABSOLUTE { n | @nvar } | RELATIVE
{ n | @nvar} ]
    FROM ]
{ { [ GLOBAL ] cursor_name } | @cursor_variable_name }
[ INTO @variable_name [ ,…n ] ]
```

说明：

- cursor_name：要从中提取数据的游标名，@cursor_variable_name 为游标变量名，引用要进行提取操作的已打开的游标。
- NEXT | PRIOR | FIRST | LAST：用于说明读取数据的位置。NEXT 说明读取当前行的下一行，并且使其置为当前行。如果 FETCH NEXT 是对游标的第一次提取操作，则读取的是结果集的第一行，NEXT 为默认的游标提取选项。PRIOR 说明读取当前行的前一行，并且使其置为当前行。如果 FETCH PRIOR 是对游标的第一次提取操作，则无值返回且游标置于第一行之前。FIRST 读取游标中的第一行并将其作为当前行。LAST 读取游标中的最后一行并将其作为当前行。
- ABSOLUTE { *n* | @nvar }和 RALATIVE { *n* | @nvar }：给出读取数据的位置与游标头或当前位置的关系，其中 *n* 必须为整型常量，变量@nvar 必须为 smallint、tinyint 或 int 类型。
- INTO：将读取的游标数据存放到指定的变量中。
- GLOBAL：全局游标。

在提取数据时用到的游标函数有@@CURSOR_STATUS，下面进行介绍。

@@CURSOR_STATUS 函数用于返回上一条游标 FETCH 语句的状态。

语法格式：

```
CURSOR_STATUS
( { 'local' , 'cursor_name' }              /*指明数据源为本地游标*/
  | { 'global' , 'cursor_name' }           /*指明数据源为全局游标*/
  | { 'variable' , cursor_variable }       /*指明数据源为游标变量*/
)
```

其中，常量字符串 local、global 用于指定游标类型，local 表示为本地游标，global 表示为全局游标。参数 cursor_name 用于指定游标名。常量字符串 variable 用于说明其后的游标变量为一个本地变量，参数 cursor_variable 为本地游标变量名。@@CURSOR_STATUS 函数的返回值如表 9.13 所示。

表 9.13　@@CURSOR_STATUS 函数的返回值表

返　回　值	说　明
0	FETCH 语句执行成功
-1	FETCH 语句执行失败
-2	被读取的记录不存在

【例 9.42】　使用游标 stu_cur2 求包含学号、姓名、专业、平均分的学生情况表。

```
USE stsc
SET NOCOUNT ON
DECLARE @st_no int,@st_name char(8),@st_spe char(8),@st_avg float
                                    /*声明变量*/
DECLARE stu_cur2 CURSOR              /*声明游标*/
 /*查询产生与所声明的游标相关联的学生情况结果集*/
  FOR SELECT a.stno, a.stname, a.speciality,AVG(b.grade)
     FROM student a, score b
     WHERE a.stno=b.stno AND b.grade>0
     GROUP BY a.stno, a.stname, a.speciality
     ORDER BY a.speciality, a.stno
OPEN stu_cur2       /*打开游标*/
FETCH NEXT FROM stu_cur2 INTO @st_no,@st_name,@st_spe,@st_avg
                                    /*提取第一行数据*/
PRINT '学号 姓名    专业  平均分'    /*打印表头*/
PRINT '-----------------------------'
WHILE @@fetch_status = 0            /*循环打印和提取各行数据*/
BEGIN
PRINT cast(@st_no as char(8))+@st_name+@st_spe+' '+cast(@st_avg as char(6))
  FETCH NEXT FROM stu_cur2 INTO @st_no,@st_name,@st_spe,@st_avg
END
CLOSE stu_cur2                          /*关闭游标*/
DEALLOCATE stu_cur2                     /*释放游标*/
```

该语句定义和打开游标 stu_cur2，为求学生表各行的学生情况，设置 WHILE 循环，在 WHILE 条件表达式中采用@@fetch_status 函数返回上一条游标 FETCH 语句的状态，当返回值为 0 时 FETCH 语句成功，循环继续进行，否则退出循环。

运行结果：

学号	姓名	专业	平均分
122002	谢萱	计算机	94
122004	孙婷	计算机	83
121001	李贤友	通信	92
121002	周映雪	通信	70
121005	刘刚	通信	84

4．关闭游标

游标使用完毕后要及时关闭，关闭游标使用 CLOSE 语句。

语法格式：

```
CLOSE { { [ GLOBAL ] cursor_name } | @cursor_variable_name }
```

该语句中参数的含义与 OPEN 语句中相同。

5．删除游标

在游标关闭后如果不再需要游标，应释放其定义所占用的系统空间，即删除游标。
删除游标使用 DEALLOCATE 语句。

语法格式：

```
DEALLOCATE { { [ GLOBAL ] cursor_name } | @cursor_variable_name }
```

该语句中参数的含义与 OPEN 和 CLOSE 语句中相同。

9.7.3　游标的使用

使用游标的基本过程如下：

- 声明 T-SQL 变量。
- 使用 DECLARE CURSOR 语句声明游标。
- 使用 OPEN 语句打开游标。
- 使用 FETCH 语句提取数据。
- 使用 DEALLOCATE 语句删除游标。

【例 9.43】 新建 sco 表，在原有的 score 表上增加成绩等级列 gd（char(1)），使用游标
stu_cur3 计算学生的成绩等级，并得出成绩表。

```
USE stsc
DECLARE stu_cur3 CURSOR                      /*声明游标*/
  /*查询产生与所声明的游标相关联的成绩情况结果集*/
  FOR SELECT grade FROM sco WHERE grade IS NOT NULL
DECLARE @deg int,@lev char(1)                /*声明变量*/
OPEN stu_cur3                                /*打开游标*/
FETCH NEXT FROM stu_cur3 INTO @deg           /*提取第一行数据*/
WHILE @@fetch_status = 0                      /*循环提取以下各行数据*/
  BEGIN
    SET @lev=CASE      /*使用搜索型CASE函数将成绩转换为等级*/
      WHEN @deg>=90 THEN 'A'
      WHEN @deg>=80 THEN 'B'
      WHEN @deg>=70 THEN 'C'
      WHEN @deg>=60 THEN 'D'
      ELSE 'E'
    END
    UPDATE sco                  /*使用游标进行数据更新*/
    SET gd=@lev
    WHERE CURRENT OF stu_cur3
    FETCH NEXT FROM stu_cur3 INTO @deg
  END
CLOSE stu_cur3                    /*关闭游标*/
DEALLOCATE stu_cur3              /*释放游标*/
```

该语句定义和打开游标 stu_cur3 后，在 WHILE 循环中采用搜索型 CASE 函数计算学
生的成绩等级，并对 sco 表的 gd 列进行更新。

使用 SELECT 语句对 sco 表进行查询。

查询结果：

```
stno    cno   grade   gd
------  ----  ------  ----
121001  205   91      A
121001  102   92      A
121001  801   94      A
121002  205   65      D
121002  102   72      C
121002  801   73      C
121005  801   82      B
121005  205   85      B
121005  102   87      B
122001  801   NULL    NULL
122002  203   94      A
122002  801   95      A
122004  801   86      B
122004  203   81      B
```

9.8 综合训练

1. 训练要求

使用多语句表值函数和游标对各专业平均分进行评价。

（1）创建一个多语句表值函数 st_average，返回的表对象包含 801 课程的各专业平均分。

（2）创建一个游标 st_evaluation，对各专业平均分进行评价。

2. T-SQL 语句的编写

根据题目要求编写 T-SQL 语句。

（1）创建函数 st_average。

```
USE stsc
GO
IF EXISTS(SELECT * FROM sysobjects WHERE name='st_average' AND type='tf')
DROP FUNCTION st_average
GO
/*创建用户定义多语句表值函数st_average，@cnum为该函数的形参，对应实参为课程号值*/
CREATE FUNCTION st_average(@cnum char(6))
/*函数的返回值类型为table类型，返回表@rtb，定义了表的列spe、avgagr及其属性*/
RETURNS @rtb TABLE
  (
    spe char(12),
    avgagr int
  )
AS
  BEGIN
    INSERT @rtb(spe,avgagr)      /*向@rtb表插入满足条件的记录*/
    /*由实参指定的课程号值传递给形参@cnum作为查询条件，查询统计出该课程的平均成
      绩，通过INSERT语句插入到@rtb表中*/
    SELECT speciality, AVG(grade)
    FROM student a,score b
    WHERE a.stno=b.stno AND b.cno=@cnum
    GROUP BY speciality
```

201

第 9 章

T-SQL 程序设计

```
            ORDER BY speciality
            RETURN
        END
GO
```

该语句创建了一个多语句表值函数 st_average，返回表包括 spe（专业）列和 avgagr（平均分）列。

（2）创建和使用游标 st_evaluation。

```
USE stsc
DECLARE @pr char(6),@asc int,@ev char(10)    /*声明变量*/
DECLARE st_evaluation CURSOR                  /*声明游标*/
  /*通过SELECT语句调用多语句表值函数st_average，查询产生与所声明的游标相关联的801
  课程情况结果集*/
  FOR SELECT spe,avgagr FROM st_average('801')
OPEN st_evaluation                            /*打开游标*/
FETCH NEXT FROM st_evaluation INTO @pr,@asc/*提取第一行数据*/
PRINT '专业   平均分  考试评价'
PRINT '-------------------------'
WHILE @@fetch_status = 0      /*循环打印和提取各行数据*/
  BEGIN
    SET @ev=CASE     /*使用搜索型CASE函数将成绩转换为等级*/
    WHEN @asc>=90 THEN '优秀'
    WHEN @asc>=80 THEN '良好'
    WHEN @asc>=70 THEN '中等'
    WHEN @asc>=60 THEN '及格'
    ELSE '不及格'
  END
  PRINT @pr+' '+CAST(@asc AS char(10))+@ev
  FETCH NEXT FROM st_evaluation INTO @pr,@asc
END
CLOSE st_evaluation     /*关闭游标*/
DEALLOCATE st_evaluation    /*释放游标*/
```

该语句定义和打开游标 st_evaluation 后，在 WHILE 循环中采用搜索型 CASE 函数对各专业平均分进行评价。

运行结果：

```
专业        平均分     考试评价
------     -------   ---------
计算机      90        优秀
通信        83        良好
```

9.9 小   结

本章主要介绍了以下内容：

（1）Transact-SQL（T-SQL）是 Microsoft 公司在 SQL Server 数据库管理系统中 ANSI SQL-99 标准的实现，为数据集的处理添加结构。它虽然与高级语言不同，但具有变量、数据类型、运算符和表达式、流程控制、函数、存储过程、触发器等功能，T-SQL 是面向数据编程的最佳选择。

（2）在 SQL Server 中，每个局部变量、列、表达式和参数根据对应的数据特性都有各自的数据类型。SQL Server 支持两类数据类型，即系统数据类型和用户自定义数据类型。

SQL Server 定义的系统数据类型有整数型、精确数值型、浮点型、货币型、位型、字符型、Unicode 字符型、文本型、二进制型、日期时间类型、时间戳型、图像型等。

（3）标识符用于定义服务器、数据库、数据库对象、变量等的名称，包括常规标识符和分隔标识符两类。

常量是在程序运行中其值不能改变的量，又称为标量值。常量的使用格式取决于值的数据类型，可分为整型常量、实型常量、字符串常量、日期时间常量、货币常量等。

变量是在程序运行中其值可以改变的量，一个变量应有一个变量名，变量名必须是一个合法的标识符。变量分为局部变量和全局变量两类。

（4）运算符是一种符号，用来指定在一个或多个表达式中执行的操作，SQL Server 的运算符有算术运算符、位运算符、比较运算符、逻辑运算符、字符串连接运算符、赋值运算符、一元运算符等。表达式是由数字、常量、变量和运算符组成的式子，表达式的结果是一个值。

（5）流程控制语句是用来控制程序执行流程的语句，通过对程序流程的组织和控制提高编程语言的处理能力，满足程序设计的需要。SQL Server 提供的流程控制语句有 IF…ELSE（条件语句），WHILE（循环语句），CONTINUE（用于重新开始下一次循环），BREAK（用于退出最内层的循环），GOTO（无条件转移语句），RETURN（无条件返回），WAITFOR（为语句的执行设置延迟）等。

（6）T-SQL 语言提供了 3 种系统内置函数，即标量函数、聚合函数、行集函数，所有函数都是确定性的或非确定性的。

标量函数的输入参数和返回值的类型均为基本类型，SQL Server 包含的标量函数有数学函数、字符串函数、日期时间函数、系统函数、配置函数、系统统计函数、游标函数、文本和图像函数、元数据函数、安全函数等。

（7）用户定义函数是用户根据自己的需要定义的函数，用户定义函数分为标量函数和表值函数两类，其中的表值函数分为内联表值函数和多语句表值函数两种。

（8）由 SELECT 语句返回的完整行集称为结果集，在使用 SELECT 语句进行查询时可以得到这个结果集，但有时用户需要对结果集中的某一行或部分行进行单独处理，这在 SELECT 的结果集中无法实现，游标（Cursor）就是提供这种机制的对结果集的一种扩展，SQL Server 通过游标提供了对一个结果集进行逐行处理的能力。游标包括游标结果集和游标当前行指针两部分内容。

游标的基本操作包括声明游标、打开游标、提取数据、关闭游标和删除游标。

使用游标的基本过程：声明 T-SQL 变量，使用 DECLARE CURSOR 语句声明游标，使用 OPEN 语句打开游标，使用 FETCH 语句提取数据，使用 DEALLOCATE 语句删除游标。

习　题　9

一、选择题

9.1　在字符串函数中，子串函数为＿＿＿＿。

A. LTRIM()　　　　　　　　　　B. CHAR()

C. STR()　　　　　　　　　　　D. SUBSTRING()

9.2　获取当前日期的函数为_____。

A. DATEDIFF()　　　　　　　　B. DATEPART()

C. GETDATE()　　　　　　　　　D. GETUDCDATE()

9.3　返回字符串表达式字符数的函数为_____。

A. LEFT()　　　　　　　　　　 B. LEN()

C. LOWER()　　　　　　　　　　D. LTRIM()

9.4　利用游标机制可以实现对查询结果集的逐行操作。下列关于 SQL Server 中游标的说法错误的是_____。

A. 每个游标都有一个当前行指针，当游标打开后，当前行指针自动指向结果集的第一行数据

B. 如果在声明游标时未指定 INSENSITIVE 选项，则已提交的对基表的更新都会反映在后面的提取操作中

C. 关闭游标之后可以通过 OPEN 语句再次打开该游标

D. 当@@FETCH_STATUS=0 时，表明游标的当前行指针已经移出了结果集范围

9.5　SQL Server 声明游标的 T-SQL 语句是_____。

A. DECLARE CURSOR　　　　　 B. ALTER CURSOR

C. SET CURSOR　　　　　　　　D. CREATE CURSOR

9.6　下列关于游标的说法中错误的是_____。

A. 游标允许用户定位到结果集中的某行

B. 游标允许用户读取结果集中当前行位置的数据

C. 游标允许用户修改结果集中当前行位置的数据

D. 游标中有个当前行指针，该指针只能在结果集中单向移动

二、填空题

9.7　T-SQL 语言提供了 3 种系统内置函数，即_____、聚合函数和行集函数。

9.8　用户定义函数有标量函数、内联表值函数和_____3 类。

9.9　在操作游标时，判断数据提取状态的全局变量是_____。

9.10　删除用户定义函数的 T-SQL 语句是_____。

9.11　SQL Server 通过游标提供了对一个结果集进行_____的能力。

9.12　游标包括游标结果集和_____两部分内容。

三、问答题

9.13　什么是局部变量？什么是全局变量？如何标识它们？

9.14　举例说明流程控制语句的种类和使用方法。

9.15　SQL Server 支持哪几种用户定义函数？

9.16　举例说明用户定义函数的分类和使用方法。

9.17　简述游标的概念。

9.18 举例说明游标的使用步骤。

四、上机实验题

9.19 编写一个程序，判断 stsc 数据库中是否存在 student 表。

9.20 编写一个程序，输出所有学生成绩对应的等级，没有成绩者显示"未考试"。

9.21 编写一个程序，用 PRINT 语句输出李伟老师所上课程的平均分。

9.22 编写一个程序，计算 1～100 中的所有奇数之和。

9.23 编写一个程序，采用游标方式输出所有课程的平均分。

9.24 编写一个程序，采用游标方式输出所有学号、课程号和成绩等级。

9.25 编写一个程序，采用游标方式输出各专业各课程的平均分。

第 10 章　存 储 过 程

本章要点：
- 存储过程概述。
- 存储过程的创建。
- 存储过程的使用。
- 存储过程的管理。

存储过程（Stored Procedure）是一组完成特定功能的 T-SQL 语句集合，预编译后放在数据库服务器端，用户通过指定存储过程的名称并给出参数（如果该存储过程带有参数）来执行存储过程。本章介绍存储过程的特点和类型，存储过程的创建和执行，存储过程的参数，存储过程的管理等内容。

10.1　存储过程概述

存储过程的 T-SQL 语句编译以后可多次执行，由于 T-SQL 语句不需要重新编译，所以执行存储过程可以提高性能，存储过程具有以下特点：

（1）存储过程已在服务器上存储。

（2）存储过程具有安全特性。

（3）存储过程允许模块化程序设计。

（4）存储过程可以减少网络通信流量。

（5）存储过程可以提高运行速度。

存储过程分为用户存储过程、系统存储过程和扩展存储过程。

1. 用户存储过程

用户存储过程是用户数据库中创建的存储过程，完成用户指定的数据库操作，其名称不能以 sp_为前缀。用户存储过程包括 T-SQL 存储过程和 CLR 存储过程。

（1）T-SQL 存储过程：T-SQL 存储过程是指保存的 T-SQL 语句集合，可以接受和返回用户提供的参数，本书将 T-SQL 存储过程简称为存储过程。

（2）CLR 存储过程：CLR 存储过程是指对 Microsoft .NET Framework 公共语言运行时（CLR）方法的引用，可以接受和返回用户提供的参数。

2. 系统存储过程

系统存储过程是由系统提供的存储过程，可以作为命令执行各种操作。系统存储过程定义在系统数据库 master 中，其前缀是 sp_，它们为检索系统表的信息提供了方便、快捷的方法。系统存储过程允许系统管理员执行修改系统表的数据库管理任务，可以在任何一个数据库中执行。

3. 扩展存储过程

扩展存储过程允许用户使用编程语言（例如 C）创建自己的外部例程，在使用时需要先加载到 SQL Server 系统中，并且按照使用存储过程的方法执行。

10.2　存储过程的创建

存储过程的创建可采用 T-SQL 语句，也可采用图形界面方式。

10.2.1　通过图形界面方式创建存储过程

通过图形界面方式创建存储过程举例如下：

【例 10.1】　通过图形界面方式创建存储过程 sco_avg，用于求 102 课程的平均分。

操作步骤如下：

（1）启动 SQL Server Management Studio，在对象资源管理器中展开"数据库"结点，选中 stsc 数据库，展开该数据库结点，然后展开"可编程性"结点，右击"存储过程"选项，在弹出的快捷菜单中选择"新建存储过程"命令，出现存储过程脚本编辑窗口，如图 10.1 所示。

图 10.1　选择"新建存储过程"命令

（2）出现存储过程模板，如图 10.2 所示。

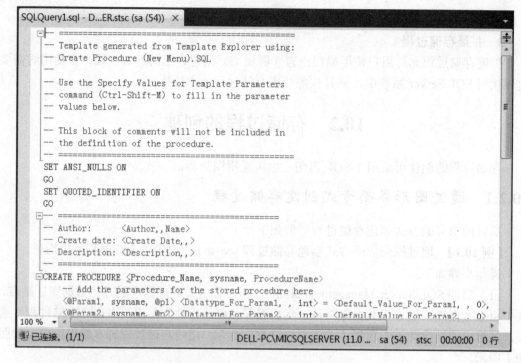

图 10.2　存储过程模板

（3）在该窗口中输入要创建的存储过程语句，输入完成后单击"执行"按钮，系统提示"命令已成功完成"，如图 10.3 所示。

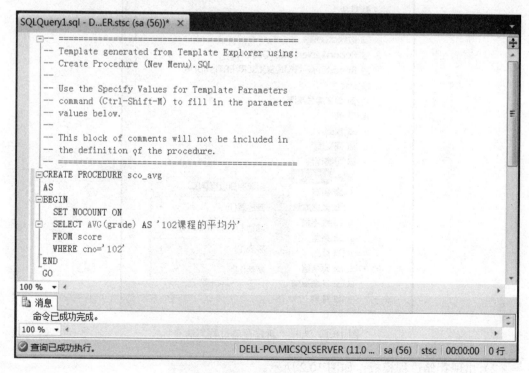

图 10.3　输入要创建的存储过程语句

在这里输入的创建存储过程的 T-SQL 语句如下：

```
CREATE PROCEDURE sco_avg
AS
BEGIN
  SET NOCOUNT ON
  SELECT AVG(grade) AS '102课程的平均分'
  FROM score
  WHERE cno='102'
END
GO
```

（4）右击"存储过程"选项，在弹出的快捷菜单中选择"刷新"命令，下方出现 dbo.sco_avg 存储过程，至此完成存储过程的创建，如图 10.4 所示。

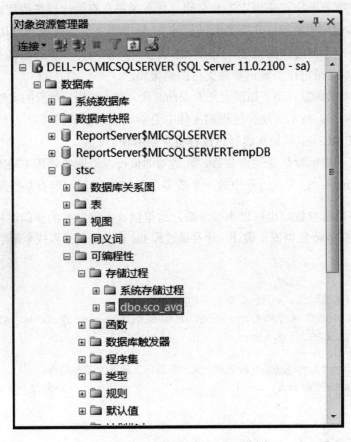

图 10.4　完成存储过程的创建

10.2.2　通过 T-SQL 语句创建存储过程

T-SQL 创建存储过程的语句是 CREATE PROCEDURE。

语法格式：

```
CREATE { PROC | PROCEDURE } [schema_name.] procedure_name [ ; number ]
                                              /*定义过程名*/
```

```
[ { @parameter [ type_schema_name. ] data_type }        /*定义参数的类型*/
[ VARYING ] [ = default ] [ OUT | OUTPUT ] [READONLY] ][ ,...n ]
                                              /*定义参数的属性*/
[ WITH {[ RECOMPILE ] [,] [ ENCRYPTION ] }]  /*定义存储过程的处理方式*/
[ FOR REPLICATION ]
AS  <sql_statement> [;]                          /*执行的操作*/
```

说明：

- procedure_name：定义的存储过程的名称。
- number：可选整数，用于对同名的过程分组。
- @parameter：存储过程中的形参（形式参数的简称），可以声明一个或多个形参，将@用作第一个字符来指定形参名称，且必须符合有关标识符的规则，执行存储过程应提供相应的实参（实际参数的简称），除非定义了该参数的默认值。
- data_type：形参的数据类型，所有数据类型都可以用作形参的数据类型。
- VARYING：指定作为输出参数支持的结果集。
- default：参数的默认值，如果定义了 default 值，则无须指定相应的实参即可执行过程。
- READONLY：指示不能在过程的主体中更新或修改参数。
- RECOMPILE：指示每次运行该过程将重新编译。
- OUTPUT：指示参数是输出参数，此选项的值可以返回给调用 EXECUTE 的语句。
- sql_statement：包含在过程中的一个或多个 T-SQL 语句，但有某些限制。

存储过程可以带参数，也可以不带参数，这里创建不带参数的存储过程。

【例 10.2】 在 stsc 数据库上设计一个存储过程 stu_score，用于查找全部学生的成绩状况。

```
USE stsc
GO
/*如果存在存储过程stu_score, 则将其删除*/
IF EXISTS(SELECT * FROM sysobjects WHERE name='stu_score' AND TYPE='P')
  DROP PROCEDURE stu_score
GO
/* CREATE PROCEDURE必须是批处理的第一条语句，此处GO不能缺少*/
CREATE PROCEDURE stu_score                      /*创建不带参数的存储过程*/
AS
  SELECT a.stno, a.stsex, a.stname, b.cname, c.grade
    FROM student a, course b, score c
    WHERE a.stno=c.stno AND b.cno=c.cno
    ORDER BY a.stno
GO
```

单击"执行"按钮，系统提示"命令已成功完成"，如图 10.5 所示。展开 stsc 数据库，展开"可编程性"结点，然后右击"存储过程"选项，在弹出的快捷菜单中选择"刷新"命令，可看出在存储过程包含的结点中出现 dbo.stu_score 存储过程。如果有错误消息，用户应根据提示进行修改，直到该存储过程创建成功。

图 10.5　使用 T-SQL 语句创建存储过程

10.3　存储过程的使用

在存储过程的使用中介绍存储过程的执行、存储过程的参数等内容。

10.3.1　存储过程的执行

存储过程的执行可采用命令方式，也可采用图形界面方式。

1. 通过命令方式执行存储过程

通过 EXECUTE（或 EXEC）命令可以执行一个已定义的存储过程。

语法格式：

```
[ { EXEC | EXECUTE } ]
  { [ @return_status = ]
  { module_name [ ;number ] | @module_name_var }
  [ [ @parameter = ] { value| @variable [ OUTPUT ] | [ DEFAULT ] }]
  [ ,…n ]
  [ WITH RECOMPILE ]
  }
[ ; ]
```

说明：

（1）参数 @return_status 为可选的整型变量，保存存储过程的返回状态，在 EXECUTE 语句使用该变量前必须对其定义。

（2）参数 module_name 是要调用的存储过程或用户定义标量函数的完全限定或者不完全限定名称。

（3）@parameter 表示 CREATE PROCEDURE 或 CREATE FUNCTION 语句中定义的参数名，value 为实参。如果省略@parameter，则后面的实参顺序要与定义时参数的顺序一致。在使用@parameter_name=value 格式时，参数名称和实参不必按在存储过程或函数中定义的顺序提供。但是，如果任何参数使用了@parameter_name=value 格式，则对后续的所有参数都必须使用该格式。@variable 表示局部变量，用于保存 OUTPUT 参数返回的值。DEFAULT 关键字表示不提供实参，而是使用对应的默认值。

（4）WITH RECOMPILE 表示执行模块后强制编译、使用和放弃新计划。

【例 10.3】 通过命令方式执行存储过程 stu_score。

存储过程 stu_score 通过 EXECUTE stu_score 或 EXEC stu_score 语句执行：

```
USE stsc
GO
EXECUTE stu_score
GO
```

运行结果：

```
stno      stsex      stname       cname         grade
------    --------   ----------   -----------   -------
121001    男         李贤友       数字电路       92
121001    男         李贤友       微机原理       91
121001    男         李贤友       高等数学       94
121002    女         周映雪       数字电路       72
121002    女         周映雪       微机原理       65
121002    女         周映雪       高等数学       73
121005    男         刘刚         数字电路       87
121005    男         刘刚         微机原理       85
121005    男         刘刚         高等数学       82
122001    男         郭德强       高等数学       NULL
122002    女         谢萱         数据库系统     94
122002    女         谢萱         高等数学       95
122004    女         孙婷         数据库系统     81
122004    女         孙婷         高等数学       86
```

> **注意**：CREATE PROCEDURE 必须是批处理的第一条语句，且只能在一个批处理中创建并编译。

【例 10.4】 通过命令方式执行存储过程 sco_avg。

存储过程 sco_avg 通过以下语句执行：

```
USE stsc
GO
EXECUTE sco_avg
GO
```

运行结果：

```
102课程的平均分
--------------
83
```

2. 通过图形界面方式执行存储过程

通过图形界面方式执行存储过程举例如下：

【例 10.5】 通过图形界面方式执行存储过程 sco_avg。

操作步骤如下：

（1）在 stsc 数据库的"存储过程"目录下选择要执行的存储过程，例如 sco_avg 存储过程，然后右击该存储过程，在弹出的快捷菜单中选择"执行存储过程"命令，如图 10.6 所示。

图 10.6　选择"执行存储过程"命令

（2）出现如图 10.7 所示的"执行过程"窗口，如果列出存储过程的参数形式，用户需要设置并输入参数的值。

（3）单击"确定"按钮。

运行结果：

```
102课程的平均分
---------------
83
```

存储过程

图 10.7 "执行过程"窗口

10.3.2 存储过程的参数

参数用于在存储过程和调用方之间交换数据，输入参数允许调用方将数据值传递到存储过程，输出参数允许存储过程将数据值传递回调用方。

下面介绍带输入参数存储过程的使用、带默认参数存储过程的使用、带输出参数存储过程的使用、存储过程的返回值等。

1. 带输入参数存储过程的使用

为了定义存储过程的输入参数，必须在 CREATE PROCEDURE 语句中声明一个或多个变量及类型。

执行带输入参数存储过程有以下两种传递参数的方式。

- 按位置传递参数：采用实参列表方式，使传递参数和定义时的参数顺序一致。
- 通过参数名传递参数：采用"参数=值"的方式，各参数的顺序可以任意排列。

带输入参数存储过程的使用通过以下实例说明。

【例 10.6】 创建一个带输入参数存储过程 stu_cou，输出指定学号学生的所有课程中的最高分及其课程名。

```
USE stsc
```

```
GO
CREATE PROCEDURE stu_cou(@num int)      /*存储过程stu_cou指定的参数@num是输入参数*/
AS
SELECT a.stno, a.stname, a.stsex, b.cname, c.grade
FROM student a, course b, score c
WHERE a.stno=@num AND a.stno=c.stno AND b.cno=c.cno AND c.grade=
   (SELECT max(grade) FROM score WHERE stno = @num)
GO
```

采用按位置传递参数，将实参 121001 传递给形参@num 的执行存储过程语句如下：

```
EXECUTE stu_cou 121001
```

或通过参数名传递参数，将实参 121001 传递给形参@num 的执行存储过程语句如下：

```
EXECUTE stu_cou @num='121001'
```

运行结果：

```
stno      stname      stsex      cname       grade
------    --------    --------   ---------   ---------
121001    李贤友      男        高等数学    94
```

2. 带默认参数存储过程的使用

在创建存储过程时可以为参数设置默认值，默认值必须为常量或 NULL。

在调用存储过程时，如果未指定对应的实参值，则自动用对应的默认值代替。

参见以下实例。

【例 10.7】 修改上例的存储过程，重新命名为 stu_cou2，指定默认学号为 122004。

```
USE stsc
GO
/*存储过程stu_cou2为形参@num设置默认值'122004'*/
CREATE PROCEDURE stu_cou2(@num int = '122004')
AS
SELECT a.stno, a.stname, a.stsex, b.cname, c.grade
FROM student a, course b, score c
WHERE a.stno=@num AND a.stno=c.stno AND b.cno=c.cno AND c.grade=
  (SELECT max(grade) FROM score WHERE stno = @num)
GO
```

不指定实参调用默认参数存储过程 stu_cou2，执行语句如下：

```
EXECUTE stu_cou2
```

运行结果：

```
stno      stname      stsex     cname       grade
------    --------    -------   --------    ----------
122004    孙婷        女       高等数学    86
```

指定实参为'121005'调用默认参数存储过程 stu_cou2，执行语句如下：

```
EXECUTE stu_cou2 @num = '121005'
```

运行结果：

stno	stname	stsex	cname	grade
121005	刘刚	男	数字电路	87

3．带输出参数存储过程的使用

定义输出参数可从存储过程返回一个或多个值到调用方，使用带输出参数存储过程，在 CREATE PROCEDURE 和 EXECUTE 语句中都必须使用 OUTPUT 关键字。

【例 10.8】 创建一个存储过程 stu_op，返回代表姓名和平均分的两个输出参数@stu_name、@stu_avg。

```
USE stsc
GO
CREATE PROCEDURE stu_op
(
  @stu_num int,
  @stu_name char(8) OUTPUT,           /*定义形参@stu_name为输出参数*/
  @stu_avg float OUTPUT               /*定义形参@stu_ avg为输出参数*/
)
AS
SELECT @stu_name=a.stname,@stu_avg=AVG(b.grade)
  FROM student a, score b
  WHERE a.stno=b.stno AND NOT grade is NULL
  GROUP BY a.stno, a.stname
  HAVING a.stno=@stu_num
GO
```

执行带输出参数存储过程的语句如下：

```
/*定义形参@stu_name、@stu_avg为输出参数*/
DECLARE @stu_name char(8)
DECLARE @stu_avg float
EXEC stu_op '122002', @stu_name OUTPUT, @stu_avg OUTPUT
SELECT '姓名'=@stu_name, '平均分'=@stu_avg
GO
```

查找学号为'122002'的学生的姓名和平均分。

运行结果：

姓名	平均分
谢萱	94

注意：在创建或使用输出参数时必须对输出参数进行定义。

4．存储过程的返回值

存储过程执行后会返回整型状态值，返回代码为 0 表示成功执行，若返回-1～-99 的整数，表示没有成功执行。

另外，也可以使用 RETURN 语句定义返回值。

【例 10.9】 创建存储过程 pr_test，根据输入参数来判断其返回值。

创建存储过程 pr_test 的语句如下：

```
USE stsc
GO
CREATE PROCEDURE pr_test (@ipt int=0)
AS
IF @ipt=0
    RETURN 0
IF @ipt>0
    RETURN 50
IF @ipt<0
    RETURN -50
GO
```

执行该存储过程的语句如下：

```
USE stsc
GO
DECLARE @ret int
EXECUTE @ret= pr_test 1
PRINT '返回值'
PRINT '------'
PRINT @ret
EXECUTE @ret= pr_test 0
PRINT @ret
EXECUTE @ret= pr_test -1
PRINT @ret
GO
```

运行结果：

```
返回值
------
50
0
-50
```

10.4 存储过程的管理

存储过程的管理包括对用户创建的存储过程进行查看、修改、重命名和删除等内容。

10.4.1 查看存储过程

查看存储过程可以使用图形界面方式和使用系统存储过程。

1. 通过图形界面方式查看存储过程

通过图形界面方式查看存储过程举例如下：

【例 10.10】 通过图形界面方式查看存储过程 sco_avg。

操作步骤如下：

（1）启动 SQL Server Management Studio，在对象资源管理器中展开"数据库"结点，选中 stsc 数据库，展开该数据库结点，然后展开"可编程性"结点，展开"存储过程"选项，右击 dbo. sco_avg 结点，在弹出的快捷菜单中选择"编写存储过程脚本为"→"CREATE 到(C)"→"新查询编辑器窗口"命令，如图 10.8 所示。

图 10.8 选择"编写存储过程脚本为"→"CREATE 到(C)"→"新查询编辑器窗口"命令

（2）出现新查询编辑器窗口，在该窗口中出现存储过程 sco_avg 的源代码，如图 10.9 所示，用户可以进行查看和修改。

图 10.9 新查询编辑器窗口

2. 通过系统存储过程查看存储过程

查看用户存储过程的系统存储过程如下：

1）sp_help

sp_help 用于显示存储过程的参数及其数据类型信息。

语法格式：

```
sp_help [ [ @objname = ] 'name' ]
```

其中，'name'为要查看存储过程的名称。

2）sp_helptext

sp_helptext 用于显示存储过程的源代码。

语法格式：

```
sp_helptext [ @objname = ] 'name' [ , [ @columnname = ] computed_column_name ]
```

其中，'name'为要查看存储过程的名称。

3）sp_depends

sp_depends 用于显示和存储过程相关的数据库对象的信息。

语法格式：

```
sp_depends [ @objname = ] '<object>'
<object> ::=
{
    [ database_name. [ schema_name ] . | schema_name.
        object_name
}
```

其中，'<object>'为要查看依赖关系的存储过程的名称。

4）sp_stored_procedures

sp_stored_procedures 用于返回当前数据库中的存储过程列表。

语法格式：

```
sp_stored_procedures [ [ @sp_name = ] 'name' ]
    [ , [ @sp_owner = ] 'schema']
    [ , [ @sp_qualifier = ] 'qualifier' ]
    [ , [@fUsePattern = ] 'fUsePattern' ]
```

其中，'name'为要查看存储过程的名称。

【例 10.11】 使用相关系统存储过程查看存储过程 sco_avg 的内容。

```
USE stsc
GO
EXECUTE sp_help sco_avg
EXECUTE sp_helptext sco_avg
EXECUTE sp_depends sco_avg
GO
```

执行结果如图 10.10 所示。

10.4.2 修改存储过程

修改存储过程可以使用图形界面方式或使用 ALTER PROCEDURE 语句。

1. 通过图形界面方式修改存储过程

通过图形界面方式修改存储过程举例如下：

【例 10.12】 通过图形界面方式修改存储过程 stu_score。

操作步骤如下：

（1）启动 SQL Server Management Studio，在对象资源管理器中展开"数据库"结点，选中 stsc 数据库，展开该数据库结点，然后展开"可编程性"结点，展开"存储过程"选项，右击 dbo.stu_score 结点，在弹出的快捷菜单中选择"修改"命令，如图 10.11 所示。

图 10.10　使用相关系统存储过程查看存储过程

图 10.11　选择"修改"命令

（2）出现存储过程脚本编辑窗口，可在该窗口中修改相关的 T-SQL 语句，如图 10.12 所示。修改完成后单击"执行"按钮，若执行成功则修改了存储过程。

图 10.12　修改存储过程 stu_score

2. 通过 ALTER PROCEDURE 语句修改存储过程

使用 ALTER PROCEDURE 语句修改已存在的存储过程的语法格式如下：

```
ALTER { PROC | PROCEDURE } [schema_name.] procedure_name [ ; number ]
    [ { @parameter [ type_schema_name. ] data_type }
    [ VARYING ] [ = default ] [ OUT[PUT] ] ][ ,...n ]
[ WITH {[ RECOMPILE ] [,] [ ENCRYPTION ] }]
[ FOR REPLICATION ]
AS  <sql_statement>
```

其中各参数的含义与 CREATE PROCEDURE 相同。

【例 10.13】　修改存储过程 stu_score，用于查找通信专业学生的成绩状况。

```
/*修改存储过程stu_score命令*/
ALTER PROCEDURE stu_score
AS
SELECT a.stno, a.stsex, a.stname, b.cname, c.grade
   FROM student a, course b, score c
   WHERE a.stno=c.stno AND b.cno=c.cno AND a.speciality='通信'
   ORDER BY a.stno
GO
```

在原存储过程 stu_score 的 SQL 语句的 WHERE 条件中增加了 a.speciality='通信'部分，使修改达到题目查找通信专业学生的成绩状况的要求，其执行语句如下：

```
EXECUTE stu_score
```

运行结果：

stno	stsex	stname	cname	grade
121001	男	李贤友	数字电路	92
121001	男	李贤友	微机原理	91
121001	男	李贤友	高等数学	94
121002	女	周映雪	数字电路	72
121002	女	周映雪	微机原理	65
121002	女	周映雪	高等数学	73
121005	男	刘刚	数字电路	87
121005	男	刘刚	微机原理	85
121005	男	刘刚	高等数学	82

10.4.3 重命名存储过程

重命名存储过程可以使用图形界面方式或系统存储过程。

1. 通过图形界面方式重命名存储过程

下面通过一个实例说明通过图形界面方式重命名存储过程的操作步骤。

【例 10.14】 使用图形界面方式将存储过程 pr_test 重命名为 pr_test2。

操作步骤如下：

（1）启动 SQL Server Management Studio，在对象资源管理器中展开"数据库"结点，选中 stsc 数据库，展开该数据库结点，然后展开"可编程性"结点，展开"存储过程"选项，右击"dbo. pr_test"结点，在弹出的快捷菜单中选择"重命名"命令，如图 10.13 所示。

图 10.13　选择"重命名"命令

（2）存储过程名称 pr_test 变为可输入的，可修改该存储过程名称为 pr_test2。

2．通过系统存储过程重命名存储过程

通过系统存储过程 sp_rename 重命名存储过程的语法格式如下：

```
sp_rename [ @objname = ] 'object_name' , [ @newname = ] 'new_name'
    [ , [ @objtype = ] 'object_type' ]
```

其中，[@objname =] 'object_name'为原存储过程的名称，[@newname =] 'new_name'
为新存储过程的名称。

通过系统存储过程重命名存储过程举例如下：

【例 10.15】 使用系统存储过程将存储过程 pr_test2 重命名为 pr_test3。

```
USE stsc
GO
EXECUTE sp_rename pr_test2, pr_test3
GO
```

运行结果：

注意：更改对象名的任一部分都可能会破坏脚本和存储过程。

此时，刷新 stsc 数据库的"可编程性"结点中的"存储过程"结点，原存储过程 pr_test2
已重命名为 pr_test3。

10.4.4　删除存储过程

删除存储过程有两种方式，即使用图形界面方式或 DROP PROCEDURE 语句。

1．通过图形界面方式删除存储过程

下面举例说明通过图形界面方式删除存储过程。

【例 10.16】 通过图形界面方式删除存储过程 pr_test3。

操作步骤如下：

（1）启动 SQL Server Management Studio，在对象资源管理器中展开"数据库"结点，
选中 stsc 数据库，展开该数据库结点，然后展开"可编程性"结点，展开"存储过程"选
项，右击 dbo. pr_test3 结点，在弹出的快捷菜单中选择"删除"命令，如图 10.14 所示。

（2）出现"删除对象"窗口，单击"确定"按钮即可删除存储过程 pr_test3。

2．通过 DROP PROCEDURE 语句删除存储过程

使用 DROP PROCEDURE 语句删除存储过程的语法格式如下：

```
DROP PROCEDURE { procedure } [ ,…n ]
```

其中，procedure 指要删除的存储过程或存储过程组的名，*n* 为可以指定多个存储过程
同时删除。

【例 10.17】 删除存储过程 stu_score。

```
USE stsc
DROP PROCEDURE stu_score
```

图 10.14　选择"删除"命令

10.5　综合训练

1．训练要求

使用存储过程和函数对指定专业各课程的平均分进行评价。

（1）创建一个多语句表值函数 fun_avge，返回的表对象包含指定专业各课程的平均分。

（2）创建一个存储过程 proc_pm，通过游标 cur_eva 对各课程的平均分进行评价。

2．T-SQL 语句的编写

根据题目要求编写 T-SQL 语句。

（1）创建一个多语句表值函数 fun_avge。

```
USE stsc
IF EXISTS(SELECT * FROM sysobjects          /*如果存在函数fun_avge则删除*/
  WHERE name='fun_avge' AND type='TF')
  DROP FUNCTION fun_avge
GO
CREATE FUNCTION fun_avge(@sp char(12))   /*创建多语句表值函数fun_avge */
RETURNS @mt TABLE
  (
```

```
      spec char(12),
      cunm char(12),
      avgd int
   )
AS
BEGIN
    INSERT @mt(spec,cunm,avgd)
    SELECT a.speciality, b.cname, AVG(grade)
    FROM student a, course b, score c
    WHERE a.speciality=@sp AND a.stno=c.stno AND b.cno=c.cno AND grade
    IS NOT NULL
    GROUP BY a.speciality, b.cname
    ORDER BY speciality
  RETURN
END
GO
```

该语句创建了多语句表值函数 fun_avge，返回表包含 spec（专业）、cunm（课程）、avgd（平均分）等列。

（2）创建并执行存储过程 proc_pm。

```
USE stsc
GO
IF EXISTS(SELECT * FROM sysobjects WHERE name='proc_pm' AND TYPE='P')
  DROP PROCEDURE proc_pm
GO
CREATE PROCEDURE proc_pm(@sp char(12))              /*创建存储过程proc_pm*/
AS
BEGIN
  DECLARE @pr char(6), @cnm char(12), @avgs int, @eva char(10)
  /*声明游标cur_eva,调用多语句表值函数fun_avge,函数返回表给出与游标关联的结果集*/
  DECLARE cur_eva CURSOR FOR SELECT spec, cunm, avgd FROM fun_avge(@sp)
  OPEN cur_eva          /*打开游标*/
  FETCH NEXT FROM cur_eva into @pr, @cnm, @avgs /*提取第一行数据*/
  PRINT '专业    课程    平均分 考试评价'
  PRINT '----------------------------'
    WHILE @@fetch_status = 0
      BEGIN
        SET @eva=CASE
          WHEN @avgs>=90 THEN '优秀'
          WHEN @avgs>=80 THEN '良好'
          WHEN @avgs>=70 THEN '中等'
          WHEN @avgs>=60 THEN '及格'
          ELSE '不及格'
        END
        PRINT @pr+' '+@cnm+CAST(@avgs as char(8))+@eva
        FETCH NEXT FROM cur_eva into @pr, @cnm, @avgs    /*提取下一行数据*/
    END
  CLOSE cur_eva                /*关闭游标*/
  DEALLOCATE cur_eva           /*释放游标*/
END
```

该语句在存储过程 proc_pm 中采用游标 cur_eva 对指定专业各课程的平均分进行评价。

```
USE stsc
GO
```

```
EXEC proc_pm '通信'
GO
```

该语句执行存储过程 proc_pm，将实参'通信'传递给形参@sp。

运行结果：

```
专业      课程       平均分     考试评价
-----    --------   -------   ---------

通信     高等数学      83       良好
通信     数字电路      83       良好
通信     微机原理      80       良好

USE stsc
GO
EXEC proc_pm '计算机'
GO
```

该语句执行存储过程 proc_pm，将实参'计算机'传递给形参@sp，执行结果如图 10.26 所示。

运行结果：

```
专业      课程       平均分     考试评价
-----    --------   --------   ----------

计算机    高等数学      90       优秀
计算机    数据库系统     87       良好
```

问题解答： 在存储过程中可以调用其他存储过程吗？

存储过程是一组 T-SQL 语句集合，可以使用 CALL 语句调用存储过程，在存储过程中也可以使用 CALL 语句调用其他存储过程。

10.6 小　　结

本章主要介绍了以下内容：

（1）存储过程（Stored Procedure）是一组完成特定功能的 T-SQL 语句集合，预编译后放在数据库服务器端，用户通过指定存储过程的名称并给出参数（如果该存储过程带有参数）来执行存储过程。存储过程的 T-SQL 语句编译以后可多次执行，由于 T-SQL 语句不需要重新编译，所以执行存储过程可以提高性能。

存储过程分为用户存储过程、系统存储过程、扩展存储过程等。

（2）存储过程的创建可采用 T-SQL 语句，也可采用图形界面方式。T-SQL 创建存储过程的语句是 CREATE PROCEDURE。

（3）存储过程的执行可采用命令方式，也可采用图形界面方式。通过 EXECUTE（或 EXEC）命令可以执行一个已定义的存储过程。

（4）参数用于在存储过程和调用方之间交换数据，输入参数允许调用方将数据值传递到存储过程，输出参数允许存储过程将数据值传递回调用方。

为了定义存储过程的输入参数，必须在 CREATE PROCEDURE 语句中声明一个或多个变量及类型。

在创建存储过程时可以为参数设置默认值，默认值必须为常量或 NULL。在调用存储过程时，如果未指定对应的实参值，则自动用对应的默认值代替。

定义输出参数可从存储过程返回一个或多个值到调用方，使用带输出参数存储过程，在 CREATE PROCEDURE 和 EXECUTE 语句中都必须使用 OUTPUT 关键字。

存储过程执行后会返回整型状态值，返回代码为 0 表示成功执行，若返回-1～-99 的整数，表示没有成功执行。另外，也可以使用 RETURN 语句定义返回值。

（5）修改存储过程可以使用图形界面方式或使用 ALTER PROCEDURE 语句。

查看存储过程可以使用图形界面方式和使用系统存储过程。

（6）删除存储过程有两种方式，即使用图形界面方式或使用 DROP PROCEDURE 语句。

习　题　10

一、选择题

10.1　下列关于存储过程的说法中正确的是_____。

    A．在定义存储过程的代码中可以包含增、删、改、插语句

    B．用户可以向存储过程传递参数，但不能输出存储过程产生的结果

    C．存储过程的执行是在客户端完成的

    D．存储过程是存储在客户端的可执行代码

10.2　下列关于存储过程的描述正确的是_____。

    A．存储过程的存在独立于表，它存放在客户端，供客户端使用

    B．存储过程可以使用控制流语句和变量，增强了 SQL 的功能

    C．存储过程只是一些 T-SQL 语句的集合，不能看作 SQL Server 的对象

    D．存储过程在调用时会自动编译，因此使用方便

10.3　创建存储过程的用处主要是_____。

    A．提高数据操作效率　　　　　　　　B．维护数据的一致性

    C．实现复杂的业务规则　　　　　　　D．增强引用完整性

10.4　设定义一个包含两个输入参数和两个输出参数的存储过程，各参数均为整型，下列定义该存储过程的语句中正确的是_____。

    A．CREATE PROC P1 @x1, @x2 int,

            @x3, @x4 int OUTPUT

    B．CREATE PROC P1 @x1 int, @x2 int,

            @x3, @x4 int OUTPUT

    C．CREATE PROC P1 @x1 int, @x2 int,

            @x3 int, @x4 int OUTPUT

    D．CREATE PROC P1 @x1 int, @x2 int,

            @x3 int OUTPUT, @x4 int OUTPUT

10.5　设有存储过程定义语句"CREATE PROC P1 @x int, @y int OUTPUT, @z int OUTPUT，"下列调用该存储过程的语句中正确的是_____。

A. EXEC P1 10, @a int OUTPUT, @b int OUTPUT

B. EXEC P1 10, @a int, @b int OUTPUT

C. EXEC P1 10, @a OUTPUT, @b OUTPUT

D. EXEC P1 10, @a, @b OUTPUT

二、填空题

10.6 存储过程是一组完成特定功能的 T-SQL 语句集合，_____放在数据库服务器端。

10.7 T-SQL 创建存储过程的语句是_____。

10.8 存储过程通过_____语句可以执行一个已定义的存储过程。

10.9 定义存储过程的输入参数必须在 CREATE PROCEDURE 语句中声明一个或多个_____。

10.10 使用带输出参数存储过程，在 CREATE PROCEDURE 和 EXECUTE 语句中都必须使用_____关键字。

三、问答题

10.11 什么是存储过程？使用存储过程有什么好处？

10.12 简述存储过程的分类。

10.13 怎样创建存储过程？

10.14 怎样执行存储过程？

10.15 什么是存储过程的参数？有哪几种类型？

四、上机实验题

10.16 在 stsc 数据库中设计一个存储过程 stu_all，输出所有学生的学号、姓名、课程名和分数，并用相关数据进行测试。

10.17 在 stsc 数据库中设计一个存储过程 avg_spec，实现求指定专业（默认专业为'计算机'）的平均分，并用相关数据进行测试。

10.18 在 stsc 数据库中设计一个存储过程 avg_course，求指定课程号的课程名和平均分，并用相关数据进行测试。

第 11 章　　触 发 器

本章要点:

- 触发器概述。
- 创建和使用 DML 触发器。
- 创建和使用 DDL 触发器。
- 触发器的管理。

触发器(Trigger)是特殊类型的存储过程,其特殊性主要体现在它在插入、删除或修改指定表中的数据时自动触发执行。本章介绍触发器的概念、创建和使用 DML 触发器、创建和使用 DDL 触发器、触发器的管理等内容。

11.1　触发器概述

存储过程是一组 T-SQL 语句,它们编译后存储在数据库中。触发器是一种特殊的存储过程,其特殊性主要体现在对特定表(或列)进行特定类型的数据修改时激发。在 SQL Server 中一个表可以有多个触发器,可根据 INSERT、UPDATE 或 DELETE 语句对触发器进行设置,也可以对一个表上的特定操作设置多个触发器。触发器不能通过名称直接调用,更不允许设置参数。

触发器与存储过程的差别如下:

- 触发器是自动执行的,而存储过程需要显式调用才能执行。
- 触发器是建立在表或视图之上的,而存储过程是建立在数据库之上的。

触发器的作用如下:

- SQL Server 提供约束和触发器两种主要机制来强制使用业务规则和数据完整性,触发器实现比约束更复杂的限制。
- 可对数据库中的相关表实现级联更改。
- 可以防止恶意或错误的 INSERT、UPDATE 和 DELETE 操作。
- 可以评估数据修改前后表的状态,并根据该差异采取措施。
- 强制表的修改要合乎业务规则。

SQL Server 中有两种常规类型的触发器,即 DML 触发器、DDL 触发器。

1. DML 触发器

当数据库中发生数据操作语言(DML)事件时将调用 DML 触发器。DML 事件包括在指定表或视图中修改数据的 INSERT 语句、UPDATE 语句或 DELETE 语句。DML 触发器可以查询其他表,还可以包含复杂的 TRANSACT-SQL 语句,将触发器和触发它的语句作为可在触发器内回滚的单个事务对待。如果检测到错误，则整个事务自动回滚。

2. DDL 触发器

当服务器或数据库中发生数据定义语言（DDL）事件时将调用 DDL 触发器。这些语句主要是以 CREATE、ALTER、DROP 等关键字开头的语句。DDL 触发器的主要作用是执行管理操作，例如审核系统、控制数据库的操作等。

11.2　创建 DML 触发器

在 SQL-Server 中有两种方式创建 DML 触发器，即使用图形界面方式或使用 T-SQL 语言，下面分别介绍。

11.2.1　使用图形界面方式创建 DML 触发器

下面举例说明使用图形界面方式创建 DML 触发器。

【例 11.1】 使用图形界面方式在 course 表上创建触发器 trig_cou，在该表的行上进行插入、修改、删除时输出所有的行。

操作步骤如下：

（1）启动 SQL Server Management Studio，在对象资源管理器中展开"数据库"结点，选中 stsc 数据库，展开该数据库结点，然后选中"表"结点并展开，选中 course 表结点并展开，右击"触发器"选项，在弹出的快捷菜单中选择"新建触发器"命令，如图 11.1 所示。

图 11.1　选择"新建触发器"命令

（2）出现触发器模板，如图 11.2 所示。

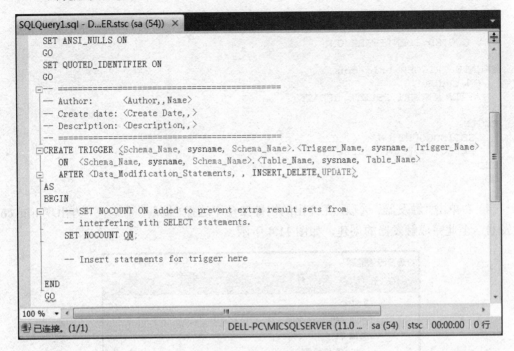

图 11.2　触发器模板

（3）在该窗口中输入要创建的触发器语句，输入完成后单击"执行"按钮，系统提示"命令已成功完成"，如图 11.3 所示。

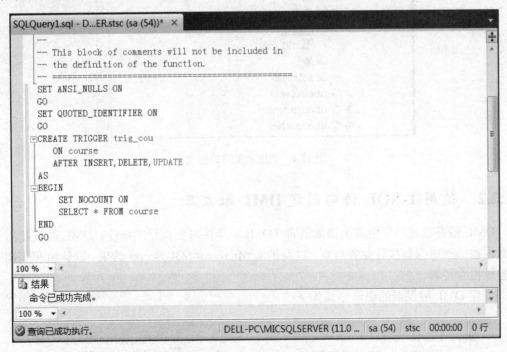

图 11.3　输入要创建的触发器语句

在这里输入的创建触发器的 T-SQL 语句如下：

```
SET ANSI_NULLS ON
GO
SET QUOTED_IDENTIFIER ON
GO
CREATE TRIGGER trig_cou
    ON course
    AFTER INSERT,DELETE,UPDATE
AS
BEGIN
    SET NOCOUNT ON
    SELECT * FROM course
END
GO
```

（4）右单击"触发器"选项，在弹出的快捷菜单中选择"刷新"命令，下方出现 trig_cou 触发器，至此完成触发器的创建，如图 11.4 所示。

图 11.4 完成触发器的创建

11.2.2 使用 T-SQL 语句创建 DML 触发器

DML 触发器是当发生数据操纵语言（DML）事件时要执行的操作。DML 触发器用于在数据被修改时强制执行业务规则，以及扩展 Microsoft SQL Server 约束、默认值和规则的完整性检查逻辑。

创建 DML 触发器的语法格式如下：

```
CREATE TRIGGER [ schema_name . ]trigger_name
    ON { table | view }                    /*指定操作对象*/
        [ WITH  ENCRYPTION ]               /*说明是否采用加密方式*/
    { FOR |AFTER | INSTEAD OF }
```

```
        { [ INSERT ] [ , ] [ UPDATE ] [ , ] [ DELETE ] }
                                        /*指定激活触发器的动作*/
     [ NOT FOR REPLICATION ]           /*说明该触发器不用于复制*/
    AS  sql_statement [ ; ]
```

说明：

- trigger_name：用于指定触发器名称。
- table | view：在表上或视图上执行触发器。
- AFTER 关键字：用于说明触发器在指定操作都成功执行后触发，不能在视图上定义 AFTER 触发器，如果仅指定 FOR 关键字，则 AFTER 是默认值，一个表可以创建多个给定类型的 AFTER 触发器。
- INSTEAD OF 关键字：指定用触发器中的操作代替触发语句的操作，在表或视图上每个 INSERT、UPDATE、DELETE 语句最多可以定义一个 INSTEAD OF 触发器。
- { [INSERT] [,] [UPDATE] [,] [DELETE] }：指定激活触发器的语句类型，必须至少指定一个选项，INSERT 表示将新行插入表时激活触发器，UPDATE 表示更改某一行时激活触发器，DELETE 表示从表中删除某一行时激活触发器。
- sql_statement：表示触发器的 T-SQL 语句，指定 DML 触发器触发后要执行的动作。

在执行 DML 触发器时，系统创建了两个特殊的临时表——inserted 表和 deleted 表。由于 inserted 表和 deleted 表都是临时表，它们在触发器执行时被创建，触发器执行完毕就消失，所以只可以在触发器的语句中使用 SELECT 语句查询这两个表。

- 执行 INSERT 操作：插入到触发器表中的新记录被插入到 inserted 表中。
- 执行 DELETE 操作：从触发器表中删除的记录被插入到 deleted 表中。
- 执行 UPDATE 操作：先从触发器表中删除旧记录，再插入新记录，其中被删除的旧记录被插入到 deleted 表中，插入的新记录被插入到 inserted 表中。

使用触发器有以下限制：

（1）CREATE TRIGGER 必须是批处理中的第一条语句，并且只能应用到一个表中。

（2）触发器只能在当前的数据库中创建，但触发器可以引用当前数据库的外部对象。

（3）在同一 CREATE TRIGGER 语句中可以为多种操作（如 INSERT 和 UPDATE）定义相同的触发器操作。

（4）如果一个表的外键在 DELETE、UPDATE 操作上定义了级联，则不能在该表上定义 INSTEAD OF DELETE、INSTEAD OF UPDATE 触发器。

（5）对于含有 DELETE 或 UPDATE 操作定义的外键表不能使用 INSTEAD OF DELETE 和 INSTEAD OF UPDATE 触发器。

（6）在触发器中不允许包含 T-SQL 语句 CREATE DATABASE、ALTER DATABASE、LOAD DATABASE、RESTORE DATABASE、DROP DATABASE、LOAD LOG、RESTORE LOG、DISK INIT、DISK RESIZE 和 RECONFIGURE。

（7）DML 触发器最大的用途是返回行级数据的完整性，而不是返回结果，所以应当尽量避免返回任何结果集。

【例 11.2】 在 stsc 数据库的 student 表上创建一个触发器 trig_stu，在 student 表插入、修改、删除数据时显示该表的所有记录。

```
USE stsc
GO
/* CREATE TRIGGER必须是批处理的第一条语句，此处GO不能缺少*/
CREATE TRIGGER trig_stu              /*创建触发器trig_stu*/
  ON student
AFTER INSERT, DELETE, UPDATE
AS
BEGIN
  SET NOCOUNT ON
  SELECT * FROM student
END
GO
```

下面的语句向 student 表插入一条记录：

```
USE stsc
GO
INSERT INTO student VALUES('122006','谢翔','男','1992-09-16','计算机',52)
GO
```

运行结果：

```
stno      stname      stsex    stbirthday      speciality      tc
------    ---------   -------  -------------   ------------    ------
121001    李贤友       男       1991-12-30      通信            52
121002    周映雪       女       1993-01-12      通信            49
121005    刘刚         男       1992-07-05      通信            50
122001    郭德强       男       1991-10-23      计算机          48
122002    谢萱         女       1992-09-11      计算机          52
122004    孙婷         女       1992-02-24      计算机          50
122006    谢翔         男       1992-09-16      计算机          52
```

出现该表的所有记录，新插入的记录也在里面。

> **注意**：CREATE TRIGGER 必须是批处理的第一条语句，且只能在一个批处理中创建并编译。

11.3　使用 DML 触发器

DML 触发器分为 AFTER 触发器和 INSTEAD OF 触发器。

inserted 表和 deleted 表是 SQL Server 为每个 DML 触发器创建的临时专用表，这两个表的结构与该触发器作用的表的结构相同，触发器执行完成后这两个表即被删除。inserted 表存放由于执行 INSERT 或 UPDATE 语句要向表中插入的所有行；deleted 表存放由于执行 DELETE 或 UPDATE 语句要从表中删除的所有行。

11.3.1　使用 AFTER 触发器

AFTER 触发器为后触发型触发器，在引发触发器执行的语句中的操作都成功执行，并且所有约束检查已成功完成后才执行触发器。在 AFTER 触发器中，一个表可以创建多个给定类型的 AFTER 触发器。

1. 使用 INSERT 操作

当执行 INSERT 操作时触发器将被激活，新的记录插入到触发器表中，同时也添加到 inserted 表中。

【例 11.3】 在 stsc 数据库的 student 表上创建一个 INSERT 触发器 trig_insert，在向 student 表插入数据时，如果姓名重复，则回滚到插入操作前。

```
USE stsc
GO
CREATE TRIGGER trig_insert              /*创建INSERT触发器trig_ insert */
  ON student
AFTER INSERT
AS
BEGIN
  DECLARE @nm char(8)
  SELECT @nm=inserted.stname FROM inserted
  IF EXISTS(SELECT stname FROM student WHERE stname=@nm)
    BEGIN
      PRINT '不能插入重复的姓名'
      ROLLBACK TRANSACTION              /*回滚之前的操作*/
    END
END
```

向 student 表插入一条记录，该记录中的姓名与 student 表中的姓名重复。

```
USE stsc
GO
INSERT INTO student(stno, stname, stsex, stbirthday) VALUES('121007','刘刚','男','1992-03-28')
GO
```

运行结果：

```
不能插入重复的姓名
消息 3609，级别 16，状态 1，第 1 行
事务在触发器中结束。批处理已中止。
```

由于进行了事务回滚，所以未向 student 表插入新记录。

> **注意：** ROLLBACK TRANSACTION 语句用于回滚之前所做的修改，将数据库恢复到原来的状态。

2. 使用 UPDATE 操作

当执行 UPDATE 操作时触发器将被激活，当在触发器表中修改记录时，表中原来的记录被移动到 deleted 表中，修改后的记录插入到 inserted 表中。

【例 11.4】 在 stsc 数据库的 student 表上创建一个 UPDATE 触发器 trig_update，防止用户修改 student 表的总学分。

```
USE stsc
GO
CREATE TRIGGER trig_update              /*创建UPDATE触发器trig_ update */
  ON student
AFTER UPDATE
AS
```

```
     IF UPDATE(tc)
        BEGIN
           PRINT '不能修改总学分'
           ROLLBACK TRANSACTION                           /*回滚之前的操作*/
        END
  GO
```

下面的语句修改 student 表中学号为 121002 的学生的总学分：

```
USE stsc
GO
UPDATE student
SET tc=52
WHERE stno='121002'
GO
```

运行结果：

```
不能修改总学分
消息 3609，级别 16，状态 1，第 1 行
事务在触发器中结束。批处理已中止。
```

由于进行了事务回滚，所以未修改 student 表的总学分。

3．使用 DELETE 操作

当执行 DELETE 操作时触发器将被激活，当在触发器表中删除记录时，表中删除的记录被移动到 deleted 表中。

【例 11.5】 在 stsc 数据库的 student 表上创建一个 DELETE 触发器 trig_delete，防止用户删除 student 表的通信专业的记录。

```
USE stsc
GO
CREATE TRIGGER trig_delete               /*创建DELETE触发器trig_ delete */
  ON student
AFTER DELETE
AS
  IF EXISTS(SELECT * FROM deleted WHERE speciality='通信')
    BEGIN
       PRINT '不能删除通信专业学生记录'
       ROLLBACK TRANSACTION                            /*回滚之前的操作*/
    END
GO
```

下面的语句删除 student 表的通信专业的记录：

```
USE stsc
GO
DELETE student
WHERE speciality='通信'
GO
```

运行结果：

```
不能删除通信专业学生记录
消息 3609，级别 16，状态 1，第 1 行
事务在触发器中结束。批处理已中止。
```

由于进行了事务回滚，所以未删除 student 表的通信专业的记录。

11.3.2　使用 INSTEAD OF 触发器

INSTEAD OF 触发器为前触发型触发器，指定执行触发器的不是执行引发触发器的语句，而是替代引发语句的操作。在表或视图上每个 INSERT、UPDATE、DELETE 语句最多可以定义一个 INSTEAD OF 触发器。

AFTER 触发器是在触发语句执行后触发的，与 AFTER 触发器不同的是，INSTEAD OF 触发器触发时只执行触发器内部的 SQL 语句，而不执行激活该触发器的 SQL 语句。

【例 11.6】　在 stsc 数据库的 course 表上创建一个 INSTEAD OF 触发器 trig_istd，当用户向 course 表插入数据时显示 course 表的所有记录。

```
USE stsc
GO
CREATE TRIGGER trig_istd              /*创建INSTEAD OF触发器trig_istd */
  ON course
INSTEAD OF INSERT
AS
  SELECT * FROM course
GO
```

下面的语句向 course 表插入记录：

```
USE stsc
GO
INSERT INTO course(cno, cname) VALUES('206', '数据结构')
GO
```

运行结果：

```
cno   cname       credit      tno
----  ----------  ----------  --------
102   数字电路     3           102101
203   数据库系统   3           204101
205   微机原理     4           204107
208   计算机网络   4           NULL
801   高等数学     4           801102
```

被插入的记录并未插入到 course 表中，却将插入记录的语句替代为 INSTEAD OF INSERT 触发器中的 T-SQL 语句。

【例 11.7】　在 stsc 数据库的 score 表上创建一个 INSTEAD OF 触发器 trig_istd2，防止用户对 score 表的数据进行任何删除。

```
USE stsc
GO
CREATE TRIGGER trig_istd2             /*创建INSTEAD OF触发器trig_istd2 */
  ON score
```

```
INSTEAD OF DELETE
AS
  PRINT '不能对score表进行删除操作'
GO
```

下面的语句删除 score 表的记录：

```
USE stsc
GO
DELETE score
WHERE cno='205'
GO
```

运行结果：

不能对score表进行删除操作

因此 score 表的记录保持不变。

11.4　创建和使用 DDL 触发器

DDL 触发器在响应数据定义语言（DDL）语句时触发，它与 DML 触发器不同的是，它们不会为响应表或视图的 UPDATE、INSERT 或 DELETE 语句而激发，与此相反，它们将为了响应 DDL 语言的 CREATE、ALTER 和 DROP 语句而激发。

DDL 触发器一般用于以下目的：

- 用于管理任务，例如审核和控制数据库操作。
- 防止对数据库结构进行某些更改。
- 希望数据库中发生某种情况以响应数据库结构中的更改。
- 要记录数据库结构中的更改或事件。

11.4.1　创建 DDL 触发器

创建 DDL 触发器的语法格式如下：

```
CREATE TRIGGER trigger_name
  ON { ALL SERVER | DATABASE }
  [ WITH ENCRYPTION ]
  { FOR | AFTER } { event_type | event_group } [ ,…n ]
AS  sql_statement [ ; ] [ …n ]
```

说明：

- ALL SERVER 关键字是指将当前 DDL 触发器的作用域应用于当前服务器。ALL DATABASE 指将当前 DDL 触发器的作用域应用于当前数据库。
- event_type 表示执行之后将导致触发 DDL 触发器的 T-SQL 语句事件的名称。
- event_group 是预定义的 T-SQL 语句事件分组的名称。

其他选项与创建 DML 触发器的语法格式中相同。

11.4.2　使用 DDL 触发器

下面举一个实例说明 DDL 触发器的使用。

【例 11.8】　在 stsc 数据库上创建一个触发器 trig_db，防止用户对该数据库任一表的修改和删除。

```
USE stsc
GO
CREATE TRIGGER trig_db              /*创建DDL触发器trig_db */
  ON DATABASE
AFTER DROP_TABLE, ALTER_TABLE
AS
BEGIN
   PRINT '不能修改表结构'
   ROLLBACK TRANSACTION                     /*回滚之前的操作*/
END
GO
```

下面的语句修改 stsc 数据库上 student 表的结构，增加一列：

```
USE stsc
GO
ALTER TABLE student ADD class int
GO
```

运行结果：

不能修改表结构
消息 3609，级别 16，状态 2，第 1 行
事务在触发器中结束。批处理已中止

并且 student 表的结构保持不变。

11.5　触发器的管理

触发器的管理包括查看触发器、修改触发器、删除触发器、启用或禁用触发器等内容。

11.5.1　查看触发器

用户可以使用图形界面方式或系统存储过程查看触发器信息。

1．使用图形界面方式查看触发器

使用图形界面方式查看触发器举例如下：

【例 11.9】　使用图形界面方式查看 course 表上创建的 trig_cou 触发器。

操作步骤如下：

（1）启动 SQL Server Management Studio，在对象资源管理器中展开"数据库"结点，选中 stsc 数据库，展开该数据库结点，然后选中"表"结点并展开，选中 course 表结点并展开，选中"触发器"结点并展开，右击 trig_cou 触发器，在弹出的快捷菜单中选择"编写触发器脚本为"→"CREATE 到(C)"→"新查询编辑器窗口"命令，如图 11.5 所示。

图 11.5　选择"编写触发器脚本为"→"CREATE 到(C)"→"新查询编辑器窗口"命令

（2）出现新查询编辑器窗口，在该窗口中出现 trig_cou 触发器的源代码，如图 11.6 所示，用户可以进行查看和修改。

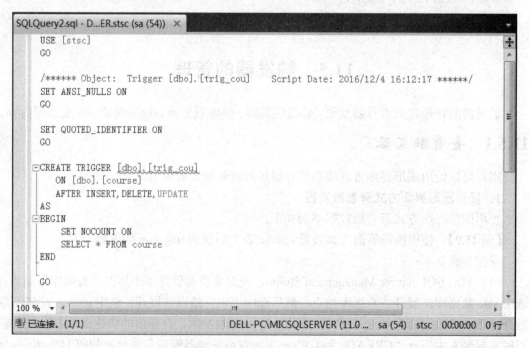

图 11.6　新查询编辑器窗口

2．使用系统存储过程查看触发器

系统存储过程 sp_help、sp_helptext、sp_depends 分别提供有关触发器的不同信息。

1）sp_help

sp_help 用于显示触发器的参数及其数据类型信息。

语法格式：

```
sp_help [ [ @objname = ] 'name' ]
```

其中，'name'为要查看触发器的名称。

2）sp_helptext

sp_helptext 用于显示触发器的源代码。

语法格式：

```
sp_helptext [ @objname = ] 'name' [ , [ @columnname = ] computed_column_name ]
```

其中，'name'为要查看触发器的名称。

3）sp_depends

sp_depends 用于显示和触发器相关的数据库对象的信息。

语法格式：

```
sp_depends [ @objname = ] '<object>'
<object> ::=
{
    [ database_name. [ schema_name ] . | schema_name.
        object_name
}
```

其中，'<object>'为要查看其依赖关系的触发器的名称。

【例 11.10】 使用系统存储过程查看 coursc 表上创建的 trig_cou 触发器。

```
USE stsc
GO
EXECUTE sp_help trig_cou
EXECUTE sp_helptext trig_cou
EXECUTE sp_depends trig_cou
GO
```

该语句的执行结果如图 11.7 所示。

11.5.2 修改触发器

修改触发器有两种方式，即使用图形界面方式或使用 ALTER TRIGGER 语句。

1．使用图形界面方式修改触发器

下面举例说明使用图形界面方式修改触发器。

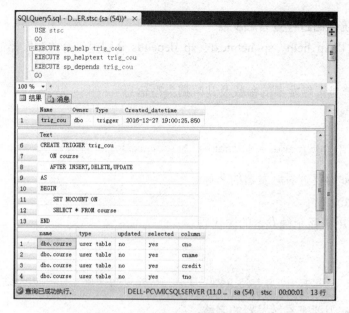

图 11.7　使用系统存储过程查看触发器

【例 11.11】　使用图形界面方式修改 student 表上的 trig_stu 触发器。

操作步骤如下：

（1）启动 SQL Server Management Studio，在对象资源管理器中展开"数据库"结点，选中 stsc 数据库，展开该数据库结点，然后选中"表"结点并展开，选中 student 表结点并展开，选中"触发器"结点并展开，右击 trig_stu 触发器，在弹出的快捷菜单中选择"修改"命令，如图 11.8 所示。

图 11.8　选择"修改"命令

（2）出现触发器脚本编辑窗口，可以在该窗口中修改相关的 T-SQL 语句，如图 11.9 所示。修改完成后单击"执行"按钮，若执行成功则修改了触发器。

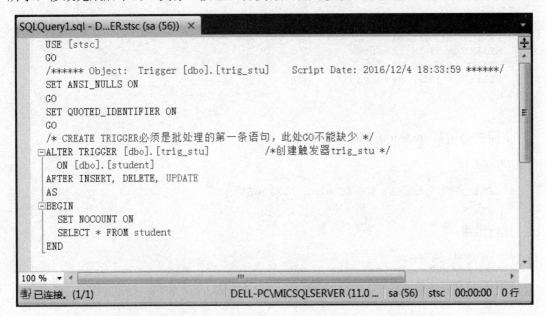

图 11.9　使用图形界面方式修改触发器 trig_stu

2．使用 ALTER TRIGGER 语句修改触发器

修改触发器使用 ALTER TRIGGER 语句，修改触发器包括修改 DML 触发器和修改 DDL 触发器，下面分别介绍。

1）修改 DML 触发器

修改 DML 触发器的语法格式如下：

```
ALTER TRIGGER schema_name.trigger_name
  ON ( table | view )
  [ WITH ENCRYPTION ]
  ( FOR | AFTER | INSTEAD OF )
    { [ DELETE ] [ , ] [ INSERT ] [ , ] [ UPDATE ] }
  [ NOT FOR REPLICATION ]
  AS sql_statement [ ; ] [ …n ]
```

2）修改 DDL 触发器

修改 DDL 触发器的语法格式如下：

```
ALTER TRIGGER trigger_name
  ON { DATABASE | ALL SERVER }
  [ WITH ENCRYPTION ]
  { FOR | AFTER } { event_type [ ,…n ] | event_group }
  AS sql_statement [ ; ]
```

【例 11.12】　修改在 stsc 数据库的 student 表上创建的触发器 trig_stu，在 student 表插入、修改、删除数据时输出 inserted 和 deleted 表中的所有记录。

```
USE stsc
GO
```

```
ALTER TRIGGER trig_stu            /*修改DML触发器trig_stu*/
  ON student
AFTER INSERT, DELETE, UPDATE
AS
BEGIN
  PRINT 'inserted:'
  SELECT * FROM inserted
  PRINT 'deleted:'
  SELECT * FROM deleted
END
GO
```

下面的语句向 student 表删除一条记录：

```
USE stsc
GO
DELETE FROM student WHERE stno='122006'
GO
```

运行结果：

```
inserted:
stno    stname   stsex  stbirthday   speciality  tc
-----   --------  -----  ----------   ----------  -----


deleted:

stno    stname   stsex  stbirthday   speciality   tc
------  --------  ------ ----------   ----------   ----
122006   谢翔     男    1992-09-16   计算机       52
```

显示的 deleted 表中的记录为 student 表所删除的记录。

11.5.3 删除触发器

删除触发器可以使用图形界面方式或 DROP TRIGGER 语句。

1. 使用图形界面方式删除触发器

下面举例说明使用图形界面方式删除触发器。

【例 11.13】 使用图形界面方式删除触发器 trig_insert。

操作步骤如下：

（1）启动 SQL Server Management Studio，在对象资源管理器中展开"数据库"结点，选中 stsc 数据库，展开该数据库结点，然后选中"表"结点并展开，选中 student 表结点并展开，选中"触发器"结点并展开，右击 trig_insert 触发器，在弹出的快捷菜单中选择"删除"命令，如图 11.10 所示。

（2）出现"删除对象"窗口，单击"确定"按钮即可删除触发器 trig_insert。

2. 使用 DROP TRIGGER 语句删除触发器

删除触发器使用 DROP TRIGGER 语句，其语法格式如下：

```
DROP TRIGGER schema_name.trigger_name [ ,…n ] [ ; ]      /*删除DML触发器*/
DROP TRIGGER trigger_name [ ,…n ] ON { DATABASE | ALL SERVER }[ ; ]
                                                         /*删除DDL触发器*/
```

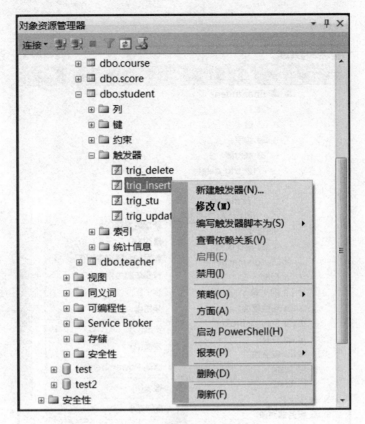

图 11.10 选择"删除"命令

【例 11.14】 删除 DML 触发器 trig_stu。

```
DROP TRIGGER trig_stu
```

【例 11.15】 删除 DDL 触发器 trig_db。

```
DROP TRIGGER trig_db ON DATABASE
```

11.5.4 启用或禁用触发器

触发器在创建之后便启用了，如果暂时不需要使用某个触发器，可以禁用该触发器。禁用的触发器并没有被删除，仍然存储在当前数据库中，但在执行触发操作时该触发器不会被调用。

启用或禁用触发器可以使用图形界面方式或 ENABLE/DISABLE TRIGGER 语句。

1. 使用图形界面方式禁用触发器

使用图形界面方式禁用触发器举例如下。

【例 11.16】 使用图形界面方式禁用 student 表上的触发器 trig_update。

操作步骤如下：

（1）启动 SQL Server Management Studio，在对象资源管理器中展开"数据库"结点，选中 stsc 数据库，展开该数据库结点，然后选中"表"结点并展开，选中 student 表结点并展开，选中"触发器"结点并展开，右击 trig_update 触发器，在弹出的快捷菜单中选择"禁用"命令，如图 11.11 所示。

图 11.11　选择"禁用"命令

（2）如果该触发器已禁用，在这里选择"启用"命令即可启用该触发器。

2．使用 DISABLE TRIGGER 语句禁用触发器和使用 ENABLE TRIGGER 语句启用触发器

（1）使用 DISABLE TRIGGER 语句禁用触发器。

语法格式：

```
DISABLE TRIGGER { [ schema_name . ] trigger_name [ ,…n ] | ALL }
ON { object_name | DATABASE | ALL SERVER } [ ; ]
```

其中，trigger_name 是要禁用的触发器的名称，object_name 是创建 DML 触发器 trigger_name 的表或视图的名称。

（2）使用 ENABLE TRIGGER 语句启用触发器。

语法格式：

```
ENABLE TRIGGER { [ schema_name . ] trigger_name [ ,…n ] | ALL }
ON { object_name | DATABASE | ALL SERVER } [ ; ]
```

其中，trigger_name 是要启用的触发器的名称，object_name 是创建 DML 触发器 trigger_name 的表或视图的名称。

【例11.17】 使用 DISABLE TRIGGER 语句禁用 student 表上的触发器 trig_delete。

```
USE stsc
GO
DISABLE TRIGGER trig_delete ON student
GO
```

该语句的执行结果如图 11.12 所示。

图 11.12　禁用触发器

【例11.18】 使用 ENABLE TRIGGER 语句启用 student 表上的触发器 trig_delete。

```
USE stsc
GO
ENABLE TRIGGER trig_delete ON student
GO
```

该语句的执行结果如图 11.13 所示。

图 11.13　启用触发器

11.6　综合训练

1. 训练要求

使用触发器，如果插入 score 表中的数据在 student 表中没有对应的学号，则将此记录删除并提示不能插入。

创建一个触发器 trig_del，当向 score 表中插入一个记录时，如果插入的数据在 student 表中没有对应的学号，则将此记录删除并提示不能插入此记录。

2. T-SQL 语句的编写

根据题目要求，编写 T-SQL 语句如下：

```
USE stsc
GO
IF EXISTS(SELECT * FROM sysobjects WHERE name='trig_del' AND type = 'TR')
   DROP TRIGGER trig_del
GO
CREATE TRIGGER trig_del                /*创建触发器trig_del */
ON score
FOR INSERT
AS
DECLARE @num float
SELECT @num=inserted.stno FROM inserted
IF NOT EXISTS(SELECT stno FROM student WHERE student.stno=@num)
   PRINT '不能插入在student表中没有对应学号的记录'
   DELETE score WHERE stno=@num
GO
```

该语句创建了触发器 trig_del。

```
USE stsc
GO
INSERT INTO score VALUES('121012','205',92)
```

运行结果：

不能插入在student表中没有对应学号的记录

由于向 score 表中插入的记录在 student 表中不存在，出现上述运行结果，并且 score 表的记录保持不变。

11.7　小　　结

本章主要介绍了以下内容：

（1）触发器是一种特殊的存储过程，其特殊性主要体现在对特定表（或列）进行特定类型的数据修改时激发。SQL Server 提供约束和触发器两种主要机制来强制使用业务规则和数据完整性，触发器实现比约束更复杂的限制。

（2）SQL Server 有两种常规类型的触发器，即 DML 触发器、DDL 触发器。

当数据库中发生数据操作语言（DML）事件时将调用 DML 触发器，DML 事件包括在指定表或视图中修改数据的 INSERT 语句、UPDATE 语句或 DELETE 语句。

当服务器或数据库中发生数据定义语言（DDL）事件时将调用 DDL 触发器，这些语句主要是以 CREATE、ALTER、DROP 等关键字开头的语句。

（3）在 SQL Server 中有两种方式创建 DML 触发器，即使用图形界面或使用 T-SQL 语言，T-SQL 使用 CREATE TRIGGER 语句创建 DML 触发器。

（4）DML 触发器分为 AFTER 触发器和 INSTEAD OF 触发器。

AFTER 触发器为后触发型触发器，在引发触发器执行的语句中的操作都成功执行，并且所有约束检查已成功完成后才执行触发器。在 AFTER 触发器中，一个表可以创建多个给定类型的 AFTER 触发器。

INSTEAD OF 触发器为前触发型触发器，指定执行触发器的不是执行引发触发器的语句，而是替代引发语句的操作。在表或视图上每个 INSERT、UPDATE、DELETE 语句最多可以定义一个 INSTEAD OF 触发器。

inserted 表和 deleted 表是 SQL Server 为每个 DML 触发器创建的临时专用表，这两个表的结构与该触发器作用的表的结构相同，触发器执行完成后这两个表即被删除。inserted 表存放由于执行 INSERT 或 UPDATE 语句要向表中插入的所有行；deleted 表存放由于执行 DELETE 或 UPDATE 语句要从表中删除的所有行。

（5）DDL 触发器在响应数据定义语言 DDL 的 CREATE、ALTER 和 DROP 语句时激发。

（6）修改触发器有两种方式，即使用图形界面方式或使用 ALTER TRIGGER 语句。

删除触发器可以使用图形界面方式或 DROP TRIGGER 语句。

启用或禁用触发器可以使用图形界面方式或 ENABLE/DISABLE TRIGGER 语句。

习　题　11

一、选择题

11.1　触发器是特殊类型的存储过程，它是由用户对数据的更改操作自动引发执行的，下列数据库控制中适用于触发器实现的是_____。

    A．并发控制　　　　　B．恢复控制　　　C．可靠性控制　　　　D．完整性控制

11.2　下列关于触发器的描述正确的是_____。

    A．触发器是自动执行的，可以在一定条件下触发

    B．触发器不可以同步数据库中的相关表进行级联更新

    C．SQL Server 不支持 DDL 触发器

    D．触发器不属于存储过程

11.3　创建触发器的用处主要是_____。

    A．提高数据查询效率　　　　　　　B．实现复杂的约束

    C．加强数据的保密性　　　　　　　D．增强数据的安全性

11.4　当执行由 UPDATE 语句引发的触发器时，下列关于该触发器临时工作表的说法中，正确的是_____。

    A．系统会自动产生 UPDATED 表来存放更改前的数据

    B．系统会自动产生 UPDATED 表来存放更改后的数据

    C．系统会自动产生 inserted 表和 deleted 表，用 inserted 表存放更改后的数据，用 deleted 表存放更改前的数据

    D．系统会自动产生 inserted 表和 deleted 表，用 inserted 表存放更改前的数据，用 deleted 表存放更改后的数据

11.5　设在 sc(sno, cno, grade)表上定义了以下触发器：

```
CREATE TRIGGER tri1 ON sc INSTEAD OF INSERT…
```

执行语句。

```
INSERT INTO sc VALUES('s001','c01', 90)
```

会引发触发器的执行。下列关于触发器执行时表中数据的说法正确的是_____。

  A．sc 表和 inserted 表中均包含新插入的数据

  B．sc 表和 inserted 表中均不包含新插入的数据

  C．sc 表中包含新插入的数据，inserted 表中不包含新插入的数据

  D．sc 表中不包含新插入的数据，inserted 表中包含新插入的数据

11.6 设某数据库在非工作时间（每天 8:00 以前、18:00 以后、周六和周日）不允许授权用户在职工表中插入数据。下列方法中能够实现此需求且最为合理的是_____。

  A．建立存储过程   B．建立后触发型触发器

  C．定义内嵌表值函数   D．建立前触发型触发器

二、填空题

11.7 触发器是一种特殊的存储过程，其特殊性主要体现在对特定表或列进行特定类型的数据修改时_____。

11.8 SQL Server 支持两种类型的触发器，它们是前触发型触发器和_____触发型触发器。

11.9 在一个表上针对每个操作可以定义_____ 个前触发型触发器。

11.10 如果在某个表的 INSERT 操作上定义了触发器，则当执行 INSERT 语句时系统产生的临时工作表是_____。

11.11 对于后触发型触发器，当在触发器中发现引发触发器执行的操作违反了约束时需要通过_____ 语句撤销已执行的操作。

11.12 AFTER 触发器在引发触发器执行的语句中的操作都成功执行，并且所有检查已成功完成后才执行触发器。

三、问答题

11.13 什么是触发器？其主要功能是什么？

11.14 触发器分为哪几种？

11.15 INSERT 触发器、UPDATE 触发器和 DELETE 触发器有什么不同？

11.16 AFTER 触发器和 INSTEAD OF 触发器有什么不同？

11.17 inserted 表和 deleted 表各存放什么内容？

四、上机实验题

11.18 设计一个触发器，当删除 teacher 表中的一个记录时，自动删除 course 表中该教师所上课程的记录。

11.19 设计一个触发器，该触发器防止用户修改 score 表中的 grade 列。

11.20 设计一个触发器，当插入或修改 score 表中的 grade 列时该触发器检查插入的数据是否在 0～100 内。

11.21 在 stsc 数据库上设计一个 DDL 触发器，当删除或修改任何表结构时显示相应的提示信息。

第 12 章 事 务 和 锁

本章要点：
- 事务。
- 锁定。

事务用于保证连续多个操作的全部完成，从而保证数据的完整性，锁定机制用于对多个用户进行并发控制。本章介绍事务的原理、事务的类型、事务的模式、事务处理语句、锁定概述、并发影响、可锁定资源和锁模式、死锁等内容。

12.1 事　务

事务（Transaction）是 SQL Server 中的单个逻辑工作单元，该单元被作为一个整体进行处理，事务保证连续多个操作必须全部执行成功，否则必须立即恢复到任何操作执行前的状态，即执行事务的结果是：要么全部将数据所要执行的操作完成，要么全部数据都不修改。

12.1.1 事务的原理

事务是作为单个逻辑工作单元执行的一系列操作，事务的处理必须满足 ACID 原则，即原子性（Atomicity）、一致性（Consistency）、隔离性（Isolation）和持久性（Durability）。

（1）原子性：事务必须是原子工作单元，即事务中包括的诸操作要么全执行，要么全不执行。

（2）一致性：事务在完成时必须使所有的数据都保持一致状态。在相关数据库中，所有规则都必须应用于事务的修改，以保持所有数据的完整性。事务结束时，所有的内部数据结构都必须是正确的。

（3）隔离性：一个事务的执行不能被其他事务干扰，即一个事务内部的操作及使用的数据对其他并发事务是隔离的，并发执行的各个事务间不能互相干扰。事务查看数据时数据所处的状态要么是另一并发事务修改它之前的状态，要么是另一事务修改它之后的状态，这称为事务的可串行性。因为它能够重新装载起始数据，并且重播一系列事务，以使数据结束时的状态与原始事务执行的状态相同。

（4）持久性：持久性指一个事务一旦提交，则它对数据库中数据的改变就应该是永久的，即使以后出现系统故障也不应该对其执行结果有任何影响。

12.1.2 事务的类型

SQL Server 的事务可分为两类，即系统提供的事务和用户定义的事务。

1. 系统提供的事务

系统提供的事务是指在执行某些 T-SQL 语句时一条语句就构成了一个事务，这些语句如下：

```
CREATE   ALTER TABLE   DROP
INSERT   DELETE   UPDATE
SELECT
REVOKE   GRANT
OPEN   FETCH
```

例如执行如下的创建表语句：

```
CREATE TABLE course
(
    cno char(3) NOT NULL PRIMARY KEY,
    cname char(16) NOT NULL,
    credit int NULL,
tno char (6) NULL,
)
```

这条语句本身就构成了一个事务，它要么建立起含四列的表结构，要么不能创建含四列的表结构，而不会建立起含一列、两列或三列的表结构。

2. 用户定义的事务

在实际应用中，大部分是用户定义的事务。用户定义的事务用 BEGIN TRANSACTION 指定一个事务的开始，用 COMMIT 或 ROLLBACK 指定一个事务的结束。

> **注意**：在用户定义的事务中必须明确指定事务的结束，否则系统将把从事务开始到用户关闭连接前的所有操作都作为一个事务来处理。

12.1.3 事务的模式

SQL Server 通过 3 种事务模式管理事务。

（1）自动提交事务模式：每条单独的语句都是一个事务。在此模式下，每条 T-SQL 语句在成功执行后都被自动提交，如果遇到错误，则自动回滚该语句。该模式为系统默认的事务管理模式。

（2）显式事务模式：该模式允许用户定义事务的启动和结束。事务以 BEGIN TRANSACTION 语句显式开始，以 COMMIT 或 ROLLBACK 语句显式结束。

（3）隐性事务模式：隐性事务不需要使用 BEGIN TRANSACTION 语句标识事务的开始，但需要以 COMMIT 或 ROLLBACK 语句来提交或回滚事务。在当前事务完成提交或回滚后新事务自动启动。

12.1.4 事务的处理语句

应用程序主要通过指定事务启动和结束的时间来控制事务，可以使用 T-SQL 语句来控制事务的启动和结束。事务处理语句包括 BEGIN TRANSACTION、COMMIT TRANSACTION、ROLLBACK TRANSACTION 语句。

1. BEGIN TRANSACTION

BEGIN TRANSACTION 语句用来标识一个事务的开始。

语法格式:

```
BEGIN { TRAN | TRANSACTION }
   [ { transaction_name | @tran_name_variable }
     [ WITH MARK [ 'description' ] ]
   ]
[ ; ]
```

说明:

- transaction_name: 分配给事务的名称,必须符合标识符规则,但标识符所包含的字符数不能超过 32。
- @tran_name_variable: 用户定义的含有有效事务名称的变量的名称。
- WITH MARK ['description']: 指定在日志中标记事务。description 是描述该标记的字符串。

BEGIN TRANSACTION 语句的执行使全局变量@@TRANCOUNT 的值加 1。

> **注意:** 显式事务的开始可使用 BEGIN TRANSACTION 语句。

2. COMMIT TRANSACTION

COMMIT TRANSACTION 语句是提交语句,它使得自事务开始以来执行的所有数据修改成为数据库的永久部分,也用来标识一个事务的结束。

语法格式:

```
COMMIT { TRAN | TRANSACTION } [ transaction_name | @tran_name_variable ] ]
[ ; ]
```

说明:

- transaction_name: SQL Server 数据库引擎忽略此参数,transaction_name 指定由前面的 BEGIN TRANSACTION 分配的事务名称。
- @tran_name_variable: 用户定义的含有有效事务名称的变量的名称。

COMMIT TRANSACTION 语句的执行使全局变量@@TRANCOUNT 的值减 1。

> **注意:** 隐性事务或显式事务的结束可使用 COMMIT TRANSACTION 语句。

【例 12.1】 建立一个显式事务以显示 stsc 数据库中的 student 表的数据。

```
BEGIN TRANSACTION
  USE stsc
  SELECT * FROM student
COMMIT TRANSACTION
```

该语句创建的显式事务以 BEGIN TRANSACTION 语句开始,以 COMMIT TRANSACTION 语句结束,执行结果如图 12.1 所示。

图 12.1　显式事务的执行结果

【例 12.2】建立一个显式命名事务以删除课程表和成绩表中的课程号为'205'的记录行。

```
DECLARE @tran_nm char(20)
SELECT @tran_nm='tran_del'
BEGIN TRANSACTION @tran_nm
   DELETE FROM course WHERE cno='205'
   DELETE FROM score WHERE cno='205'
COMMIT TRANSACTION tran_del
```

该语句创建的显式命名事务以删除课程表和成绩表中的课程号为'205'的记录行，在 BEGIN TRANSACTION 和 COMMIT TRANSACTION 语句之间的所有语句作为一个整体，当执行到 COMMIT TRANSACTION 语句时，事务对数据库的更新操作才算确认，执行结果如图 12.2 所示。

图 12.2　显式命名事务的执行结果

【例 12.3】 建立一个隐性事务以插入课程表和成绩表中的课程号为'205'的记录行。

```
SET IMPLICIT_TRANSACTIONS ON      /*启动隐性事务模式*/
GO
/*第一个事务由INSERT语句启动*/
USE stsc
INSERT INTO course VALUES ('205','微机原理',4,'204107')
COMMIT TRANSACTION      /*提交第一个隐性事务*/
GO
/*第二个隐性事务由SELECT语句启动*/
USE stsc
SELECT COUNT(*) FROM score
INSERT INTO score VALUES ('121001','205',91)
INSERT INTO score VALUES ('121002','205',65)
INSERT INTO score VALUES ('121005','205',85)
COMMIT TRANSACTION      /*提交第二个隐性事务*/
GO
SET IMPLICIT_TRANSACTIONS OFF      /*关闭隐性事务模式*/
GO
```

该语句启动隐性事务模式后由 COMMIT TRANSACTION 语句提交了两个事务，第一个事务在 course 表中插入一条记录，第二个事务统计 score 表的行数并插入 3 条记录。隐性事务不需要 BEGIN TRANSACTION 语句标识开始位置，而由第一个 T-SQL 语句启动，直到遇到 COMMIT TRANSACTION 语句结束。执行结果如图 12.3 所示。

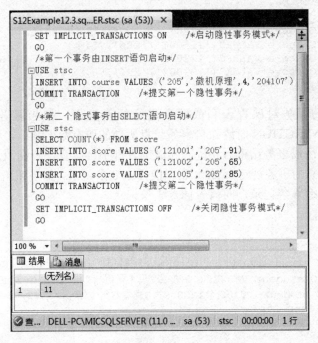

图 12.3　隐性事务的执行结果

3．ROLLBACK TRANSACTION

ROLLBACK TRANSACTION 语句是回滚语句，它使得事务回滚到起点或指定的保存点处，也标志一个事务的结束。

事务和锁

语法格式：

```
ROLLBACK { TRAN | TRANSACTION }
    [ transaction_name | @tran_name_variable
    | savepoint_name | @savepoint_variable ]
[ ; ]
```

说明：

- transaction_name：事务名称。
- @tran_name_variable：事务变量名。
- savepoint_name：保存点名。
- @savepoint_variable：含有保存点名的变量名。

如果事务回滚到开始点，则全局变量@@TRANCOUNT 的值减 1，如果只回滚到指定存储点，则@@TRANCOUNT 的值不变。

> **注意：** ROLLBACK TRANSACTION 语句将显式事务或隐性事务回滚到事务的起点或事务内的某个保存点，也标识一个事务的结束。

【例 12.4】 建立事务对 course 表和 score 表进行插入操作，使用 ROLLBACK TRANSACTION 语句标识事务的结束。

```
BEGIN TRANSACTION
  USE stsc
  INSERT INTO course VALUES('206','数据结构',3, '204103')
  INSERT INTO score VALUES('122001','206',75)
  INSERT INTO score VALUES('122002','206',94)
  INSERT INTO score VALUES('122004','206',88)
ROLLBACK TRANSACTION
```

该语句建立的事务对课程表和成绩表进行插入操作，但当服务器遇到回滚语句 ROLLBACK TRANSACTION 时清除自事务起点所做的所有数据修改，将数据恢复到开始工作之前的状态，所以事务结束后课程表和成绩表都不会改变，查询消息如图 12.4 所示。

【例 12.5】 建立的事务规定 student 表只能插入 8 条记录，如果超出 8 条记录，则插入失败，现在该表已有 6 条记录，向该表插入 3 条记录。

```
USE stsc
GO
BEGIN TRANSACTION
  INSERT INTO student VALUES('121006','刘美琳','女', '1992-04-21','通信',52)
  INSERT INTO student VALUES('121007','罗超','男', '1992-11-05','通信',50)
  INSERT INTO student VALUES('122009','何春蓉','女', '1992-06-15','计算机',52)
DECLARE @stCount int
SELECT @stCount=(SELECT COUNT(*) FROM student)
IF @stCount>8
  BEGIN
    ROLLBACK TRANSACTION
    PRINT '插入记录数超过规定数，插入失败！'
  END
ELSE
  BEGIN
    COMMIT TRANSACTION
```

```
    PRINT '插入成功！'
END
```

图 12.4　使用回滚语句标识事务结束的查询消息

　　该语句从 BEGIN TRANSACTION 定义事务开始，向 student 表插入 3 条记录，插入完成后对该表的记录计数，判断插入记录数已超过规定的 8 条记录，使用 ROLLBACK TRANSACTION 语句撤销该事务的所有操作，将数据恢复到开始工作之前的状态，事务结束后 student 表未改变，查询消息如图 12.5 所示。

图 12.5　回滚到开始工作之前的状态的查询消息

【例 12.6】 建立一个事务，向 course 表插入一行数据，设置保存点，然后删除该行。

```
BEGIN TRANSACTION
  USE stsc
  INSERT INTO course VALUES('207','操作系统',3,'204104')
  SAVE TRANSACTION cou_point        /*设置保存点*/
  DELETE FROM course WHERE cno='207'
  ROLLBACK TRANSACTION cou_point    /*回滚到保存点cou_point */
COMMIT TRANSACTION
```

该语句建立的事务执行完毕后插入的一行并没有被删除，因为回滚语句 ROLLBACK TRANSACTION 将操作回退到保存点 cou_point，删除操作被撤销，所以 course 表增加了一行数据，查询消息如图 12.6 所示。

图 12.6　回滚到保存点删除操作被撤销

【例 12.7】 建立事务更新 course 表一行的列值，设置保存点，然后插入一行到 teacher 表。

```
BEGIN TRANSACTION tran_upd
  USE stsc
  UPDATE course SET tno='204106' WHERE cno='208'
  SAVE TRANSACTION coutn_point   /*设置保存点*/
  INSERT teacher VALUES('204106','李世有','男', '1976-09-24','副教授', '计算
机学院')
  IF (@@error=0)
    BEGIN
      ROLLBACK TRANSACTION coutn_point   /*如果上一T-SQL语句执行成功,回滚到保存
点coutn_point */
    END
  ELSE
    COMMIT TRANSACTION tran_upd
```

该语句建立的事务执行完毕后并未插入一行到 teacher 表，由 IF 语句根据条件 IF

(@@error=0)，回滚语句 ROLLBACK TRANSACTION 将操作回退到保存点 coutn_point，插入操作被撤销，所以仅更新了 course 表一行的列值，查询消息如图 12.7 所示。

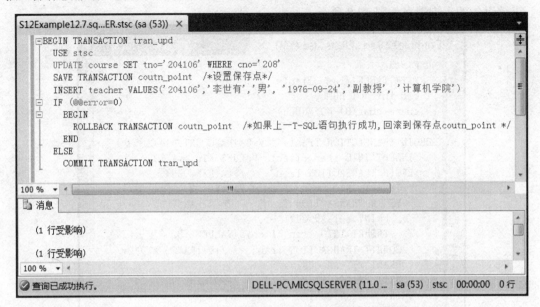

图 12.7　回滚到保存点插入操作被撤销

4．事务嵌套

在 SQL Server 中，BEGIN TRANSACTION 和 COMMIT TRANSACTION 语句也可以进行嵌套，即事务可以嵌套执行。

全局变量@@TRANCOUNT 用于返回当前等待处理的嵌套事务数量，如果没有等待处理的事务，该变量值为 0。BEGIN TRANSACTION 语句将@@TRANCOUNT 加 1。ROLLBACK TRANSACTION 将@@TRANCOUNT 递减为 0，但 ROLLBACK TRANSACTION savepoint_name 除外，它不影响@@TRANCOUNT。COMMIT TRANSACTION 或 COMMIT WORK 将@@TRANCOUNT 递减 1。

【例 12.8】　嵌套的 BEGIN TRANSACTION 和 COMMIT TRANSACTION 语句执行结果。

```
USE stsc
CREATE TABLE tran_clients
( cid int NOT NULL,
  cname char(8) NOT NULL)
GO
BEGIN TRANSACTION Tran1          /*@@TRANCOUNT为1*/
  INSERT INTO tran_clients VALUES (1,'李君')
  BEGIN TRANSACTION Tran2        /*@@TRANCOUNT为2*/
    INSERT INTO tran_clients VALUES (2, '刘佳慧')
    BEGIN TRANSACTION Tran3      /*@@TRANCOUNT为3*/
      PRINT @@TRANCOUNT
      INSERT INTO tran_clients VALUES (3, '王玉山')
    COMMIT TRANSACTION Tran3     /*@@TRANCOUNT为2**/
    PRINT @@TRANCOUNT
  COMMIT TRANSACTION Tran2       /*@@TRANCOUNT为1*/
  PRINT @@TRANCOUNT
```

```
COMMIT TRANSACTION Tran1    /*@@TRANCOUNT为0*/
PRINT @@TRANCOUNT
```

该语句的查询消息如图 12.8 所示。

图 12.8　嵌套的 BEGIN TRANSACTION 和 COMMIT TRANSACTION 语句的查询消息

12.2　锁　　定

锁定是 SQL Server 用来同步多个用户同时对同一个数据块访问的一种机制，用于控制多个用户的并发操作，以防止用户读取正在由其他用户更改的数据或者多个用户同时修改同一数据，从而确保事务的完整性和数据库的一致性。

12.2.1　并发影响

修改数据的用户会影响同时读取或修改相同数据的其他用户，即使这些用户可以并发访问数据。并发操作带来的数据不一致性包括丢失更新、脏读、不可重复读、幻读等。

（1）丢失更新（lost update）：当两个事务同时更新数据时系统只能保存最后一个事务更新的数据，导致另一个事务更新的数据丢失。

（2）脏读（dirty read）：当第一个事务正在访问数据，第二个事务正在更新该数据，但尚未提交时会发生脏读问题，此时第一个事务正在读取的数据可能是"脏"（不正确）数据，从而引起错误。

（3）不可重复读（unrepeatable read）：如果第一个事务两次读取同一文档，但在两次读取之间另一个事务重写了该文档，当第一个事务第二次读取文档时文档已更改，此时发生原始读取不可重复的问题。

（4）幻读：当对某行执行插入或删除操作，而该行属于某个事务正在读取的行的范围时会发生幻读问题。由于其他事务的删除操作，事务第一次读取的行的范围显示有一行不再存在于第二次或后续读取内容中。同样，由于其他事务的插入操作，事务第二次或后续读取的内容显示有一行并不存在于原始读取内容中。

12.2.2 可锁定资源和锁模式

1．可锁定资源

SQL Server 具有多粒度锁定，允许一个事务锁定不同类型的资源。为了尽量减少锁定的开销，数据库引擎自动将资源锁定在适合任务的级别。锁定在较小的粒度（例如行）可以提高并发度，但开销较高，因为如果锁定了许多行，则需要持有更多的锁。锁定在较大的粒度（例如表）会降低并发度，因为锁定整个表限制了其他事务对表中任意部分的访问。但其开销较低，因为需要维护的锁较少。

可锁定资源的粒度由细到粗列举如下。

（1）数据行（Row）：数据页中的单行数据。

（2）索引行（Key）：索引页中的单行数据，即索引的键值。

（3）页（Page）：页是 SQL Server 存取数据的基本单位，其大小为 8KB。

（4）扩展盘区（Extent）：一个盘区由 8 个连续的页组成。

（5）表（Table）：包括所有数据和索引的整个表。

（6）数据库（Database）：整个数据库。

2．锁模式

SQL Server 使用不同的锁模式锁定资源，这些锁模式确定了并发事务访问资源的方式，共有 7 种锁模式，分别是共享锁、更新锁、排他锁、意向锁、架构锁、大容量更新锁、键范围锁。

1）共享锁（S 锁）

共享锁允许并发事务在封闭式并发控制下读取资源。当资源上存在共享锁时，任何其他事务都不能修改数据。读取操作一完成，就立即释放资源上的共享锁，除非将事务隔离级别设置为可重复读或更高级别，或者在事务持续时间内用锁定提示保留共享锁。

2）更新锁（U 锁）

更新锁可以防止常见的死锁。在可重复读或可序列化事务中，此事务读取数据，获取资源（页或行）的共享锁，然后修改数据，此操作要求锁转换为排他锁。如果两个事务获得了资源上的共享模式锁，然后试图同时更新数据，则一个事务尝试将锁转换为排他锁。

共享模式到排他锁的转换必须等待一段时间，因为一个事务的排他锁与其他事务的共享模式锁不兼容，发生锁等待。第二个事务试图获取排他锁以进行更新。由于两个事务都要转换为排他锁，并且每个事务都等待另一个事务释放共享模式锁，因此发生死锁。

若要避免这种潜在的死锁问题，就要使用更新锁，一次只有一个事务可以获得资源的更新锁。如果事务修改资源，则更新锁转换为排他锁。

3）排他锁（X 锁）

排他锁可防止并发事务对资源进行访问，其他事务不能读取或修改排他锁锁定的数据。

4）意向锁

意向锁表示 SQL Server 需要在层次结构中的某些底层资源（如表中的页或行）上获取共享锁或排他锁。例如，放置在表级的共享意向锁表示事务打算在表中的页或行上放置共享锁。在表级设置意向锁可防止另一个事务随后在包含那一页的表上获取排他锁。意向锁可以提高性能，因为 SQL Server 仅在表级检查意向锁来确定事务是否可以安全地获取该表上的锁，而无须检查表中的每行或每页上的锁以确定事务是否可以锁定整个表。

意向锁包括意向共享（IS）锁、意向排他（IX）锁以及与意向排他共享（SIX）锁。

- 意向共享（IS）锁：通过在各资源上放置 S 锁，表明事务的意向是读取层次结构中的部分（而不是全部）底层资源。
- 意向排他（IX）锁：通过在各资源上放置 X 锁，表明事务的意向是修改层次结构中的部分（而不是全部）底层资源。IX 是 IS 的超集。
- 意向排他共享（SIX）锁：通过在各资源上放置 IX 锁，表明事务的意向是读取层次结构中的全部底层资源并修改部分（而不是全部）底层资源。

5）架构锁

架构锁包含两种类型，即架构修改（Sch-M）锁和架构稳定性（Sch-S）锁。

在执行表的数据定义语言操作（如增加列或删除表）时使用架构修改（Sch-M）锁。

当编译查询时使用架构稳定性（Sch-S）锁。架构稳定性（Sch-S）锁不阻塞任何事务锁，包括排他锁。因此在编译查询时，其他事务（包括在表上有排他锁的事务）都能继续运行，但不能在表上执行 DDL 操作。架构锁在执行依赖于表架构的操作时使用。

6）大容量更新（BU）锁

当将数据大容量复制到表且指定了 TABLOCK 提示或者使用 sp_tableoption 设置了 table lock on bulk 表选项时将使用大容量更新锁。大容量更新锁允许进程将数据并发地大容量复制到同一个表，同时可防止其他不进行大容量复制数据的进程访问该表。

7）键范围锁

键范围锁用于序列化的事务隔离级别，可以保护由 T-SQL 语句读取的记录集合中隐含的行范围。键范围锁可以防止幻读，还可以防止对事务访问的记录集进行幻像插入或删除。

12.2.3 死锁

两个事务分别锁定某个资源，而又分别等待对方释放其锁定的资源时将发生死锁。

除非某个外部进程断开死锁，否则死锁中的两个事务都将无限期地等待下去。SQL Server 死锁监视器自动定期检查陷入死锁的任务。如果监视器检测到循环依赖关系，将选择其中一个任务作为牺牲品，然后终止其事务并提示错误，这样其他任务就可以完成其事务。对于事务以错误终止的应用程序，它还可以重试该事务，但通常要等到与它一起陷入死锁的其他事务完成后执行。

将哪个会话选为死锁牺牲品取决于每个会话的死锁优先级，如果两个会话的死锁优先级相同，则 SQL Server 实例将回滚开销较低的会话选为死锁牺牲品。例如，如果两个会话都将其死锁优先级设置为 HIGH，则此实例便将它估计回滚开销较低的会话选为牺牲品。

如果会话的死锁优先级不同，则将死锁优先级最低的会话选为死锁牺牲品。

1．可能会造成死锁的资源

每个用户会话可能有一个或多个代表它运行的任务，其中每个任务可能获取或等待获取各种资源。以下类型的资源可能会造成阻塞，并最终导致死锁。

1）锁

等待获取资源（如对象、页、行、元数据和应用程序）的锁可能导致死锁。例如，事务 T_1 在行 r_1 上有共享锁（S 锁）并等待获取行 r_2 的排他锁（X 锁）。事务 T_2 在行 r_2 上有共享锁（S 锁）并等待获取行 r_1 的排他锁（X 锁）。这将导致一个锁循环，其中，T_1 和 T_2 都等待对方释放已锁定的资源。

2）工作线程

排队等待可用工作线程的任务可能导致死锁。如果排队等待的任务拥有阻塞所有工作线程的资源，则将导致死锁。例如，会话 S_1 启动事务并获取行 r_1 的共享锁（S 锁）后，进入睡眠状态。在所有可用工作线程上运行的活动会话正尝试获取行 r_1 的排他锁（X 锁）。因为会话 S_1 无法获取工作线程，所以无法提交事务并释放行 r_1 的锁。这将导致死锁。

3）内存

当并发请求等待获得内存，而当前的可用内存无法满足其需要时，可能发生死锁。例如，两个并发查询（Q_1 和 Q_2）作为用户定义函数执行，分别获取 10MB 和 20MB 的内存。如果每个查询需要 30MB，而可用总内存为 20MB，则 Q_1 和 Q_2 必须等待对方释放内存，这将导致死锁。

4）并行查询执行的相关资源

通常与交换端口关联的处理协调器、发生器或使用者线程至少包含一个不属于并行查询的进程时可能会相互阻塞，从而导致死锁。此外，当并行查询启动执行时，SQL Server 将根据当前的工作负荷确定并行度或工作线程数。如果系统工作负荷发生意外更改，例如当新查询开始在服务器中运行或系统用完工作线程时，则可能发生死锁。

2．将死锁减至最少

下列方法可将死锁减至最少。

（1）按同一顺序访问对象。

（2）避免事务中的用户交互。

（3）保持事务简短并处于一个批处理中。

（4）使用较低的隔离级别。

（5）使用基于行版本控制的隔离级别。

（6）将 READ_COMMITTED_SNAPSHOT 数据库选项设置为 ON，使得已提交读事务使用行版本控制。

（7）使用快照隔离。

（8）使用绑定连接。

12.3　小　　结

本章主要介绍了以下内容：

（1）事务是作为单个逻辑工作单元执行的一系列操作，事务的处理必须满足 ACID 原则，即原子性（Atomicity）、一致性（Consistency）、隔离性（Isolation）和持久性（Durability）。SQL Server 的事务可分为两类，即系统提供的事务和用户定义的事务。

（2）SQL Server 通过 3 种事务模式管理事务，即自动提交事务模式、显式事务模式和隐性事务模式。

显式事务模式以 BEGIN TRANSACTION 语句显式开始，以 COMMIT 或 ROLLBACK 语句显式结束。

隐性事务模式不需要使用 BEGIN TRANSACTION 语句标识事务的开始，但需要以 COMMIT 语句来提交事务，或以 ROLLBACK 语句来回滚事务。

（3）事务处理语句包括 BEGIN TRANSACTION、COMMIT TRANSACTION、ROLLBACK TRANSACTION 语句。

（4）锁定是 SQL Server 用来同步多个用户同时对同一个数据块的访问的一种机制，用于控制多个用户的并发操作，以防止用户读取正在由其他用户更改的数据或者多个用户同时修改同一数据，从而确保事务的完整性和数据库的一致性。

并发操作带来的数据不一致性包括丢失更新、脏读、不可重复读、幻读等。

可锁定资源的粒度由细到粗为数据行（Row）、索引行（Key）、页（Page）、扩展盘区（Exten）、表（Table）、数据库（Database）。

SQL Server 使用不同的锁模式锁定资源，这些锁模式确定了并发事务访问资源的方式，共有 7 种锁模式，分别是共享锁、更新锁、排他锁、意向锁、架构锁、大容量更新锁、键范围锁。

（5）两个事务分别锁定某个资源，而又分别等待对方释放其锁定的资源时将发生死锁。

可能会造成死锁的资源有锁、工作线程、内存、并行查询执行的相关资源。

将死锁减至最少的方法有按同一顺序访问对象；避免事务中的用户交互；保持事务简短并处于一个批处理中；使用较低的隔离级别；使用基于行版本控制的隔离级别；将 READ_COMMITTED_SNAPSHOT 数据库选项设置为 ON，使得已提交读事务使用行版本控制；使用快照隔离；使用绑定连接。

习　题　12

一、选择题

12.1　如果有两个事务，同时对数据库中的同一数据进行操作，不会引起冲突的操作是_____。

A．一个是 DEIETE，一个是 SELECT

B. 一个是 SELECT，一个是 DELETE

C. 两个都是 UPDATE

D. 两个都是 SELECT

12.2 解决并发操作带来的数据不一致问题普遍采用_____技术。

    A. 存取控制   B. 锁   C. 恢复   D. 协商

12.3 若某数据库系统中存在一个等待事务集 $\{T_1, T_2, T_3, T_4, T_5\}$，其中 T_1 正在等待被 T_2 锁住的数据项 A_2，T_2 正在等待被 T_4 锁住的数据项 A_4，T_3 正在等待被 T_4 锁住的数据项 $A4$，T_5 正在等待被 T_1 锁住的数据项 A。下列有关此系统所处状态及需要进行的操作的说法中正确的是_____。

    A. 系统处于死锁状态，撤销其中任意一个事务即可退出死锁状态

    B. 系统处于死锁状态，通过撤销 T_4 可使系统退出死锁状态

    C. 系统处于死锁状态，通过撤销 T_5 可使系统退出死锁状态

    D. 系统未处于死锁状态，不需要撤销其中的任何事务

二、填空题

12.4 事务的处理必须满足的 ACID 原则为原子性、一致性、隔离性和_____。

12.5 显式事务模式以_____语句显式开始，以 COMMIT 或 ROLLBACK 语句显式结束。

12.6 隐性事务模式需要以 COMMIT 语句来提交事务，或以_____语句来回滚事务。

12.7 锁定是 SQL Server 用来同步多个用户同时对同一个_____访问的一种机制。

12.8 并发操作带来的数据不一致性包括丢失更新、脏读、不可重复读、_____等。

12.9 两个事务分别锁定某个资源，而又分别等待对方_____其锁定的资源时将发生死锁。

三、问答题

12.10 什么是事务？事务的作用是什么？

12.11 ACID 原则有哪几个？

12.12 事务模式有哪几种？

12.13 为什么要在 SQL Server 中引入锁定机制？

12.14 锁模式有哪些？

12.15 为什么会产生死锁？怎样解决死锁现象？

四、上机实验题

12.16 建立一个显式事务，以显示 stsc 数据库中的 course 表的数据。

12.17 建立一个隐性事务，以插入课程表和成绩表中的新课程号的记录行。

12.18 建立一个事务，向 score 表插入一行数据，设置保存点，然后删除该行。

第13章 系统安全管理

本章要点:

- SQL Server 安全机制和身份验证模式。
- 服务器登录名的管理。
- 数据库用户的管理。
- 角色。
- 权限管理。

数据库的安全性是数据库服务器的重要功能之一,SQL Server 采用了复杂的安全保护措施,体现在其安全机制和身份验证模式上面。

本章介绍 SQL Server 安全机制和身份验证模式、服务器登录名的管理、数据库用户的管理、角色、权限管理等内容。

13.1 SQL Server 安全机制和身份验证模式

SQL Server 具有三层结构的安全机制和两种身份验证模式,下面分别介绍。

13.1.1 SQL Server 安全机制

SQL Server 的安全机制分为三层结构,包括服务器安全管理、数据库安全管理、数据库对象的访问权限管理。

1. 服务器安全性

用户登录 SQL Server 服务器必须通过身份验证,服务器安全性建立在控制服务器登录名和密码的基础上,这是 SQL Server 安全机制的第一道防线。

2. 数据库安全性

用户要对某一数据库进行操作,必须是该数据库的用户或数据库角色的成员,这是 SQL Server 安全机制的第二道防线。

3. 数据库对象安全性

用户要访问数据库中的某一对象,必须事先由数据库拥有者赋予该用户访问某一对象的权限,这是 SQL Server 安全机制的第三道防线。

> **注意:** 假设 SQLServer 服务器是一座大楼,大楼的每一个房间代表数据库,房间里的资料柜代表数据库对象,则登录名是进入大楼的钥匙,用户名是进入房间的钥匙,用户权限是打开资料柜的钥匙。

13.1.2 SQL Server 验证模式

SQL Server 提供了两种身份验证模式，即 Windows 验证模式和 SQL Server 验证模式，这两种模式登录 SQL Server 服务器的情形如图 13.1 所示。

图 13.1 用两种验证模式登录 SQL Server 服务器

1．Windows 验证模式

在 Windows 验证模式下，由于用户登录 Windows 时已经进行身份验证，登录 SQL Server 时就不再进行身份验证。

2．SQL Server 验证模式

在 SQL Server 验证模式下，SQL Server 服务器要对登录的用户进行身份验证。

当 SQL Server 在 Windows 操作系统上运行时，系统管理员可设定登录验证模式的类型为 Windows 验证模式和混合模式。当采用混合模式时，SQL Server 系统既允许使用 Windows 登录账号登录，也允许使用 SQL Server 登录账号登录。

13.2　服务器登录名的管理

对服务器登录名的管理有创建登录名、修改登录名、删除登录名等，下面分别介绍。

13.2.1　创建登录名

Windows 验证模式和 SQL Server 验证模式都可以使用图形界面和 T-SQL 语句两种方式创建登录名。

1．使用图形界面方式创建登录名

下面介绍使用图形界面方式创建登录名的过程。

【例 13.1】　使用图形界面方式创建登录名 Mike。

操作步骤如下：

（1）启动 SQL Server Management Studio，在对象资源管理器中展开"安全性"结点，选中"登录名"选项，右击该选项，在弹出的快捷菜单中选择"新建登录名"命令，如图 13.2 所示。

图 13.2　选择"新建登录名"命令

（2）出现如图 13.3 所示的"登录名-新建"窗口，在"登录名"文本框中输入创建的登录名"Mike"，选择"SQL Server 身份验证"（如果选择"Windows 身份验证"模式，可单击"搜索"按钮，在"选择用户或用户组"窗口中选择相应的用户名并添加到"登录名"文本框中）。

图 13.3　"登录名-新建"窗口

由于选择"SQL Server 身份验证",需要在"密码"和"确认密码"文本框中输入密码,此处输入"1234",将"强制实施密码策略"复选框中的勾去掉,单击"确定"按钮,完成登录名设置。

为了测试新建的登录名 Mike 能否连接 SQL Server,进行以下测试步骤:

在"对象资源管理器"窗口中单击"连接",在下拉框中选择"数据库引擎",弹出"连接到服务器"窗口,在"身份验证"文本框中选择"SQL Server 身份验证",在"登录名"文本框中输入"Mike",然后输入密码,单击"连接"按钮,登录到 SQL Server 服务器,登录后的"对象资源管理器"界面如图 13.4 所示。

图 13.4　对象资源管理器

2. 使用 T-SQL 语句创建登录名

创建登录名使用 CREATE LOGIN 语句。

语法格式:

```
CREATE LOGIN login_name
{ WITH PASSWORD = 'password' [ HASHED ] [ MUST_CHANGE ]
    [ , <option_list> [ ,… ] ]      /*WITH子句用于创建SQL Server登录名*/
  | FROM                            /*FROM子句用于创建其他登录名*/
  {
    WINDOWS [ WITH <windows_options> [ ,… ] ]
    | CERTIFICATE certname
    | ASYMMETRIC KEY asym_key_name
  }
}
```

说明:

- 创建 SQL Server 登录名使用 WITH 子句,PASSWORD 用于指定正在创建的登录名的密码,password 为密码字符串。
- 创建 Windows 登录名使用 FROM 子句,在 FROM 子句的语法格式中,WINDOWS 关键字指定将登录名映射到 Windows 登录名,其中,<windows_options>为创建

Windows 登录名的选项，DEFAULT_DATABASE 指定默认数据库，DEFAULT_ LANGUAGE 指定默认语言。

【例 13.2】 使用 T-SQL 语句创建登录名 Qian、Lee1、Ben。

以下语句用于创建 SQL Server 验证模式登录名 Qian：

```
CREATE LOGIN Qian
  WITH PASSWORD='1234',
  DEFAULT_DATABASE=stsc
```

以下语句用于创建 SQL Server 验证模式登录名 Lee1：

```
CREATE LOGIN Lee1
  WITH PASSWORD='1234',
  DEFAULT_DATABASE=stsc
```

以下语句用于创建 Windows 验证模式登录名 Ben：

```
CREATE LOGIN Ben
  WITH PASSWORD='1234',
  DEFAULT_DATABASE=stsc
```

13.2.2　修改登录名

修改登录名可以使用图形界面和 T-SQL 语句两种方式。

1. 使用图形界面方式修改登录名

【例 13.3】 使用图形界面方式修改登录名 Mike 的密码，将它的密码改为 123456。

操作步骤如下：

（1）启动 SQL Server Management Studio，在对象资源管理器中展开"安全性"结点，展开"登录名"结点，然后选中 Mike 选项，右击该选项，在弹出的快捷菜单中选择"属性"命令，如图 13.5 所示。

图 13.5　选择"属性"命令

（2）出现如图 13.6 所示的"登录属性-Mike"窗口，在"密码"和"确认密码"文本框中输入新密码"123456"，单击"确定"按钮，完成登录名密码的修改。

图 13.6 "登录属性-Mike"窗口

2. 使用 T-SQL 语句修改登录名

修改登录名使用 ALTER LOGIN 语句。

语法格式：

```
ALTER LOGIN login_name
{
  status_option | WITH set_option […]
)
```

其中，login_name 为需要更改的登录名，在 WITH set_option 选项中可指定新的登录名和新密码等。

使用 T-SQL 语句修改登录名举例如下：

【例 13.4】 使用 T-SQL 语句修改登录名 Lee1，将其名称改为 Lee2。

```
ALTER LOGIN Lee1
  WITH name=Lee2
```

13.2.3   删除登录名

用户可以使用图形界面和 T-SQL 语句两种方式删除登录名。

1．使用图形界面方式删除登录名

【例 13.5】 使用图形界面方式删除登录名 Lee2。

操作步骤如下：

（1）启动 SQL Server Management Studio，在对象资源管理器中，展开"安全性"结点，展开"登录名"结点，然后选中"Lee2"选项，右击该选项，在弹出的快捷菜单中选择"删除"命令，如图 13.7 所示。

（2）在出现的"删除对象"窗口中，单击"确定"按钮，即可删除登录名 Lee2。

图 13.7   选择"删除"命令

2．使用 T-SQL 语句删除登录名

删除登录名使用 DROP LOGIN 语句。

语法格式：

```
DROP LOGIN login_name
```

其中，login_name 为指定要删除的登录名。

【例 13.6】 使用 T-SQL 语句删除登录名 Ben。

```
DROP LOGIN Ben
```

13.3 数据库用户的管理

一个用户取得合法的登录名仅能够登录到 SQL Server 服务器，不表明能对数据库和数据库对象进行某些操作。

用户对数据库的访问和对数据库对象进行的所有操作都是通过数据库用户来控制的。数据库用户总是基于数据库的，一个登录名总是与一个或多个数据库用户对应，两个不同的数据库可以有两个相同的数据库用户。

注意：数据库用户可以与登录名相同，也可以与登录名不同。

13.3.1 创建数据库用户

创建数据库用户必须首先创建登录名，创建数据库用户有使用图形界面和 T-SQL 语句两种方式，以下将"数据库用户"简称"用户"。

1．使用图形界面方式创建用户

【例 13.7】 使用图形界面方式创建用户 Acc。

操作步骤如下：

（1）启动 SQL Server Management Studio，在对象资源管理器中，展开"数据库"结点，展开"stsc"结点，然后展开"安全性"结点，选中"用户"选项，右击该选项，在弹出的快捷菜单中选择"新建用户"命令，如图 13.8 所示。

图 13.8 选择"新建用户"命令

（2）出现如图 13.9 所示的"数据库用户-新建"窗口，在"用户名"文本框中输入创建的用户名"Acc"，单击"登录名"右侧的 [...] 按钮。

图 13.9 "数据库用户-新建"窗口

（3）出现如图 13.10 所示的"选择登录名"对话框，单击"浏览"按钮，出现如图 13.11 所示的"查找对象"对话框，在登录名列表中选择"Mike"，两次单击"确定"按钮。

图 13.10 "选择登录名"对话框

图 13.11　"查找对象"对话框

　　（4）出现如图 13.12 所示的窗口，已为用户名 Acc 选择登录名 Mike，单击"确定"按钮完成用户 Acc 的创建。

图 13.12　为用户名 Acc 选择登录名 Mike

2．使用 T-SQL 语句创建用户

创建数据库用户使用 CREATE USER 语句。

语法格式：

```
CREATE USER user_name
[{ FOR | FROM }
    {
        LOGIN login_name
      | CERTIFICATE cert_name
      | ASYMMETRIC KEY asym_key_name
    }
    | WITHOUT LOGIN
]
    [ WITH DEFAULT_SCHEMA = schema_name ]
```

说明：

- user_name 指定数据库用户名。
- FOR 或 FROM 子句用于指定相关联的登录名，LOGIN login_name 指定要创建数据库用户的 SQL Server 登录名。login_name 必须是服务器中有效的登录名，当此登录名进入数据库时，它将获取正在创建的数据库用户的名称和 ID。
- WITHOUT LOGIN 指定不将用户映射到现有登录名。
- WITH DEFAULT_SCHEMA 指定服务器为此数据库用户解析对象名称时将搜索的第一个架构，默认为 dbo。

【例 13.8】 使用 T-SQL 语句创建用户 Dbm、Sur1、Sur2。

以下语句用于创建用户 Dbm，其登录名 Qian 已创建：

```
CREATE USER Dbm
  FOR LOGIN Qian
```

以下语句用于创建用户 Sur1，其登录名 Sg1 已创建：

```
CREATE USER Sur1
  FOR LOGIN Sg1
```

以下语句用于创建用户 Sur2，其登录名 Sg2 已创建：

```
CREATE USER Sur2
  FOR LOGIN Sg2
```

13.3.2 修改数据库用户

修改数据库用户使用图形界面和 T-SQL 语句两种方式。

1．使用图形界面方式修改用户

【例 13.9】 使用图形界面方式修改用户 Acc。

操作步骤如下：

（1）启动 SQL Server Management Studio，在对象资源管理器中，展开"数据库"结点，展开"stsc"结点，然后展开"安全性"结点，展开"用户"结点，选中"Acc"选项右击，在弹出的快捷菜单中选择"属性"命令，如图 13.13 所示。

图 13.13　选择"属性"命令

（2）出现如图 13.14 所示的"数据库用户-Acc"窗口，在其中进行相应的修改，单击"确定"按钮完成修改。

图 13.14　"数据库用户-Acc"窗口

系统安全管理

2．使用 T-SQL 语句修改用户

修改数据库用户使用 ALTER USER 语句。

语法格式：

```
ALTER USER user_name
  WITH NAME = new_ user_name
```

其中，user_name 为要修改的数据库用户名，WITH NAME = new_ user_name 指定新的
数据库用户名。

【例 13.10】 使用 T-SQL 语句将用户 Sur2 修改为 Sur3。

```
USE stsc
ALTER USER Sur2
  WITH name=Sur3
```

13.3.3 删除数据库用户

删除数据库用户有使用图形界面和 T-SQL 语句两种方式。

1．使用图形界面方式删除用户

【例 13.11】 使用图形界面方式删除用户 Sur1。

操作步骤如下：

（1）启动 SQL Server Management Studio，在对象资源管理器中，展开"数据库"结点，
展开 stsc 结点，然后展开"安全性"结点，展开"用户"结点，选中 Sur1 选项右击，在弹
出的快捷菜单中选择"删除"命令，如图 13.15 所示。

图 13.15　选择"删除"命令

（2）在出现的"删除对象"窗口中，单击"确定"按钮，即可删除用户 Sur1。

2．使用 T-SQL 语句删除用户

删除数据库用户使用 DROP USER 语句。

语法格式：

```
DROP USER user_name
```

其中，user_name 为要删除的数据库用户名，注意在删除之前要使用 USE 语句指定数据库。

【例 13.12】 使用 T-SQL 语句删除用户 Sur3。

```
USE stsc
DROP USER Sur3
```

13.4　角　　色

为便于集中管理数据库中的权限，SQL Server 提供了若干"角色"，这些角色将用户分为不同的组，对相同组的用户进行统一管理，赋予相同的操作权限，它们类似于 Microsoft Windows 操作系统中的用户组。

SQL Server 将角色划分为服务器角色、数据库角色。服务器角色用于对登录名授权，数据库角色用于对数据库用户授权。

13.4.1　服务器角色

服务器角色分为固定服务器角色和用户定义服务器角色。

1．固定服务器角色

固定服务器角色是执行服务器级管理操作的权限集合，这些角色是系统预定义的，在 SQL Server 中创建一个登录名后要赋予登录者具有管理服务器的权限，此时可设置该登录名为服务器角色的成员。SQL Server 提供了以下固定服务器角色。

- sysadmin：系统管理员，角色成员可以对 SQL Server 服务器进行所有的管理工作，为最高管理角色。这个角色一般适合于数据库管理员（DBA）。
- securityadmin：安全管理员，角色成员可以管理登录名及其属性，可以授予、拒绝、撤销服务器级和数据库级的权限，另外还可以重置 SQL Server 登录名的密码。
- serveradmin：服务器管理员，角色成员具有对服务器进行设置及关闭服务器的权限。
- setupadmin：设置管理员，角色成员可以添加和删除链接服务器，并执行某些系统存储过程。
- processadmin：进程管理员，角色成员可以终止 SQL Server 实例中运行的进程。
- diskadmin：用于管理磁盘文件。
- dbcreator：数据库创建者，角色成员可以创建、更改、删除或还原任何数据库。

- bulkadmin：可执行 BULK INSERT 语句，但是这些成员对要插入数据的表必须有 INSERT 权限。BULK INSERT 语句的功能是以用户指定的格式复制一个数据文件至数据库表或视图。
- public：其角色成员可以查看任何数据库。

用户只能将一个登录名添加为上述某个固定服务器角色的成员，不能自行定义服务器角色。

添加固定服务器角色成员有使用图形界面和使用系统存储过程两种方式。

1）使用图形界面方式添加固定服务器角色成员

【例 13.13】 在固定服务器角色 sysadmin 中添加登录名 Mike。

操作步骤如下：

（1）启动 SQL Server Management Studio，在对象资源管理器中，展开"安全性"结点，展开"服务器角色"结点，然后选中 sysadmin 选项，右击该选项，在弹出的快捷菜单中选择"属性"命令，如图 13.16 所示。

图 13.16 选择"属性"命令

（2）出现如图 13.17 所示的窗口，在角色成员列表中没有登录名 Mike，单击"添加"按钮。

图 13.17　Server Role Properties-sysadmin 窗口

（3）出现"选择登录名"对话框，单击"浏览"按钮，出现 "查找对象"对话框，在登录名列表中选择 Mike，两次单击"确定"按钮，出现如图 13.18 所示的 Server Role Properties-sysadmin 窗口，可以看出 Mike 登录名为 sysadmin 角色成员，单击"确定"按钮完成在固定服务器角色 sysadmin 中添加登录名 Mike 的设置。

图 13.18　指定 Mike 登录名为 sysadmin 角色成员

系统安全管理

2）使用系统存储过程添加固定服务器角色成员

使用系统存储过程 sp_addsrvrolemember 将登录名添加到某一固定服务器角色的语法格式如下：

```
sp_addsrvrolemember [ @loginame = ] 'login',  [@rolename =] 'role'
```

其中，login 指定添加到固定服务器角色 role 的登录名，login 可以是 SQL Server 登录名或 Windows 登录名；对于 Windows 登录名，如果还没有授予 SQL Server 访问权限，将自动对其授予访问权限。

【例 13.14】 在固定服务器角色 sysadmin 中添加登录名 Qian。

```
EXEC sp_addsrvrolemember 'Qian', 'sysadmin'
```

3）使用系统存储过程删除固定服务器角色成员

使用系统存储过程 sp_dropsrvrolemember 从固定服务器角色中删除登录名的语法格式如下：

```
sp_dropsrvrolemember [ @loginame = ] 'login' , [ @rolename = ] 'role'
```

其中，'login'为将要从固定服务器角色删除的登录名。'role'为服务器角色名，默认值为 NULL，它必须是有效的固定服务器角色名。

【例 13.15】 在固定服务器角色 sysadmin 中删除登录名 Qian。

```
EXEC sp_dropsrvrolemember 'Qian', 'sysadmin'
```

2．用户定义服务器角色

SQL Server 2012 新增了用户定义服务器角色。

用户定义服务器角色提供了灵活、有效的安全机制，用户可以创建、修改和删除用户定义服务器角色，能够像固定服务器角色一样添加角色成员和删除角色成员，其操作方法类似。

13.4.2 数据库角色

SQL Server 的数据库角色分为固定数据库角色和用户定义数据库角色。

1．固定数据库角色

固定数据库角色是在数据库级别定义的，并且有权进行特定数据库的管理和操作。

固定数据库角色及其执行的操作如下。

- db_owner：数据库所有者，可以执行数据库的所有管理操作。
- db_securityadmin：数据库安全管理员，可以修改角色成员身份和管理权限。
- db_accessadmin：数据库访问权限管理员，可以为 Windows 登录名、Windows 组和 SQL Server 登录名添加或删除数据库访问权限。
- db_backupoperator：数据库备份操作员，可以备份数据库。
- db_ddladmin：数据库 DDL 管理员，可以在数据库中运行任何数据定义语言（DDL）命令。
- db_datawriter：数据库数据写入者，可以在所有用户表中添加、删除或更改数据。

- db_datareader：数据库数据读取者，可以从所有用户表中读取所有数据。
- db_denydatawriter：数据库拒绝数据写入者，不能添加、修改或删除数据库的用户表中的任何数据。
- db_denydatareader：数据库拒绝数据读取者，不能读取数据库的用户表中的任何数据。
- public：特殊的数据库角色，每个数据库用户都属于 public 数据库角色。如果未向某个用户授予或拒绝对安全对象的特定权限，该用户将继承授予该对象的 public 角色的权限。

添加固定数据库角色成员有使用图形界面和使用系统存储过程两种方式。

1）使用图形界面方式添加固定数据库角色成员

【例 13.16】 在固定数据库角色 db_owner 中添加用户 Acc。

操作步骤如下：

（1）启动 SQL Server Management Studio，在对象资源管理器中展开"数据库"结点，展开 stsc 结点，然后展开"安全性"结点，展开"用户"结点，选中 Acc 选项右击，在弹出的快捷菜单中选择"属性"命令，出现"数据库用户-Acc"窗口，在角色成员列表中选择 db_owner 角色，如图 13.19 所示，单击"确定"按钮。

图 13.19　在"数据库用户-Acc"窗口中选择 db_owner 角色

系统安全管理

（2）为了查看 db_owner 角色的成员中是否添加了 Acc 用户，在对象资源管理器中展开"数据库"结点，展开 stsc 结点，展开"安全性"结点，然后展开"角色"结点，展开"数据库角色"结点，选中 db_owner 选项右击，在弹出的快捷菜单中选择"属性"命令，出现"数据库角色属性- db_owner"窗口，可以看出在角色成员列表中已有 Acc 成员，如图 13.20 所示。

图 13.20　固定数据库角色 db_owner 中已添加成员 Acc

2）使用系统存储过程添加固定数据库角色成员

使用系统存储过程 sp_addrolemember 将一个数据库用户添加到某一固定数据库角色的语法格式如下：

```
sp_addrolemember [ @rolename = ] 'role', [ @membername = ] 'security_account'
```

其中，'role'为当前数据库中的数据库角色的名称。'security_account'为添加到该角色的安全账户，可以是数据库用户或当前数据库角色。

【例 13.17】　在固定数据库角色 db_owner 中添加用户 Dbm。

```
USE stsc
GO
EXEC sp_addrolemember 'db_owner', 'Dbm'
```

3）使用系统存储过程删除固定数据库角色成员

使用系统存储过程 sp_droprolemember 将某一成员从固定数据库角色中删除的语法格式如下：

```
sp_droprolemember [ @rolename = ] 'role', [ @membername = ] 'security_account
```

【例 13.18】 在固定数据库角色 db_owner 中删除用户 Dbm。

```
EXEC sp_droprolemember 'db_owner', 'Dbm'
```

2．用户定义数据库角色

若有若干用户需要获取数据库共同权限，可形成一组，创建用户定义数据库角色赋予该组相应权限，并将这些用户作为该数据库角色成员即可。

创建用户定义数据库角色有使用图形界面和 T-SQL 语句两种方式。

1）使用图形界面方式创建用户定义数据库角色

【例 13.19】 为 stsc 数据库创建一个用户定义数据库角色 Roledb。

操作步骤如下：

（1）启动 SQL Server Management Studio，在对象资源管理器中，展开"数据库"结点，展开 stsc 结点，展开"安全性"结点，展开"角色"结点，选中"数据库角色"选项右击，在弹出的快捷菜单中选择"新建数据库角色"命令，如图 13.21 所示。

图 13.21　选择"新建数据库角色"命令

（2）出现如图 13.22 所示的"数据库角色-新建"窗口，在"角色名称"文本框中输入"Roledb"，单击"所有者"文本框后的"."按钮。

图 13.22　"数据库角色-新建"窗口

（3）出现如图 13.23 所示的"选择数据库用户或角色"对话框，单击"浏览"按钮，出现如图 13.24 所示的"查找对象"对话框，从中选择数据库用户 Acc，两次单击"确定"按钮。

图 13.23　"选择数据库用户或角色"对话框

图 13.24 "查找对象"对话框

（4）选择"安全对象"选项卡，设置参数如图 13.25 所示，单击"确定"按钮，完成用户定义数据库角色 Roledb 的创建。

图 13.25 "安全对象"选项卡

系统安全管理

2）使用 T-SQL 语句创建用户定义数据库角色

（1）创建用户定义数据库角色：创建用户定义数据库角色使用 CREATE ROLE 语句。

语法格式：

```
CREATE ROLE role_name [ AUTHORIZATION owner_name ]
```

其中，role_name 为要创建的自定义数据库角色名称。AUTHORIZATION owner_name 指定新的自定义数据库角色拥有者。

【例 13.20】 为 stsc 数据库创建一个数据库用户角色 Roledb1。

```
USE stsc
GO
CREATE ROLE Roledb1 AUTHORIZATION dbo
```

（2）添加数据库角色成员：向用户定义数据库角色添加成员使用存储过程 sp_addrolemember，其用法与前面介绍的基本相同。

【例 13.21】 给数据库用户角色 Roledb1 添加用户账户 Dbm。

```
EXEC sp_addrolemember 'Roledb1','Dbm'
```

3）使用 T-SQL 语句删除用户定义数据库角色

删除数据库角色使用 DROP ROLE 语句。

语法格式：

```
DROP ROLE role_name
```

【例 13.22】 删除数据库用户角色 Roledb。

```
DROP ROLE Roledb
```

3．应用程序角色

应用程序角色用于允许用户通过特定的应用程序获取特定数据，它是一种特殊的数据库角色。

应用程序角色是非活动的，在使用之前要在当前连接中将其激活，激活一个应用程序角色后，当前连接将失去它所有的用户权限，只获得应用程序角色所拥有的权限。应用程序角色在默认情况下不包含任何成员。

13.5 权限管理

登录名具有对某个数据库的访问权限，但并不表示对该数据库的数据库对象具有访问权限，只有在对数据库用户授权后才能访问数据库对象。

13.5.1 登录名的权限管理

使用图形界面方式给登录名授权举例如下：

【例 13.23】 将固定服务器角色 serveradmin 的权限分配给登录名 Mike。

操作步骤如下：

（1）启动 SQL Server Management Studio，在对象资源管理器中展开"安全性"结点，展开"登录名"结点，然后选中 Mike 选项右击，在弹出的快捷菜单中选择"属性"命令，如图 13.26 所示。

图 13.26 选择"属性"命令

（2）在出现的"登录属性-Mike"窗口中选择"服务器角色"选项卡，如图 13.27 所示。在"服务器角色"列表框中勾选 serveradmin 固定服务器角色。

图 13.27 "登录属性-Mike"窗口

（3）选择"用户映射"选项卡，出现如图 13.28 所示的窗口，在"映射到此登录名的用户"列表框中勾选 stsc 数据库，设置数据库用户，此处设置为 Acc 用户，可以看出数据库用户 Acc 具有固定服务器角色 public 权限。

图 13.28　"用户映射"选项卡

（4）选择"安全对象"选项卡，单击"搜索"按钮，出现如图 13.29 所示的"添加对象"对话框，然后选择"特定类型的所有对象"单选按钮，单击"确定"按钮，出现如图 13.30 所示的"选择对象类型"对话框，选择"登录名"复选框，单击"确定"按钮。

图 13.29　"添加对象"对话框

图 13.30 "选择对象类型" 对话框

（5）返回到"登录属性-Mike"窗口的"安全对象"选项卡，在安全对象列表中选择Mike，在"Mike 的权限"列表中勾选"更改"进行授予，设置如图 13.31 所示，然后单击"确定"按钮完成对登录名 Mike 的授权操作。

图 13.31 "登录属性-Mike" 窗口的"安全对象"选项卡

系统安全管理

13.5.2　数据库用户的权限管理

使用图形界面方式和 T-SQL 语句给数据库用户授权，下面分别进行介绍。

1．使用图形界面方式给用户授予权限

【例 13.24】　使用图形界面方式给用户 Acc 授予一些权限。

操作步骤如下：

（1）启动 SQL Server Management Studio，在对象资源管理器中，展开"数据库"结点，展开 stsc 结点，然后展开"安全性"结点，展开"用户"结点，选中 Acc 用户右击，在弹出的快捷菜单中选择"属性"命令，如图 13.32 所示。

图 13.32　选择"属性"命令

（2）在出现的"数据库用户-Acc"窗口中选择"安全对象"选项卡，如图 13.33 所示，单击"搜索"按钮。

图 13.33 "数据库用户-Acc"窗口

（3）出现如图 13.34 所示的"添加对象"对话框，选择"特定类型的所有对象"单选按钮，单击"确定"按钮，出现如图 13.35 所示的"选择对象类型"对话框，然后选择"表"复选框，单击"确定"按钮。

图 13.34 "添加对象"对话框

系统安全管理

图 13.35 "选择对象类型"对话框

（4）返回到"数据库用户-Acc"窗口的"安全对象"选项卡，在"安全对象"列表中选择 course，在 dbo.course 列表中勾选"插入""更改""更新""删除""选择"等权限进行授予，设置如图 13.36 所示，然后单击"确定"按钮，完成对用户 Acc 的授权操作。

图 13.36 "安全对象"选项卡

2. 使用 GRANT 语句给用户授予权限

使用 GRANT 语句可以给数据库用户或数据库角色授予数据库级别或对象级别的权限，其语法格式如下：

```
GRANT { ALL [ PRIVILEGES ] }| permission [ ( column [ ,…n ] ) ] [ ,…n ]
   [ ON [ class :: ] securable ] TO principal [ ,…n ]
   [ WITH GRANT OPTION ] [ AS principal ]
```

说明：

- ALL：授予所有可用的权限。
- permission：权限的名称。
- column：指定表中将授予其权限的列的名称。
- class：指定将授予其权限的安全对象的类，需要范围限定符 "::"。
- ON securable：指定将授予其权限的安全对象。
- TO principal：主体的名称，可以为其授予安全对象权限的主体随安全对象而异。
- GRANT OPTION：指示被授权者在获得指定权限的同时还可以将指定权限授予其他主体。

【例 13.25】 使用 T-SQL 语句给用户 Dbm 授予 CREATE TABLE 权限。

```
USE stsc
GRANT CREATE TABLE TO Dbm
GO
```

3. 使用 DENY 语句拒绝授予用户权限

使用 DENY 语句可以拒绝给当前数据库用户授予的权限，并防止数据库用户通过其组或角色成员资格继承权限，其语法格式如下：

```
DENY { ALL [ PRIVILEGES ] }
   | permission [ ( column [ ,…n ] ) ] [ ,…n ]
   [ ON securable ] TO principal [ ,…n ]
   [ CASCADE] [ AS principal ]
```

其中，CASCADE 指示拒绝授予指定主体该权限，同时对该主体授予了该权限的所有其他主体也拒绝授予该权限。当主体具有带 GRANT OPTION 的权限时为必选项。DENY 语句的语法格式中的其他项的含义与 GRANT 语句中的相同。

【例 13.26】 对所有 Roledb 角色成员拒绝 CREATE TABLE 权限。

```
USE stsc
DENY CREATE TABLE TO Roledb
GO
```

4. 使用 REVOKE 语句撤销用户权限

使用 REVOKE 语句可撤销以前给当前数据库用户授予或拒绝的权限，其语法格式如下：

```
REVOKE [ GRANT OPTION FOR ]
   { [ ALL [ PRIVILEGES ] ]
     | permission [ ( column [ ,…n ] ) ] [ ,…n ]
```

```
}
[ ON securable ]
{ TO | FROM } principal [ ,…n ]
[ CASCADE] [ AS principal ]
```

【例 13.27】 取消已授予用户 Dbm 的 CREATE TABLE 权限。

```
USE stsc
REVOKE CREATE TABLE FROM Dbm
GO
```

【例 13.28】 取消对 Dbm 授予的 student 表上的 SELECT 权限。

```
USE stsc
REVOKE SELECT ON student FROM Dbm
GO
```

13.6 综 合 训 练

1．训练要求

培养学生自主创建服务器登录名、创建数据库用户、创建用户定义数据库角色和在数据库角色中添加用户的能力。

（1）以系统管理员 sa 身份登录到 SQL Server。

（2）分别给 3 个学生创建登录名，即 st1、st2、st3。

（3）给上述 3 个学生创建 stsc 数据库用户，即 stud1、stud3、stud3。

（4）在数据库 stsc 上创建数据库角色 Roledb2，并给该数据库角色授予在 student 表上执行 SELECT 语句的权限。

（5）将每个学生用户定义为数据库角色 Roledb2 的成员。

2．T-SQL 语句的编写

根据题目要求编写 T-SQL 语句。

（1）不需要编写 T-SQL 语句。

（2）分别给 3 个学生创建登录名，即 st1、st2、st3。

```
CREATE LOGIN st1
  WITH PASSWORD='1234',
  DEFAULT_DATABASE=stsc
GO

CREATE LOGIN st2
  WITH PASSWORD='1234',
  DEFAULT_DATABASE=stsc
GO

CREATE LOGIN st3
  WITH PASSWORD='1234',
  DEFAULT_DATABASE=stsc
GO
```

（3）给上述 3 个学生创建 stsc 的数据库用户，即 stud1、stud2、stud3。

```
CREATE USER stud1
  FOR LOGIN st1
GO

CREATE USER stud2
  FOR LOGIN st2
GO

CREATE USER stud3
  FOR LOGIN st3
GO
```

（4）在数据库 stsc 上创建数据库角色 Roledb2，并给该数据库角色授予在 student 表上执行 SELECT 语句的权限。

```
USE stsc
GO

CREATE ROLE Roledb2 AUTHORIZATION dbo
GO

GRANT SELECT ON student TO Roledb2
  WITH GRANT OPTION
GO
```

（5）将每个学生用户定义为数据库角色 Roledb2 的成员。

```
EXEC sp_addrolemember 'Roledb2','stud1'

EXEC sp_addrolemember 'Roledb2','stud2'

EXEC sp_addrolemember 'Roledb2','stud3'
```

13.7 小　结

本章主要介绍了以下内容：

（1）SQL Server 的安全机制分为三层结构，包括服务器安全管理、数据库安全管理、数据库对象的访问权限管理。

SQL Server 提供了两种身份验证模式，即 Windows 验证模式和 SQL Server 验证模式。

（2）可以使用图形界面和 T-SQL 语句两种方式创建登录名，在 T-SQL 语句中，创建登录名使用 CREATE LOGIN 语句。

修改登录名可以使用图形界面和 T-SQL 语句两种方式，修改登录名使用 ALTER LOGIN 语句。

可以使用图形界面和 T-SQL 语句两种方式删除登录名，删除登录名使用 DROP LOGIN 语句。

（3）创建数据库用户必须首先创建登录名。

创建数据库用户可以使用图形界面和 T-SQL 语句两种方式，创建数据库用户使用 CREATE USER 语句。

修改数据库用户使用图形界面和 T-SQL 语句两种方式，修改数据库用户使用 ALTER USER 语句。

删除数据库用户使用图形界面和 T-SQL 语句两种方式，删除数据库用户使用 DROP USER 语句。

（4）SQL Server 提供了若干角色，这些角色将用户分为不同的组，对相同组的用户进行统一管理，赋予相同的操作权限。SQL Server 提供了服务器角色和数据库角色。

服务器角色分为固定服务器角色和用户定义服务器角色。

固定服务器角色是执行服务器级管理操作的权限集合，这些角色是系统预定义的，添加固定服务器角色成员可以使用图形界面和系统存储过程两种方式。

SQL Server 2012 新增了用户定义服务器角色，提供了灵活、有效的安全机制，用户可以创建、修改和删除用户定义服务器角色。

（5）数据库角色分为固定数据库角色、用户定义数据库角色和应用程序角色。

固定数据库角色是在数据库级别定义的，并且有权进行特定数据库的管理和操作，这些角色由系统预定义，添加固定数据库角色成员可以使用图形界面和系统存储过程两种方式。

若有若干用户需要获取数据库共同权限，可形成一组，创建用户定义数据库角色赋予该组相应权限，并将这些用户作为该数据库角色成员即可。创建用户定义数据库角色可以使用图形界面和 T-SQL 语句两种方式。

应用程序角色用于允许用户通过特定的应用程序获取特定数据，它是一种特殊的数据库角色。

（6）权限管理包括登录名权限管理和数据库用户权限管理。

给数据库用户授予权限有使用图形界面和 T-SQL 语句两种方式。

使用 GRANT 语句可以给数据库用户或数据库角色授予数据库级别或对象级别的权限。

使用 DENY 语句可以拒绝给当前数据库用户授予的权限，并防止数据库用户通过其组或角色成员资格继承权限。

使用 REVOKE 语句可撤销以前给当前数据库用户授予或拒绝的权限。

习 题 13

一、选择题

13.1 在下列 SQL Server 提供的系统角色中，具有 SQL Server 服务器上全部操作权限的角色是_____。

    A. db_Owner   B. dbcreator   C. db_datawriter   D. sysadmin

13.2 下列角色中，具有数据库中全部用户表数据的插入、删除、修改权限且只具有这些权限的角色是_____。

    A. db_owner   B. db_datareader   C. db_datawriter   D. public

13.3 创建 SQL Server 登录账户的 SQL 语句是_____。

    A. CREATE LOGIN   B. CREATE USER

C. ADD LOGIN　　　　　　　　　　D. ADD USER

13.4　下列关于用户定义数据库角色的说法中错误的是_____。

A. 用户定义数据库角色只能是数据库级别的角色

B. 用户定义数据库角色可以是数据库级别的角色，也可以是服务器级别的角色

C. 定义用户定义数据库角色的目的是方便对用户的权限管理

D. 用户定义数据库角色的成员可以是用户定义数据库角色

13.5　下列关于 SQL Server 数据库用户权限的说法中错误的是_____。

A. 数据库用户自动具有该数据库中全部用户数据的查询权

B. 在通常情况下，数据库用户都来源于服务器的登录名

C. 一个登录名可以对应多个数据库中的用户

D. 数据库用户都自动具有该数据库中 public 角色的权限

13.6　在 SQL Server 中，设用户 U_1 是某数据库 db_datawriter 角色中的成员，则 U_1 在该数据库中有权执行的操作是_____。

A. SELECT

B. SELECT 和 INSERT

C. INSERT、UPDATE 和 DELETE

D. SELECT、INSERT、UPDATE 和 DELETE

13.7　在 SQL Server 的某数据库中，设用户 U_1 同时是角色 R_1 和角色 R_2 中的成员。现已授予角色 R_1 对表 T 具有 SELECT、INSERT 和 UPDATE 权限，授予角色 R_2 对表 T 具有 INSERT 和 DENY UPDATE 权限，没有对 U_1 进行其他授权，则 U_1 对表 T 有权执行的操作是_____。

A. SELECT 和 INSERT

B. INSERT、UPDATE 和 SELECT

C. SELECT 和 UPDATE

D. SELECT

二、填空题

13.8　SQL Server 的安全机制分为三层结构，包括服务器安全管理、数据库安全管理、数据库对象的_____。

13.9　SQL Server 提供了两种身份验证模式，即 Windows 验证模式和_____验证模式。

13.10　在 SQL Server 中创建登录名 em1，请补全下面的语句：

　　　_____ em1 WITH PASSWORD='1234' DEFAULT_DATABASE=StoreSales;

13.11　在 SQL Server 某数据库中授予用户 emp1 获得对 sales 表数据的查询权限，请补全实现该授权操作的 T-SQL 语句：

　　　_____ ON sales TO emp1;

13.12　在 SQL Server 某数据库中授予用户 emp1 获得创建表的权限，请补全实现该授权操作的 T-SQL 语句：

```
_____   TO emp1;
```

13.13 在 SQL Server 某数据库中设置不允许用户 stu1 获得对 student 表的插入数据权限，请补全实现该拒绝权限操作的 T-SQL 语句：

```
_____   ON student TO stu1;
```

13.14 在 SQL Server 某数据库中撤销用户 u1 创建表的权限，请补全实现该撤销权限操作的 T-SQL 语句：

```
_____   FROM u1;
```

三、问答题

13.15 怎样创建 Windows 验证模式和 SQL Server 验证模式的登录名？

13.16 SQL Server 登录名和用户有什么区别？

13.17 什么是角色？固定服务器角色有哪些？固定数据库角色有哪些？

13.18 常见数据库对象访问权限有哪些？

13.19 怎样给一个数据库用户或角色授予操作权限？怎样撤销授予的操作权限？

四、上机实验题

13.20 使用 T-SQL 语句创建登录名 mylog，其密码为'123456'，然后将密码改为'234567'，以 mylog/234567 登录到 SQL Server，打开 stsc 数据库，查看出现的结果，完成上述实验后，删除登录名 mylog。

13.21 创建了登录名 Mst，其默认数据库为 stsc，使用 T-SQL 语句为 Mst 登录名在 test 数据库中创建数据库用户 Musr。

13.22 将 test 数据库中建表的权限授予 Musr 数据库用户，然后收回该权限。

13.23 将 test 数据库中表 s 上的 INSERT、UPDATE 和 DELETE 权限授予 Musr 数据库用户，然后收回该权限。

13.24 拒绝 Musr 数据库用户对 test 数据库中表 s 的 INSERT、UPDATE 和 DELETE 权限。

第14章 | 备份和恢复

本章要点：

- 备份和恢复概述。
- 创建备份设备。
- 备份数据库。
- 恢复数据库。
- 复制数据库。
- 分离和附加数据库。

为了防止因硬件故障、软件错误、误操作、病毒和自然灾难而导致的数据丢失或数据库崩溃，数据备份和恢复工作是一项重要的系统管理工作。本章介绍备份和恢复概述、创建备份设备、备份数据库、恢复数据库、复制数据库、分离和附加数据库等内容。

14.1　备份和恢复概述

备份是制作数据库结构、数据库对象和数据的副本，当数据库遭到破坏时能够还原和恢复数据。恢复是指从一个或多个备份中还原数据，并在还原最后一个备份后恢复数据库的操作。

用于还原和恢复数据的数据副本称为"备份"，使用备份可以在发生故障后还原数据。通过妥善地备份可以从以下多种故障中恢复：

- 硬件故障（例如磁盘驱动器损坏或服务器报废）。
- 存储媒体故障（例如存放数据库的硬盘损坏）。
- 用户错误（例如偶然或恶意地修改或删除数据）。
- 自然灾难（例如火灾、洪水或地震等）。
- 病毒（破坏性病毒会破坏系统软件、硬件和数据）。

此外，数据库备份对于进行日常管理（例如将数据库从一台服务器复制到另一台服务器，设置数据库镜像以及进行存档）非常有用。

1. 备份类型

SQL Server 有 3 种备份类型，即完整数据库备份、差异数据库备份、事务日志备份。

（1）完整数据库备份：备份整个数据库或事务日志。

（2）差异数据库备份：备份自上次备份以来发生过变化的数据库的数据，差异备份也称为增量备份。

（3）事务日志备份：备份事务日志。

2．恢复模式

SQL Server 有 3 种恢复模式，即简单恢复模式、完整恢复模式和大容量日志恢复模式。

（1）简单恢复模式：无日志备份，自动回收日志空间以减少空间需求，实际上不再需要管理事务日志空间。

（2）完整恢复模式：需要日志备份，数据文件丢失或损坏不会导致丢失工作，可以恢复到任意时点（例如应用程序或用户错误之前）。

（3）大容量日志恢复模式：需要日志备份，该模式是完整恢复模式的附加模式，允许执行高性能的大容量复制操作，通过使用最小方式记录大多数大容量操作，减少日志空间的使用量。

14.2　创建备份设备

在备份操作过程中需要将要备份的数据库备份到备份设备中，备份设备可以是磁盘设备或磁带设备。

创建备份设备需要一个物理名称或一个逻辑名称，将可以使用逻辑名访问的备份设备称为命名备份设备，将可以使用物理名访问的备份设备称为临时备份设备。

- 命名备份设备：又称为逻辑备份设备，用户可定义名称，例如 mybackup。
- 临时备份设备：又称为物理备份设备，例如 "E:\tmpsql\dkbp.bak"。

使用命名备份设备的一个优点是比使用临时备份设备路径简单。

> **提示：** 物理备份设备的备份文件是常规操作系统文件。通过逻辑备份设备用户可以在引用相应的物理备份设备时使用间接寻址。

14.2.1　使用图形界面方式创建和删除命名备份设备

1．使用图形界面方式创建命名备份设备

下面介绍使用图形界面方式创建命名备份设备的过程。

【例 14.1】 使用图形界面方式创建命名备份设备 mybackup。

操作步骤如下：

（1）启动 SQL Server Management Studio，在对象资源管理器中展开"服务器对象"结点，选中"备份设备"选项，然后右击该选项，在弹出的快捷菜单中选择"新建备份设备"命令，如图 14.1 所示。

图 14.1　选择"新建备份设备"命令

（2）出现如图 14.2 所示的"备份设备"窗口，在"设备名称"文本框中输入创建的备份设备名"mybackup"，单击"文件"文本框后的 ... 按钮。

图 14.2　"备份设备"窗口

（3）出现如图 14.3 所示的"定位数据库文件-DELL-PC"窗口，在"所选路径"文本框中输入路径"E:\nmsql"，在"文件名"文本框中输入文件名"mybackup"，单击"确定"按钮完成设置。

图 14.3 "定位数据库文件-DELL-PC"窗口

（4）返回对象资源管理器，可以看到在"备份设备"中出现了已创建的命名备份设备 mybackup，如图 14.4 所示。

图 14.4 创建的命名备份设备 mybackup

> **注意：** 请将数据库和备份放置在不同的设备上，否则，如果包含数据库的设备失败，备份也将不可用。此外，放置在不同的设备上还可以提高写入备份和使用数据库时的 I/O 性能。

2．使用图形界面方式删除命名备份设备

下面举例说明使用图形界面方式删除命名备份设备。

【例 14.2】 设 mybackup1 已创建，使用图形界面方式删除命名备份设备 mybackup1

其操作步骤如下：

（1）启动 SQL Server Management Studio，在对象资源管理器中展开"服务器对象"结点，展开"备份设备"结点，然后选中要删除的备份设备"mybackup1"，右击该选项，在弹出的快捷菜单中选择"删除"命令，如图 14.5 所示。

图 14.5　选择"删除"命令

（2）出现"删除对象"窗口，单击"确定"按钮，则删除备份设备完成。

14.2.2　使用存储过程创建和删除命名备份设备

对使用存储过程创建和删除命名备份设备介绍如下：

1．使用存储过程创建命名备份设备

使用存储过程 sp_addumpdevice 创建命名备份设备，其语法格式如下：

```
sp_addumpdevice [ @devtype = ] 'device_type',
```

```
    [ @logicalname = ] 'logical_name',
    [ @physicalname = ] 'physical_name'
```

其中，device_type 指出介质类型，可以是 DISK 或 TAPE，DISK 表示硬盘文件，TAPE 表示是磁带设备；logical_name 和 physical_name 分别是逻辑名和物理名。

【例 14.3】 使用存储过程创建命名备份设备 mybackup2。

命名备份设备 mybackup2 的逻辑名为 mybackup2，物理名为"E:\nmsql\mybackup2.bak"，语句如下：

```
USE master
GO
EXEC sp_addumpdevice 'disk', 'mybackup2', 'E:\nmsql\mybackup2.bak'
```

注意： 备份磁盘应不同于数据库数据和日志的磁盘，这是数据或日志磁盘出现故障时访问备份数据必不可少的。

2．使用存储过程删除命名备份设备

使用存储过程 sp_dropdevice 删除命名备份设备举例如下：

【例 14.4】 使用存储过程删除命名备份设备 mybackup2。

```
EXEC sp_dropdevice 'mybackup2', DELFILE
```

14.2.3　使用 T-SQL 语句创建临时备份设备

使用 T-SQL 的 BACKUP DATABASE 语句创建临时备份设备，其语法格式如下：

```
BACKUP DATABASE { database_name | @database_name_var }
  TO <backup_file> [, …n ]
```

其中，database_name 是被备份的数据库名，backup_file 的定义格式如下：

```
{ { backup_file_name | @backup_file_name_evar } |
  { DISK | TAPE } = { temp_file_name | @temp_file_name_evar }
```

【例 14.5】 使用 T-SQL 语句创建临时备份设备 "E:\tmpsql\dkbp.bak"。

```
USE master
BACKUP DATABASE mystsc TO DISK='e:\tmpsql\dkbp.bak'
```

14.3　备份数据库

首先创建备份设备，然后才能通过图形界面方式或 T-SQL 语句备份数据库到备份设备中。

14.3.1　使用图形界面方式备份数据库

下面举例说明使用图形界面方式备份数据库。

【例 14.6】 使用图形界面方式对数据库 mystsc 进行备份。

操作步骤如下：

（1）启动 SQL Server Management Studio，在对象资源管理器中展开"数据库"结点，然后选中 mystsc，右击，在弹出的快捷菜单中选择"任务"→"备份"命令，如图 14.6 所示。

图 14.6 选择"备份"命令

（2）出现如图 14.7 所示的"备份数据库-mystsc"窗口，在"目标"选项组中有一个默认值，单击"删除"按钮将其删除，然后单击"添加"按钮。

图 14.7 "备份数据库-mystsc"窗口

（3）出现如图 14.8 所示的"选择备份目标"窗口，选中"备份设备"单选按钮，从组合框中选中已建备份设备 mybackup，单击"确定"按钮返回"备份数据库-mystsc"窗口，单击"确定"按钮数据库备份操作开始运行，备份完成后出现如图 14.9 所示的"备份成功"对话框，单击确定按钮完成备份数据库操作。

图 14.8 "选择备份目标"对话框

图 14.9 "备份成功"对话框

14.3.2 使用 T-SQL 语句备份数据库

对使用 T-SQL 中的 BACKUP 语句进行完整数据库备份、差异数据库备份、事务日志备份、数据库文件或文件组备份介绍如下。

1. 完整数据库备份

进行完整数据库备份使用 BACKUP 语句。

语法格式:

```
BACKUP DATABASE { database_name | @database_name_var }/*被备份的数据库名*/
TO <backup_device> [ , … n ]                           /*备份目标设备*/
[ WITH
    [BLOCKSSIZE={blocksize | @blocksize_variable } ]
    [[,] {CHECKSUM | NO_ CHECKSUM }]
    [[,] {STOP_ON_ERROR | CONTINUE_AFTER_ERROR}]
    [[,] DESCRIPTION={'text | @ text_variable'}]
    [[,] DIFFERENTIAL ]
    /*其余选项略*/
]

<backup_device>::=
 {
   { logical_device_name | @logical_device_name_var }   /*使用逻辑设备*/
 | { DISK | TAPE } =
     { 'physical_device_name' | @physical_device_name_var }/*使用物理设备*/
 }
```

其中,backup_device 指定进行备份操作时使用的逻辑备份设备或物理备份设备。

- 逻辑备份设备:又称为命名备份设备,由存储过程 sp_addumpdevice 创建。
- 物理备份设备:又称为临时备份设备。

【例 14.7】 创建一个命名备份设备 testbp,并将数据库 mystsc 完整备份到该设备。

```
USE master
EXEC sp_addumpdevice 'disk', 'testbp', 'E:\tmpsql\testbp.bak'
BACKUP DATABASE mystsc TO testbp
```

运行结果:

```
已为数据库 'mystsc',文件 'mystsc' (位于文件 1 上)处理了 304 页。
已为数据库 'mystsc',文件 'mystsc_log' (位于文件 1 上)处理了 2 页。
BACKUP DATABASE 成功处理了 306 页,花费 0.926 秒(2.573 MB/秒)。
```

2．差异数据库备份

在进行差异数据库备份时将备份从最近的完整数据库备份后发生过变化的数据部分。对于需要频繁修改的数据库，该备份类型可以缩短备份和恢复的时间。

进行差异备份使用 BACKUP 语句。

语法格式：

```
BACKUP DATABASE { database_name | @database_name_var }
   READ_WRITE_FILEGROUPS
   [ , FILEGROUP = { logical_filegroup_name | @logical_filegroup_name_var }
   [ ,…n ] ]
TO <backup_device> [ , … n ]
[ WITH
   {[[,] DIFFERENTIAL ]
   /*其余选项与数据库的完全备份相同*/
   }
]
```

其中，DIFFERENTIAL 选项是差异备份的关键字。

【例 14.8】 创建临时备份设备并在所创建的临时备份设备上对数据库 mystsc 进行差异备份。

```
BACKUP DATABASE mystsc TO
  DISK = 'E:\tmpsql\testbp1.bak' WITH DIFFERENTIAL
```

运行结果：

```
已为数据库 'mystsc'，文件 'mystsc' (位于文件 1 上)处理了 40 页。
已为数据库 'mystsc'，文件 'mystsc_log' (位于文件 1 上)处理了 1 页。
BACKUP DATABASE WITH DIFFERENTIAL 成功处理了 41 页，花费 0.210 秒(1.525 MB/秒)。
```

3．事务日志备份

事务日志备份用于记录前一次数据库备份或事务日志备份后数据库所做出的改变。事务日志备份需要在一次完全数据库备份后进行，这样才能将事务日志文件和数据库备份一起用于恢复。在进行事务日志备份时系统进行的操作如下：

（1）将事务日志中从前一次成功备份结束位置开始到当前事务日志结尾处的内容进行备份。

（2）标识事务日志中活动部分的开始，所谓事务日志的活动部分指从最近的检查点或最早的打开位置开始至事务日志的结尾处。

进行事务日志备份使用 BACKUP LOG 语句。

语法格式：

```
BACKUP LOG { database_name | @database_name_var }    /*指定被备份的数据库名*/
{
  TO <backup_device> [ ,…n ]                              /*指定备份目标*/
[ WITH
   {
```

```
    { NORECOVERY  | STANDBY = undo_file_name }
      | NO_TRUNCATE  ]
  /*其余选项与数据库的完全备份相同*/
  }
}
```

其中，BACKUP LOG 语句指定只备份事务日志。

【例 14.9】　创建一个命名备份设备 myslogbk 备份 mystsc 数据库的事务日志。

```
EXEC sp_addumpdevice 'disk', 'myslogbk', 'E:\nmsql\myslogbk.bak'
BACKUP LOG mystsc TO myslogbk
```

运行结果：

```
已为数据库 'mystsc'，文件 'mystsc_log' (位于文件 1 上) 处理了 8 页。
BACKUP LOG 成功处理了 8 页，花费 0.095 秒(0.657 MB/秒)。
```

4. 数据库文件或文件组备份

使用 BACKUP 语句进行数据库文件或文件组的备份。

语法格式：

```
BACKUP DATABASE { database_name | @database_name_var }
   <file_or_filegroup> [ ,…f ]                      /*指定文件或文件组名*/
TO <backup_device> [ ,…n ]
[ [ MIRROR TO <backup_device> [ ,…n ] ] [ …next-mirror ] ]
[ WITH
    { [[,] DIFFERENTIAL ]
      /*选项与数据库的完整备份的选项相同*/
}]
```

其中，参数<file_or_filegroup>指定的数据库文件或文件组备份到由参数 backup_device 指定的备份设备上。参数<file or filegroup>指定包含在数据库备份中的文件或文件组的逻辑名。

14.4　恢复数据库

恢复数据库有两种方式，一种是使用图形界面方式；另一种是使用 T-SQL 语句。

14.4.1　使用图形界面方式恢复数据库

下面介绍使用图形界面方式恢复数据库的过程。

【例 14.10】　对数据库 mystsc 进行数据库恢复。

使用图形界面方式恢复数据库的操作步骤如下：

（1）启动 SQL Server Management Studio，在对象资源管理器中展开"数据库"结点，然后选中 mystsc，右击该数据库，在弹出的快捷菜单中选择"任务"→"还原"→"数据库"命令，如图 14.10 所示。

312

图 14.10　选择"数据库"命令

（2）出现如图 14.11 所示的"还原数据库-mystsc"窗口，选择"设备"单选按钮，单击其右侧的···按钮。

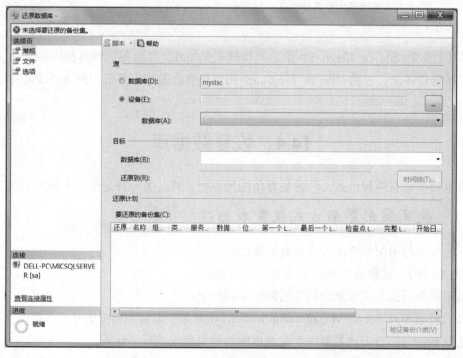

图 14.11　"还原数据库-mystsc"窗口

（3）出现如图 14.12 所示的"选择备份设备"窗口，从"备份介质类型"组合框中选择"备份设备"，单击"添加"按钮。

图 14.12　"选择备份设备"窗口

（4）出现如图 14.13 所示的"选择备份设备"对话框，从 "备份设备"组合框中选择mybackup，单击"确定"按钮返回"选择备份设备"窗口，然后单击"确定"按钮返回"还原数据库-mystsc"窗口，如图 14.14 所示。

图 14.13　"选择备份设备"窗口

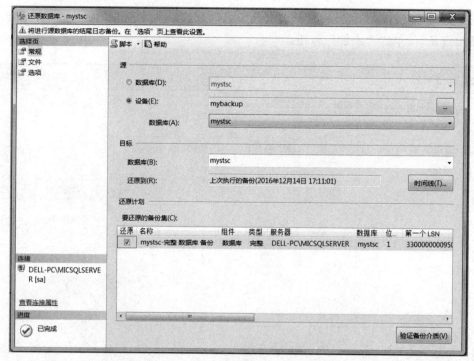

图 14.14 "还原数据库-mystsc"窗口

（5）选择"选项"选项卡，如图 14.15 所示，单击"确定"按钮，数据库恢复操作开始运行，还原完成后，出现如图 14.16 所示的"成功还原"对话框，单击"确定"按钮完成数据库恢复操作。

图 14.15 "还原数据库-mystsc"窗口的"选项"选项卡

图 14.16 "成功还原"对话框

14.4.2 使用 T-SQL 语句恢复数据库

在 SQL Server 中恢复数据库的 T-SQL 语句是 RESTORE。

1. 恢复数据库的准备

在进行数据库恢复之前 RESTORE 语句要校验有关备份集或备份介质的信息，其目的是确保数据库备份介质是有效的。

使用图形界面方式查看所有备份介质的属性的操作步骤如下：

启动 SQL Server Management Studio，在对象资源管理器中展开"服务器对象"结点，然后展开"备份设备"结点，选择要查看的备份设备，这里选择 mybackup 并右击，在弹出的快捷菜单中选择"属性"命令，在打开的"备份设备"窗口中选择"介质内容"选项卡，如图 14.17 所示。

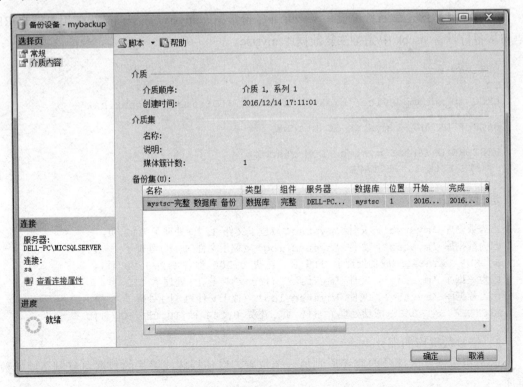

图 14.17 查看备份介质的有关信息

备份和恢复

在图 14.17 中可以看到所选备份介质的有关信息，例如备份介质所在的服务器、备份数据库名、位置、备份日期、大小、用户名等信息。

2．使用 RESTORE 语句恢复数据库

BACKUP 语句所做的备份可使用 RESTORE 语句恢复，包括完整恢复数据库、恢复数据库的部分内容、恢复特定的文件或文件组和恢复事务日志。

1）完整恢复数据库

当存储数据库的物理介质被破坏或者整个数据库被误删除或被破坏时，需要完整恢复数据库。在完整恢复数据库时，SQL Server 系统将重新创建数据库及与数据库相关的所有文件，并将文件存放在原来的位置。

语法格式：

```
RESTORE DATABASE { database_name | @database_name_var }
                                              /*指定被还原的目标数据库*/
  [ FROM <backup_device> [ ,…n ] ]              /*指定备份设备*/
  [ WITH
  {
    [  RECOVERY  |  NORECOVERY  |  STANDBY = {standby_file_name  |
@standby_file_name_var } ]
    | , <general_WITH_options> [ ,…n ]
```

其中，database_name 指定被还原的目标数据库名称，FROM 子句指定用于恢复的备份设备。

【例 14.11】 创建命名备份设备 stscbk 并备份数据库 mystsc 到 stscbk 后使用 RESTORE 语句从备份设备 stscbk 中完整恢复数据库 mystsc。

```
USE master
GO
EXEC sp_addumpdevice 'disk', 'stscbk', 'E:\nmsql\stscbk.bak'

BACKUP DATABASE mystsc TO stscbk

RESTORE DATABASE mystsc FROM stscbk
  WITH FILE=1, REPLACE
```

运行结果：

```
已为数据库 'mystsc'，文件 'mystsc' (位于文件 1 上)处理了 312 页。
已为数据库 'mystsc'，文件 'mystsc_log' (位于文件 1 上)处理了 3 页。
BACKUP DATABASE 成功处理了 315 页，花费 0.200 秒(12.270 MB/秒)。
已为数据库 'mystsc'，文件 'mystsc' (位于文件 1 上)处理了 312 页。
已为数据库 'mystsc'，文件 'mystsc_log' (位于文件 1 上)处理了 3 页。
RESTORE DATABASE 成功处理了 315 页，花费 0.244 秒(10.057 MB/秒)。
```

2）恢复数据库的部分内容

这是将数据库的部分内容还原到另一个位置，以使损坏或丢失的数据可复制至原始数据库。

语法格式：

```
RESTORE DATABASE { database_name | @database_name_var }
   <files_or_filegroup> [ ,…n ]    /*指定需恢复的逻辑文件或文件组的名称*/
[ FROM <backup_device> [ ,…n ] ]
   WITH
     PARTIAL, NORECOVERY
     [ , <general_WITH_options> [ ,…n ] ]
[;]
```

其中，**PARTIAL** 为在恢复数据库的部分内容时要在 WITH 后面加上的关键字。

3）恢复事务日志

恢复事务日志可以将数据库恢复到指定的时间点。

语法格式：

```
RESTORE LOG { database_name | @database_name_var }
[ <file_or_filegroup > [ ,…n ] ]
[ FROM <backup_device> [ ,…n ] ]
[ WITH
   {
     [ RECOVERY | NORECOVERY | STANDBY = {standby_file_name | @standby_
     file_name_var } ]
     | , <general_WITH_options> [ ,…n ]
   } [ ,…n ]
]
```

4）恢复特定的文件或文件组

若某个或某些文件被破坏或者被误删除，可以从文件或文件组备份中进行恢复，而不必进行整个数据库的恢复。

语法格式：

```
RESTORE DATABASE { database_name | @database_name_var }
   <file_or_filegroup> [ ,…n ]
[ FROM <backup_device> [ ,…n ] ]
   WITH
   {
     [ RECOVERY | NORECOVERY ]
     [ , <general_WITH_options> [ ,…n ] ]
     } [ ,…n ]
```

14.5　复制数据库

通过"复制数据库向导"，可以方便地将数据库及其对象从一台服务器移动或复制到另一台服务器，可以使用 SQL Server Management Studio 的对象资源管理器或 SQL Server 配置管理器启动"复制数据库向导"。下面举例说明复制数据库的过程。

【**例 14.12**】 将源数据库 stsc 复制到目标数据库 stsc_new。

其操作步骤如下：

（1）启动 SQL Server Management Studio，在对象资源管理器中，右击"SQL Server 代理"，在弹出的快捷菜单中选择"启动"命令，如图 14.18 所示，然后在弹出的对话框中单击"是"按钮。

图 14.18　选择"启动"命令

（2）在对象资源管理器中右击"管理"，在弹出的快捷菜单中选择"复制数据库"命令，打开"复制数据库向导"窗口，单击"下一步"按钮，进入"选择源服务器"窗口，如图 14.19 所示，单击"下一步"按钮。

图 14.19　"选择源服务器"窗口

进入"选择目标服务器"窗口，此处不做修改，单击"下一步"按钮。进入"选择传输方法"窗口，如图14.20所示，这里选择默认方法，单击"下一步"按钮。

图 14.20 "选择传输方法"窗口

（3）进入"选择数据库"窗口，选择需要复制的数据库，这里选择 stsc 并在相应"复制"选项中打钩（如果要移动数据库，则在"移动"选项中打钩），如图 14.21 所示，单击"下一步"按钮。

图 14.21 选择数据库

（4）进入如图 14.22 所示的"配置目标数据库"窗口，在"目标数据库"文本框中可改写目标数据库名称，还可修改目标数据库的逻辑文件和日志文件的文件名与路径，单击"下一步"按钮进入"配置包"窗口，这里选择默认设置，单击"下一步"按钮。进入"安排运行包"窗口，这里选择"立即运行"选项，单击"下一步"按钮。进入"完成该向导"窗口，单击"完成"按钮开始复制数据库，直到完成复制数据库操作。

图 14.22　配置目标数据库

14.6　分离和附加数据库

用户可以分离数据库的数据和事务日志文件，然后将它们重新附加到同一或其他 SQL Server 服务器。如果要将数据库更改到同一计算机的不同 SQL Server 服务器或要移动数据库，分离和附加数据库是很有用的。

14.6.1　分离数据库

分离数据库的操作过程举例如下。

【例 14.13】　将数据库 mystsc 从 SQL Server 分离。

其操作步骤如下：

（1）启动 SQL Server Management Studio，在对象资源管理器中展开"数据库"结点，然后选中 mystsc，右击该数据库，在弹出的快捷菜单中选择"任务"→"分离"命令，如图 14.23 所示。

图 14.23 选择"分离"命令

（2）进入"分离数据库"窗口，在"数据库名称"列显示要分离的数据库逻辑名称，勾选"删除连接"列，勾选"更新统计信息"列，如图 14.24 所示，然后单击"确定"按钮。

图 14.24 "分离数据库"窗口

备份和恢复

（3）单击"确定"按钮完成分离数据库操作，此时在"数据库"结点下已无 mystsc 数据库。

14.6.2 附加数据库

附加数据库的操作举例如下。

【例 14.14】 将数据库 mystsc 附加到 SQL Server 中。

其操作步骤如下：

（1）启动 SQL Server Management Studio，在对象资源管理器中右击"数据库"，在弹出的快捷菜单中选择"附加"命令，如图 14.25 所示。

（2）进入如图 14.26 所示的"附加数据库"窗口，单击"添加"按钮。

图 14.25 选择"附加"命令

图 14.26 "附加数据库"窗口

（3）出现如图 14.27 所示的"定位数据库文件-DELL-PC"窗口，选择 mystsc.mdf 文件，单击"确定"按钮返回。

图 14.27 "定位数据库文件-DELL-PC"窗口

（4）返回到如图 14.28 所示的"附加数据库"窗口，单击"确定"按钮完成附加数据库操作，此时在"数据库"结点下，又可看到 mystsc 数据库。

图 14.28 "附加数据库"窗口

14.7 小 结

本章主要介绍了以下内容：

（1）备份是制作数据库结构、数据库对象和数据的副本，当数据库遭到破坏时能够还原和恢复数据。恢复是指从一个或多个备份中还原数据，并在还原最后一个备份后恢复数据库的操作。

在 SQL Server 中有 3 种备份类型，即完整数据库备份、差异数据库备份、事务日志备份；有 3 种恢复模式：简单恢复模式、完整恢复模式和大容量日志恢复模式。

（2）在备份操作过程中需要将要备份的数据库备份到备份设备中，备份设备可以是磁盘设备或磁带设备。创建备份设备需要一个物理名称或一个逻辑名称，将可以使用逻辑名访问的备份设备称为命名备份设备，将可以使用物理名访问的备份设备称为临时备份设备。

用户可以使用图形界面方式创建和删除命名备份设备，使用存储过程 sp_addumpdevice 创建命名备份设备，使用存储过程 sp_dropdevice 删除命名备份设备，使用 T-SQL 的 BACKUP DATABASE 语句创建临时备份设备。

（3）备份数据库必须首先创建备份设备，然后才能通过图形界面方式或 T-SQL 语句备份数据库到备份设备中。

使用 T-SQL 中的 BACKUP 语句进行完整数据库备份、差异数据库备份、事务日志备份、数据库文件或文件组备份。

（4）恢复数据库有两种方式，一种是使用图形界面方式；另一种是使用 T-SQL 语句。

BACKUP 语句所做的备份可以使用 RESTORE 语句恢复，包括完整恢复数据库、恢复数据库的部分内容、恢复特定的文件或文件组和恢复事务日志。

（5）用户可以分离数据库的数据和事务日志文件，然后将它们重新附加到同一或其他 SQL Server 服务器。

习 题 14

一、选择题

14.1 下列关于数据库备份的说法中正确的是_____。
   A．对系统数据库和用户数据库都应采用定期备份的策略
   B．对系统数据库和用户数据库都应采用修改后即备份的策略
   C．对系统数据库应采用修改后即备份的策略，对用户数据库应采用定期备份的策略
   D．对系统数据库应采用定期备份的策略，对用户数据库应采用修改后即备份的策略

14.2 下列关于 SQL Server 备份设备的说法中正确的是_____。
   A．备份设备可以是磁盘上的一个文件
   B．备份设备是一个逻辑设备，它只能建立在磁盘上

C．备份设备是一台物理存在的有特定要求的设备

D．一个备份设备只能用于一个数据库的一次备份

14.3 下列关于差异备份的说法中正确的是_____。

A．差异备份备份的是从上次备份到当前时间数据库变化的内容

B．差异备份备份的是从上次完整备份到当前时间数据库变化的内容

C．差异备份仅备份数据，不备份日志

D．两次完整备份之间进行的各差异备份的备份时间都是一样的

14.4 下列关于日志备份的说法中错误的是_____。

A．日志备份仅备份日志，不备份数据

B．日志备份的执行效率通常比差异备份和完整备份高

C．日志备份的时间间隔通常比差异备份短

D．第一次对数据库进行的备份可以是日志备份

14.5 在 SQL Server 中有系统数据库 master、model、msdb、tempdb 和用户数据库。下列关于系统数据库和用户数据库的备份策略最合理的是_____。

A．对以上系统数据库和用户数据库都实行周期性备份

B．对以上系统数据库和用户数据库都实行修改之后即备份

C．对以上系统数据库实行修改之后即备份，对用户数据库实行周期性备份

D．对 master、model、msdb 实行修改之后即备份，对用户数据库实行周期性备份，对 tempdb 不备份

14.6 设有以下备份操作：

完整备份 1	日志备份 1	日志备份 2	差异备份 1	日志备份 3	日志备份 4
周日	周一	周一	周一	周二	周二	周二
0:00	10:00	15:00	0:00	10:00	15:00	17:00 故障

现从备份中对数据库进行恢复，正确的恢复顺序为_____。

A．完整备份 1，日志备份 1，日志备份 2，差异备份 1，日志备份 3，日志备份 4

B．完整备份 1，差异备份 1，日志备份 3，日志备份 4

C．完整备份 1，差异备份 1

D．完整备份 1，日志备份 4

二、填空题

14.7 SQL Server 支持的 3 种备份类型是完整数据库备份、差异数据库备份和_____。

14.8 SQL Server 的 3 种恢复模式是简单恢复模式、_____和大容量日志恢复模式。

14.9 第一次对数据库进行的备份必须是_____备份。

14.10 在 SQL Server 中，当恢复模式为简单恢复模式时，不能进行_____备份。

14.11 在 SQL Server 中，在进行数据库备份时_____用户操作数据库。

14.12 备份数据库必须首先创建_____。

三、问答题

14.13 在 SQL Server 中有哪几种恢复模式？有哪几种备份类型？分别简述其特点。

14.14 怎样创建命名备份设备和临时备份设备？

14.15 备份数据库有哪些方式？

14.16 恢复数据库有哪些方式？

14.17 分离和附加数据库要做哪些操作？

四、上机实验题

14.18 编写一个程序，创建数据库备份设备 mydk，对应的磁盘文件为"E:\SQL Server\dmp.bak"。

14.19 编写一个程序，将 test 数据库备份到数据库备份设备 mydk 中。

14.20 编写一个程序，从 mydk 恢复 test 数据库。

第 15 章　SQL Server 的自动化管理

本章要点：

- SQL Server 代理。
- 操作员。
- 作业。
- 警报。
- 数据库邮件。
- 维护计划向导。

Microsoft SQL Server 提供了自动执行管理任务的功能，SQL Server 代理使用作业、计划、警报、操作员等自动管理组件来定义要执行的任务、执行任务的时间以及报告任务成功或失败的方式。

自动管理可按下列步骤进行操作：

（1）确定哪些管理任务或服务器事件定期执行以及这些任务或事件是否可以通过编程方式进行管理。如果任务涉及一系列可预见的步骤并且在特定时间或响应特定事件时执行，则该任务非常适合自动化。

（2）使用 SQL Server Management Studio、Transact-SQL 脚本或 SQL Server 管理对象（SMO）定义一组作业、计划、警报和操作员。

（3）运行已定义的 SQL Server 代理作业。

15.1　SQL Server 代理

SQL Server 代理（SQL Server Agent）是一种 Microsoft Windows 服务，它执行安排的管理任务，即"作业"。SQL Server 代理使用 SQL Server 来存储作业信息。作业包含一个或多个作业步骤，每个步骤都有自己的任务，例如备份数据库。SQL Server 代理可以按照计划运行作业，也可以在响应特定事件时运行作业，还可以根据需要运行作业。例如，如果希望在每个工作日下班后备份公司的所有服务器，就可以使该任务自动执行。将备份安排在星期一到星期五的 22:00 之后运行，如果备份出现问题，SQL Server 代理可记录该事件并通知用户。

安装完 SQL Server 之后，在默认情况下，SQL Server Agent 服务为禁用，如果要执行管理任务，首先必须启动 SQL Server 代理服务，可以在 SQL Server 配置管理器或 SSMS 的资源管理器窗口中启动 SQL Server 代理服务。

在 SQL Server 代理服务启动以后需要正确地配置 SQL Server 代理。SQL Server 代理的配置信息主要保存在系统数据库 msdb 的表中，使用 SQL Server 用户对象来存储代理的身份验证信息。在 SQL Server 中必须将 SQL Server 代理配置为使用 sysadmin 固定服务器角色成员的账户才能执行其功能。该账户必须拥有以下 Windows 权限：

- 调整进程的内存配额；
- 以操作系统方式操作；
- 跳过遍历检查；
- 作为批处理作业登录；
- 作为服务登录；
- 替换进程级记号。

15.2 操 作 员

操作员（Operator）是在完成作业或出现警报时可以接收电子通知的人员或组的别名。SQL Server 代理服务支持通过操作员通知管理员的功能。操作员的主要属性是操作员名称和联系信息。

每个操作员都必须有一个名称，操作员名称必须是唯一的，并且长度不能超过 128 个字符，建议在定义警报之前定义操作员。

操作员的联系信息决定了通知该操作员的方式，通知方式如下。

- 电子邮件通知：电子邮件通知是向操作员发送电子邮件。对于电子邮件通知，需要提供操作员的电子邮件地址。
- 寻呼通知：寻呼是通过电子邮件实现的。对于寻呼通知，需要提供操作员接收寻呼消息的电子邮件地址。若要设置寻呼通知，必须在邮件服务器上安装软件，处理入站邮件并将其转换为寻呼消息。
- net send 通知：此方式通过 net send 命令向操作员发送消息。对于 net send，需要指定网络消息的收件人（计算机或用户）。

【例 15.1】 创建操作员 ben。

操作步骤如下：

（1）使用系统管理员身份连接 SQL Server，启动 SQL Server Management Studio，查看 SQL Server 代理服务是否运行，如果未运行，则右击"SQL Server 代理"，选择"启动"命令启动 SQL Server 代理服务。如果服务已经运行，则展开"SQL Server 代理"，右击"操作员"结点，在弹出的快捷菜单中选择"新建操作员"命令，如图 15.1 所示。

（2）进入"新建操作员"窗口，在"姓名"文本框中输入操作员名称，这里是 bcn；在"电子邮件名称"文本框中输入通知操作员的电子邮件，如 ben@163.com。如果需要指定 net send 通知，可以在"Net send 地址"文本框中输入计算机名。如果要通过寻呼来通知操作员，则在"寻呼电子邮件名称"框中输入操作员寻呼服务的寻呼地址。

图 15.1 选择"新建操作员"命令

在"寻呼值班计划"栏中可以选择操作员接收通知的时间。例如选择"星期日"复选框,并设置"工作日开始时间"和"工作日结束时间",则操作员将在每个星期日的这个时间段接到通知,如图 15.2 所示。

图 15.2 "新建操作员"窗口

SQL Server 的自动化管理

（3）单击"确定"按钮，完成创建操作员的操作。

15.3　作　业

作业（Job）是一系列由 SQL Server 代理按顺序执行的指定操作。作业可以执行一系列活动，包括运行 Transact-SQL 脚本、命令行应用程序、Microsoft ActiveX 脚本、Integration Services 包、Analysis Services 命令和查询或复制任务。作业可以运行重复任务或那些可计划的任务，它们可以通过生成警报来自动通知用户作业状态，从而极大地简化了 SQL Server 管理。

在 SQL Server 中可以使用 SQL Server 代理作业自动执行日常管理任务并反复运行它们，从而提高管理效率。

可以手动运行作业，也可以将作业配置为根据计划或响应警报来运行。

【例 15.2】　创建作业 ctbp_db，用于数据库创建和备份。

操作步骤如下：

（1）启动 SQL Server Management Studio，在对象资源管理器中，展开"SQL Server 代理"结点，然后选中"作业"选项，右击该选项，在弹出的快捷菜单中选择"新建作业"命令，如图 15.3 所示。

图 15.3　选择"新建作业"命令

（2）在"名称"文本框中输入要定义的作业名称，这里是"ctbp_db"，"所有者"使用默认值，在"类别"下拉框中选择当前作业的类别，这里是"数据库维护"，在"说明"文本框中输入"数据库创建和备份"，如图 15.4 所示。

图 15.4 "新建作业"窗口

（3）选择"步骤"选项卡，在左侧单击"新建"按钮，弹出"新建作业步骤"窗口。在该窗口的"步骤名称"文本框中定义一个作业步骤的名称，这里是"创建数据库"。在"类型"下拉框中选择作业步骤的类型，这里选择"Transact-SQL 脚本(T-SQL)"。如果作业步骤是对数据库直接操作，则可以在"数据库"下拉框中选择目标数据库，这里使用默认值。在"命令"文本框中输入创建新数据库的 T-SQL 语句，如图 15.5 所示。

在"新建作业步骤"窗口中可以单击"分析"按钮分析 SQL 命令的正确性，如果语句正确则选择"高级"选项卡，可以设置"成功时要执行的操作"和"失败时要执行的操作"，这里使用默认值，单击"确定"按钮返回。

SQL Server 的自动化管理

图 15.5　作业步骤 1：创建数据库

（4）返回"新建作业"窗口后，该窗口的"作业步骤列表"中将显示刚刚新建的作业步骤，再单击"新建"按钮，添加备份数据库的作业步骤，其过程与上一步相同，如图 15.6 所示。

图 15.6　作业步骤 2：备份数据库

（5）返回"新建作业"窗口，新建的作业步骤如图 15.7 所示。

图 15.7　新建的作业步骤

（6）选择"计划"选项卡，单击"新建"按钮，弹出"新建作业计划"窗口，如图 15.8 所示。在该窗口的"名称"文本框中输入要创建的作业计划的名称，在"计划类型"下拉框中可以选择"重复执行""执行一次"选项等。如果选择"重复执行"，还可以设置执行的频率、持续时间等选项。设置完毕后单击"确定"按钮返回。

图 15.8 "新建作业计划"窗口

（7）选择"通知"选项卡，选择作业完成时要执行的操作。例如，可以选择"电子邮件"复选框，在后面的第一个下拉框中选择要通知的操作员，如 ben。在第二个下拉框中选择通知操作员的时机，如果选择了"当作业完成时"选项，则包括"当作业成功时"和"当作业失败时"。如图 15.9 所示，这样设置以后在作业完成时可以使用电子邮件通知方式通知操作员。

图 15.9 通知情况设置

（8）单击"确定"按钮完成作业的创建，此后作业会按照之前的设定开始按计划执行。如果要查看作业的执行情况，展开"SQL Server 代理"的"作业"结点，右击刚刚创建的作业 ctbp_db，选择"查看历史记录"命令，在"日志文件查看器"窗口中即可查看作业执行的历史记录。

15.4 警　　报

警报（Alert）是对特定事件的自动响应，例如事件可以是启动的作业，也可以是达到特定阈值的系统资源。

警报可以通知一个或多个操作员、执行作业。

警报有 3 种，即事件警报、性能警报 WMI（Windows Management Instrumentation）警报。

1．事件警报

如果要创建基于 SQL Server 事件的警报，必须先把错误写到 Windows 事件日志上，因为 SQL Server 代理会从该事件日志上读取错误信息。一旦 SQL Server 代理读取了该事件日志并检测到了新错误，就会搜索整个数据库查找匹配的警报。当这个代理发现匹配的警报时，该警报立即被激活，进而可以通知操作员、执行作业或者同时做这两件事情。用户可以指定一个警报响应一个或多个事件。

用户可以使用下列参数来指定触发警报的 SQL Server 事件。

（1）错误号：SQL Server 代理在发生特定错误时发出警报。例如，可以指定错误号 2571 来响应未经授权就尝试调用数据库控制台命令（DBCC）的操作。

（2）严重级别：SQL Server 代理在发生特定级别的严重错误时发出警报。例如，可以指定严重级别 15 来响应 T-SQL 语句中的语法错误。SQL Server 中的每个错误都有一个关联的严重级别，用于指示错误的严重程度。表 15.1 中列出了常见的错误严重级别及说明。

表 15.1　SQL Server 常见的错误严重级别及说明

级　　别	说　　明	是否写入应用程序日志
0～10	消息，不是错误	可选
11～16	用户错误，可纠正	可选
17	在服务器资源耗尽时产生的错误	可选
18	非致命的内部错误，语句将完成，并且用户连接将维持	可选
19	非可配置资源错误，产生这个错误的任何语句将被终止	是
20	当前数据库的一个单独进程遇到问题	是
21	当前数据库的所有进程都受到影响	是
22	正在使用的表或索引可能受到损坏	是
23	整个数据库遭到破坏	是
24	硬件发生故障	是

（3）数据库：SQL Server 代理仅在特定数据库发生事件时才发出警报，该选项是对错误号和严重级别的补充。

（4）事件文本：SQL Server 代理在指定事件的事件消息中包含特定文本字符串时发出警报。例如，可以定义警报来响应包含特定表名或特定约束的消息。

【例 15.3】　创建事件警报 event_sys。

操作步骤如下：

（1）启动 SQL Server Management Studio，在对象资源管理器中展开"SQL Server 代理"结点，然后选中"警报"选项，右击该选项，在弹出的快捷菜单中选择"新建警报"命令，如图 15.10 所示。

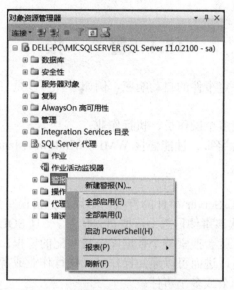

图 15.10　选择"新建警报"命令

（2）出现"新建警报"窗口，在其"常规"选项卡中，"名称"文本框中输入要定义的警报名称，这里是"event_sys"。在"类型"下拉框中选择警报的类型为"SQL Server 事件警报"。在"数据库名称"下拉框中选择警报作用的数据库，这里选择 stsc。在"错误号"单选按钮后指定触发警报的错误号，这里是 204，如图 15.11 所示。

图 15.11　"新建警报"窗口

（3）选择"响应"选项卡，启用"通知操作员"复选框，在"操作员列表"中选择警报激活后要通知的操作员，这里是 ben，在其后的复选框中选择通知方式，如图 15.12 所示。

图 15.12　选择"响应"选项卡

（4）选择"选项"选项卡，在"警报错误文本发送方式"下的复选框中选择发送警报的方式，例如"电子邮件"和"Net Send"。

（5）单击"确定"按钮，完成警报的创建。

在事件警报创建完成后，可以在"SQL Server 代理"结点的"警报"目录下找到刚新建的警报 event_sys，右击该警报，选择"属性"命令，在所出现窗口的"历史记录"选项卡中可以查看警报的响应时间和次数。

2．性能警报

用户可以指定性能警报来响应特定的性能条件。在定义性能警报时，需要指定要监视的性能计数器、警报的阈值以及警报发生时计数器必须执行的操作。

3．WMI 警报

Windows Management Instrumentation（Windows 管理规范）是一项核心的 Windows 管理技术，用户可以使用 WMI 管理本地和远程计算机。WMI 作为一种规范和基础结构，通过它可以访问、配置、管理和监视几乎所有的 Windows 资源，例如用户可以在远程计算机上启动一个进程；设定一个在特定日期和时间运行的进程；远程启动计算机；获得本地或远程计算机的已安装程序列表；查询本地或远程计算机的 Windows 事件日志等。WMI 警报就是指定发出警报来响应特定的 WMI 事件。创建 WMI 警报也是在"新建警报"窗口中进行的。

15.5　数据库邮件

数据库邮件（Database Mail）是从 SQL Server 数据库引擎中发送电子邮件的企业解决方案。通过使用数据库邮件，数据库应用程序可以向用户发送电子邮件。在邮件中可以包含查询结果，还可以包含来自网络中任何资源的文件。数据库邮件旨在实现可靠性、灵活性、安全性和兼容性。

在默认情况下，数据库邮件处于非活动状态。如果要使用数据库邮件，必须使用数据库邮件配置向导、sp_configure 存储过程或者基于策略的管理的外围应用配置功能显式地启用数据库邮件。

1．可靠性

（1）无须 Microsoft Outlook 或扩展消息处理应用程序编程接口（扩展 MAPI）：数据库邮件使用标准的简单邮件传输协议（SMTP）发送邮件，无须在运行 SQL Server 的计算机上安装扩展 MAPI 客户端便可以使用数据库邮件。

（2）进程隔离：若要最大程度地减小对 SQL Server 的影响，传递电子邮件的组件必须在 SQL Server 外围的单独进程中运行。

（3）故障转移账户：数据库邮件配置文件允许指定多台 SMTP 服务器。

（4）群集支持：数据库邮件与群集兼容，并且可以完全用于群集中。

2．灵活性

（1）后台传递：数据库邮件提供后台（或异步）传递。

（2）多个配置文件：数据库邮件允许在一个 SQL Server 实例中创建多个配置文件。

（3）多个账户：每个配置文件都可以包含多个故障转移账户。

（4）64 位兼容性：数据库邮件完全可以用于采用 64 位安装的 SQL Server。

3．安全性

（1）为了减少 SQL Server 的外围应用，在默认情况下禁用数据库邮件存储过程。

（2）必须是 msdb 数据库中 DatabaseMailUserRole 数据库角色的成员才能发送数据库邮件。

（3）数据库邮件增强了邮件配置文件的安全性。

（4）数据库邮件增强了对附件文件大小的可配置限制。

（5）数据库邮件维护一个禁止的文件扩展名列表，用户无法附加扩展名为列表中某个扩展名的文件。

4．兼容性

（1）集成配置：数据库邮件在 SQL Server 数据库引擎中维护电子邮件账户的信息。SQL Server 的数据库邮件配置向导提供了十分方便的界面来配置数据库邮件，另外还可以使用 Transact-SQL 语句创建并维护数据库邮件的配置。

（2）日志记录：数据库邮件将电子邮件活动记录到 SQL Server、Microsoft Windows 应用程序事件日志和 msdb 数据库的表中。

（3）审核：数据库邮件将发送的邮件和附件的副本保留在 msdb 数据库中，用户可以轻松地审核数据库邮件的使用情况并检查保留的邮件。

（4）数据库邮件允许以 HTML 格式发送电子邮件。

【例 15.4】 配置数据库邮件 dbmail。

操作步骤如下：

（1）启动 SQL Server Management Studio，在对象资源管理器中展开"管理"结点，然后右击"数据库邮件"选项，在弹出的快捷菜单中选择"配置数据库邮件"命令，如图 15.13 所示。

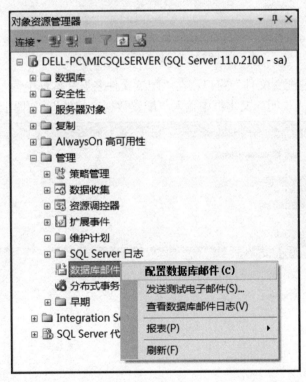

图 15.13 选择"配置数据库邮件"命令

（2）弹出"数据库邮件配置向导"窗口，单击"下一步"按钮，进入"选择配置任务"窗口，如图 15.14 所示。按照默认选项单击"下一步"按钮，如果 SQL Server 未启用数据库邮件功能，则会弹出是否启用此功能的对话框，单击"是"按钮启用数据库邮件功能。

339

第
15
章

图 15.14 "选择配置任务"窗口

（3）进入"新建配置文件"窗口，在"配置文件名"文本框中输入要配置文件名，这里是"dbmail"，在"说明"文本框中输入"配置数据库邮件"，如图 15.15 所示。

图 15.15 "新建配置文件"窗口

（4）单击"新建配置文件"窗口中的"添加"按钮，弹出"新建数据库邮件账户"窗口，在"账户名"文本框中输入一个账户名；在"电子邮件地址"文本框中输入用于发送电子邮件的 Email 地址，这里是"ben@163.com"，在"服务器名称"文本框中指定邮箱服务器地址，这里是"smtp.163.com"，端口号默认为 25；在"SMTP 身份验证"栏中可以选择"基本身份验证"单选按钮，在"用户名"和"密码"框中指定邮箱账户和密码，如图15.16 所示。

图 15.16 "新建数据库邮件账户"窗口

（5）单击"确定"按钮返回"新建配置文件"窗口，单击"下一步"按钮进入"管理配置文件安全性"窗口，在"公共配置文件"选项卡中选中刚新建的配置文件的"公共"复选框，将"默认配置文件"选项设为"是"，如图 15.17 所示。

（6）单击"下一步"按钮，进入"配置系统参数"窗口，可以配置系统参数。这里按照默认设置，单击"下一步"按钮进入"完成该向导"窗口，然后单击"完成"按钮。数据库邮件配置成功后单击"关闭"按钮关闭向导。此时可在"对象资源管理器"窗口的"管理"结点下右击"数据库邮件"，选择"发送测试电子邮件"命令，在弹出的对话框中选择新建的配置文件 dbmail，并输入收件人的 Email 地址，单击"发送测试电子邮件"按钮。在对应的邮箱中查看是否收到此测试邮件。

数据库邮件配置完成后创建了一个名为 dbmail 的配置文件，可以在 SQL Server 代理中使用该配置文件发送电子邮件给操作员，具体步骤如下：

（1）在"对象资源管理器"窗口中右击"SQL Server 代理"，选择"属性"命令，在出现的窗口中，在"Net send 收件人"文本框中指定 Net Send 收件人，一般为主机名或 IP 地址。

图 15.17　"管理配置文件安全性"窗口

（2）在"警报系统"选项卡中启用"启用邮件配置文件"。在"邮件系统"下拉框中选择"数据库邮件"选项，在"邮件配置文件"下拉框中选择刚创建的 dbmail 选项，如图 15.18 所示。

图 15.18　启用邮件配置文件

15.6　维护计划向导

维护计划向导有助于用户设置核心维护任务，从而确保数据库运行正常、定期进行备份并确保数据库一致。维护计划向导可以创建一个或多个 SQL Server 代理作业，代理作业可以对多服务器环境中的本地服务器或目标服务器执行这些任务，可以按预定的时间间隔执行任务，也可以按需执行任务。

若要创建或管理维护计划，用户必须是 sysadmin 固定服务器角色的成员。注意，只有当用户是 sysadmin 固定服务器角色的成员时对象资源管理器才会显示维护计划。

用户可以创建维护计划来执行以下任务。

- 运行 SQL Server 代理作业：可以用来创建可执行各种操作的作业以及运行这些作业的维护计划。
- 备份数据库和事务日志文件：数据库和日志备份可以保留一段指定时间，这样用户就可以为备份创建一份历史记录，以便在需要将数据库还原到早于上一次数据库备份的时间时使用，还可以执行差异备份。
- 通过删除空数据库页压缩数据文件。
- 更新索引统计信息，确保查询优化器含有关于表中数据值分布的最新信息：这使得查询优化器能够更好地确定访问数据的最佳方法，因为可以获得数据库中存储数据的详细信息。虽然 SQL Server 会定期自动更新索引统计信息，但是此选项可以对统计信息立即进行强制更新。
- 对数据库内的数据和数据页执行内部一致性检查，确保系统或软件故障没有损坏数据。
- 用新填充因子重新生成索引来重新组织数据和索引页上的数据：用新填充因子重新生成索引会确保数据库页中包含的数据量和可用空间的平均分布，还使得以后能够更快地增长。

【例 15.5】 创建维护计划 managemet_db。

操作步骤如下：

（1）启动 SQL Server Management Studio，在对象资源管理器中展开"管理"结点，然后选中"维护计划"选项，右击，在弹出的快捷菜单中选择"维护计划向导"命令，如图 15.19 所示。

图 15.19　选择"维护计划向导"命令

（2）弹出"SQL Server 维护计划向导"窗口，单击"下一步"按钮，进入"选择计划属性"窗口，在"名称"文本框中输入要执行的维护计划的名称，这里是"managemet_db"；在"说明"文本框中输入"管理数据库"。如果要对维护计划的每项任务制定单独的计划，可以选中"每项任务单独计划"单选按钮，如果要对整个计划统筹安排或暂不制定计划，可以选择"整个计划统筹安排或无计划"单选按钮。如果要对整个计划统筹安排，则可以单击"更改"按钮设定使用计划的时间和频率，这里暂不制定计划，如图 15.20 所示。

图 15.20　"选择计划属性"窗口

（3）单击"下一步"按钮进入"选择维护任务"窗口，可以按需要选择要进行的维护任务。这里选择除"'清除维护'任务"以外的全部维护任务，如图 15.21 所示，用户可以根据自己的需要进行选择。单击"下一步"按钮进入"选择维护任务顺序"窗口，这里保持默认顺序。

图 15.21 "选择维护任务"窗口

（4）单击"下一步"按钮进入"定义'数据库检查完整性'任务"窗口，在"数据库"下拉框中选择 stsc 数据库后下拉框中提示"特定数据库"，如图 15.22 所示。

图 15.22 "定义'数据库检查完整性'任务"窗口

SQL Server 的自动化管理

（5）单击"下一步"按钮进入"定义'收缩数据库'任务"窗口，在"数据库"下拉框中选择需要收缩的数据库，这里是 stsc，用户可以对要收缩数据库的条件和选项进行设定，这里保持默认值，如图 15.23 所示。

图 15.23 "定义'收缩数据库'任务"窗口

（6）单击"下一步"按钮进入"定义'重新组织索引'任务"窗口，选择 stsc 数据库，在"对象"栏选择"表"，在"选择"栏选择"所有对象"。当然，用户也可以根据自己的需要进行设定。单击"下一步"按钮进入"定义'重新组织索引'任务"窗口，按之前的方法对其中选项进行相同的设定。

（7）单击"下一步"按钮进入"定义'更新统计信息'任务"窗口，统计信息基于一个值在列中出现的次数，由于列中的值有变化，所以统计信息需要更新以反映那些变化。在"数据库"下拉框中选择 stsc，在"对象"下拉框中选择"表"，在"选择"下拉框中选择"所有对象"，如图 15.24 所示。

图 15.24　"定义'更新统计信息'任务"窗口

（8）单击"下一步"按钮进入"定义'清除历史记录'任务"窗口，在该窗口中可以选择要清除的历史记录，这里保持默认值，如图 15.25 所示。

图 15.25　"定义'清除历史记录'任务"窗口

（9）单击"下一步"按钮进入"定义'执行 SQL Server 代理作业'任务"窗口，选择要执行的 SQL Server 代理作业，如图 15.26 所示。

图 15.26 "定义'执行 SQL Server 代理作业'任务"窗口

（10）单击"下一步"按钮进入"定义'备份数据库（完整）'任务"窗口，在"数据库"下拉框中选择 stsc 数据库，其他选项根据需要进行设定，如图 15.27 所示。

图 15.27 "定义'备份数据库（完整）'任务"窗口

单击"下一步"按钮进入"定义'备份数据库（差异）'任务"窗口，在"数据库"下拉框中选择 stsc 数据库。单击"下一步"按钮进入"定义'备份数据库（事务日志）'任务"窗口，在"数据库"下拉框中选择 stsc 数据库。

（11）单击"下一步"按钮进入"选择报告选项"窗口，在这里可以设置"将报告写入文本文件"并指定具体的路径，这里保持默认值。如果需要将报告发送给操作员，则选中"以电子邮件形式发送报告"复选框，并设置收件人为相应的操作员，如图 15.28 所示。

图 15.28 "选择报告选项"窗口

单击"下一步"按钮进入"完成该向导"窗口，查看计划执行的步骤，单击"完成"按钮，结果如图 15.29 所示，然后单击"关闭"按钮关闭该窗口。

图 15.29 "维护计划向导进度"窗口

SQL Server 的自动化管理

15.7 小　　结

本章主要介绍了以下内容：

（1）Microsoft SQL Server 提供了自动执行管理任务的功能，SQL Server 代理使用作业、计划、警报、操作员等自动管理组件来定义要执行的任务、执行任务的时间以及报告任务成功或失败的方式。

（2）操作员（Operator）是在完成作业或出现警报时可以接收电子通知的人员或组的别名。SQL Server 代理服务支持通过操作员通知管理员的功能。操作员的通知方式有电子邮件通知、寻呼通知和 net send 通知。

（3）作业（Job）是一系列由 SQL Server 代理按顺序执行的指定操作。作业可以执行一系列活动，包括运行 Transact-SQL 脚本、命令行应用程序、Microsoft ActiveX 脚本、Integration Services 包、Analysis Services 命令和查询或复制任务。作业可以运行重复任务或那些可计划的任务，它们可以通过生成警报来自动通知用户作业状态，从而极大地简化了 SQL Server 管理。用户可以使用 SQL Server 代理作业来自动执行日常管理任务并反复运行它们，从而提高管理效率。

（4）警报（Alert）是对特定事件的自动响应。例如，事件可以是启动的作业，也可以是达到特定阈值的系统资源。警报可以通知一个或多个操作员、执行作业。警报有 3 种，即事件警报、性能警报、WMI（Windows Management Instrumentation）警报。

（5）数据库邮件(Database Mail)是从 SQL Server 数据库引擎中发送电子邮件的企业解决方案。通过使用数据库邮件，数据库应用程序可以向用户发送电子邮件。邮件中可以包含查询结果，还可以包含来自网络中任何资源的文件。数据库邮件旨在实现可靠性、灵活性、安全性和兼容性。

（6）维护计划向导有助于用户设置核心维护任务，从而确保数据库运行正常、定期进行备份并确保数据库一致。维护计划向导可以创建一个或多个 SQL Server 代理作业，代理作业可以对多服务器环境中的本地服务器或目标服务器执行这些任务，可以按预定的时间间隔执行任务，也可以按需执行任务。

习　题　15

一、选择题

15.1　SQL Server 代理使用的自动管理组件不包括_____。

　　　A. 作业　　　　　　　　　　　　　　B. 计划

　　　C. 函数　　　　　　　　　　　　　　D. 操作员

15.2　下列不是操作员的通知方式的是_____。

　　　A. 寻呼通知　　　　　　　　　　　　B. 电子邮件通知

　　　C. net send 通知　　　　　　　　　　D. 前置通知

二、填空题

15.3　操作员是在完成作业或出现警报时可以接收电子通知的人员或组的_____。

15.4 作业是一系列由 SQL Server 代理按_____执行的指定操作。

15.5 警报可以分为事件警报、_____警报和 WMI 警报。

15.6 数据库邮件是从 SQL Server_____中发送电子邮件的企业解决方案。

15.7 维护计划向导可以创建一个或多个_____。

三、问答题

15.8 进行 SQL Server 自动化管理有哪些步骤？

15.9 什么是操作员？操作员的通知方式有哪些？

15.10 什么是作业？

15.11 什么是警报？警报有哪几种？

四、上机实验题

15.12 创建一个作业，要求每星期六对 stsc 数据库做一次备份。

15.13 创建一个事件警报，当错误级别为 20 时通知操作员 lee。

第 16 章   Java EE 开发环境

本章要点：

- Java EE 传统开发和框架开发。
- JDK 的安装和配置。
- Tomcat 的下载和安装。
- MyEclipse 的安装和配置。
- MyEclipse 2014 的界面。

Java EE 是目前流行的企业级应用开发框架，它是一个含有多种技术标准的集合，为了用轻量级 Java EE 平台搭建开发环境，本章介绍 Java EE 传统开发和框架开发、JDK 的安装和配置、Tomcat 的下载和安装、MyEclipse 的安装和配置、MyEclipse 2014 的界面等内容。

16.1   Java EE 传统开发和框架开发

Java 语言是 Sun Microsystems 公司（已被 Oracle 公司收购）在 1995 年推出的一种新的完全面向对象的编程语言，根据应用领域划分为 3 个平台。

- Java Standard Edition：简称 Java SE，Java 平台标准版，用于开发台式机、便携机应用程序。
- Java Enterprise Edition：简称 Java EE，Java 平台企业版，用于开发服务器端程序和企业级的软件系统。
- Java Micro Edition：简称 Java ME，Java 平台微型版，用于开发手机、掌上电脑等移动设备使用的嵌入式系统。

初学 Java 语言使用 Java SE，目前开发企业级 Web 应用流行的平台是 Java EE。

Java EE 是现在开发 Web 应用流行的三大平台之一，另两个平台是 ASP.NET 和 PHP。

Java EE 开发有两种主要方式，即 Java EE 传统开发和 Java EE 框架开发。

1．Java EE 传统开发

Java EE 传统开发指 Java Web 开发，其核心技术为 JSP+Servlet+JavaBean。在 Java Web 开发中，几乎所有功能都用 JSP 实现。由于缺少有效的开发规范来约束 JSP 程序员，不同程序员编写出的 JSP 程序风格不同，使开发出的应用系统结构不清晰，维护困难。

2．Java EE 框架开发

现在 Java EE 的三大主流框架是 Struts2、Spring 和 Hibernate。

1）轻量级 Java EE

轻量级 Java EE 以 Spring 为核心，适合中小型企业项目开发，采用 SSH2（Struts2+ Spring+Hibernate）整合框架，开发出的应用在 Tomcat 服务器上运行。

2）经典企业级 Java EE

经典企业级 Java EE 以 EJB3+JPA 为核心，适合开发大型企业项目，系统需要在专业 Java EE 服务器——WebLogic、WebSphere 上运行。

本书采用轻量级 Java EE 开发平台，搭建的开发环境如下。

- 底层运行时环境：jdk1.7.0_67 和 jre7。
- Web 服务器：Tomcat 8.0.21。
- 后台数据库：SQL Server 2008/2012。
- 可视化集成开发环境：MyEclipse 2014。

在开发项目时需要增加框架的引入和配置，编写.jsp、.java 等文件，开发完成后发布到 Web 服务器上，轻量级 Java EE 开发平台如图 16.1 所示。

图 16.1 轻量级 Java EE 开发平台

16.2 JDK 的安装和配置

在进行 Java EE 开发时需要 Java SE 的支持，为方便软件开发的进行，需要安装 Java SE 开发环境 JDK（Java 2 Software Development Kit，Java 软件开发包）。

16.2.1 JDK 的下载和安装

JDK 可以在 Oracle 公司的官方网站下载，网址如下：

http://www.oracle.com/technetwork/java/index.html

在浏览器地址栏中输入上述地址后可以看到 Java SE SDK 的下载版本，本书下载的是当前的流行版本 Java SE7。

本书在 Windows 平台下进行开发，必须下载 Windows 版本，下载之后得到的可执行文件为 jdk-7u67-windows-x64。

双击下载后的安装文件 jdk-7u67-windows-x64，出现"许可证"窗口，单击"接受"按钮。在"自定义安装"窗口中使用默认选项，单击"下一步"按钮即可进行安装。

本书的安装目录是"C:\Program Files\Java\jdk1.7.0_67"。

16.2.2 JDK 的配置

通过设置系统环境变量告诉 Windows 操作系统 JDK 的安装位置，环境变量的设置方法如下。

1. 设置系统变量 Path

在"开始"菜单中选择"控制面板"→"系统"，然后单击"高级系统设置"→"环境变量"，出现如图 16.2 所示的"环境变量"对话框。

图 16.2 "环境变量"对话框

在"系统变量"中找到变量名为 Path 的变量，单击"编辑"按钮，弹出"编辑系统变量"对话框，在"变量值"文本框中输入 JDK 的安装路径"C:\Program Files\Java\jdk1.7.0_67\bin"，如图 16.3 所示，单击"确定"按钮完成配置。

图 16.3 编辑变量 Path

2．设置系统变量 JAVA_HOME

在"系统变量"中单击"新建"按钮，弹出"新建用户变量"对话框，在"变量名"
文本框中输入"JAVA_HOME"，在"变量值"文本框中输入 JDK 的安装路径"C:\Program
Files\Java\jdk1.7.0_67"，如图 16.4 所示，单击"确定"按钮完成配置。

图 16.4　新建变量 JAVA_HOME

16.2.3　JDK 的测试

选择"开始"菜单中的"运行"命令，在弹出的框中输入 cmd，进入 DOS 界面，在
命令行中输入"java –version"，系统显示当前 JDK 的版本，则 JDK 安装成功，如图 16.5
所示。

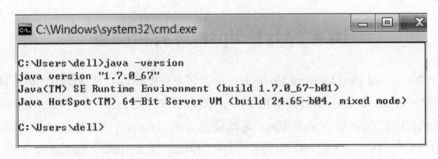

图 16.5　JDK 安装测试

16.3　Tomcat 的下载和安装

Tomcat 是一个 Servlet/JSP 容器，是一个开发和配置 Web 应用与 Web 服务的有用平台。
Tomcat 是 Java EE 系列的软件服务器之一，本书采用最新的 Tomcat 8.0.21 作为承载 Java EE
应用的 Web 服务器，在浏览器地址栏中输入其官方网站"http://tomcat.apache.org"，对 Tomcat
的下载版本进行下载，Tomcat 的下载发布页如图 16.6 所示。

在 Core 下的第一项 zip 是 Tomcat 绿色版，解压即可使用，第 6 项 Windows Service
Installer 是一个安装版软件，双击启动安装向导后安装过程都采用默认选项。这两种都可
以使用，本书采用绿色版 apache-tomcat-8.0.21，解压在 C 盘上。

Java EE 开发环境

8.0.21

Please see the READM file for packaging information. It explains what every distribution contains.

Binary Distributions

- Core:
  - zip (pgp, md5, sha1)
  - tar.gz (pgp, md5, sha1)
  - 32-bit Windows zip (pgp, md5, sha1)
  - 64-bit Windows zip (pgp, md5, sha1)
  - 64-bit Itanium Windows zip (pgp, md5, sha1)
  - 32-bit/64-bit Windows Service Installer (pgp, md5, sha1)
- Full documentation:
  - tar.gz (pgp, md5, sha1)
- Deployer:
  - zip (pgp, md5, sha1)
  - tar.gz (pgp, md5, sha1)
- Extras:
  - JMX Remote jar (pgp, md5, sha1)
  - Web services jar (pgp, md5, sha1)
  - JULI adapters jar (pgp, md5, sha1)
  - JULI log4j jar (pgp, md5, sha1)
- Embedded:
  - tar.gz (pgp, md5, sha1)
  - zip (pgp, md5, sha1)

Source Code Distributions

图 16.6　Tomcat 的下载发布页

16.4　MyEclipse 安装和配置

IDE（Integrated Development Environment，集成开发环境）是帮助用户进行快速开发的软件，MyEclipse 是 Java 系列的 IDE 之一，作为用于开发 Java EE 的 Eclipse 插件集合，它是 Eclipse IDE 的扩展。MyEclipse 是功能强大的 Java EE 集成开发环境，完全支持 HTML/XHTML、JSP、CSS、JavaScript、SQL、Struts、Hibernate、Spring 等各种 Java EE 的标准和框架。

16.4.1　MyEclipse 的下载和安装

MyEclipse 在国内的官网"http://www.myeclipseide.cn/index.html"提供中文 Windows 版 MyEclipse 的注册破解，为 Java EE 初学者提供开发环境。本书使用 MyEclipse 在 Windows 下的最新版本 MyEclipse 2014，从官网下载安装软件 myeclipse-pro-2014-GA-offline-installer- windows.exe，双击 MyEclipse 2014 的安装软件，出现如图 16.7 所示的安装向导，按照向导步骤完成安装。

从上述官网免费下载《MyEclipse 2014 激活教程》，完成破解注册后就可以长期使用 MyEclipse。

MyEclipse 2014 的启动界面和版本信息分别如图 16.8 和图 16.9 所示。

图 16.7　MyEclipse 的安装向导

图 16.8　MyEclipse 的启动界面

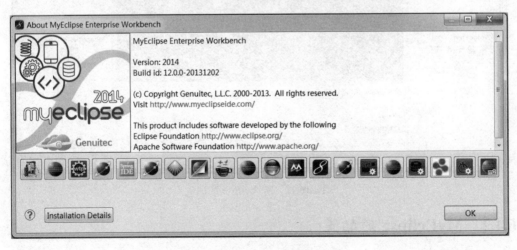

图 16.9　MyEclipse 的版本信息

单击"开始"按钮，选择"所有程序"→MyEclipse→MyEclipse 2014→MyEclipse Professional 2014，启动 MyEclipse 2014，出现选择工作区的对话框，如图 16.10 所示。单击 OK 按钮，进入集成开发环境，如图 16.11 所示。

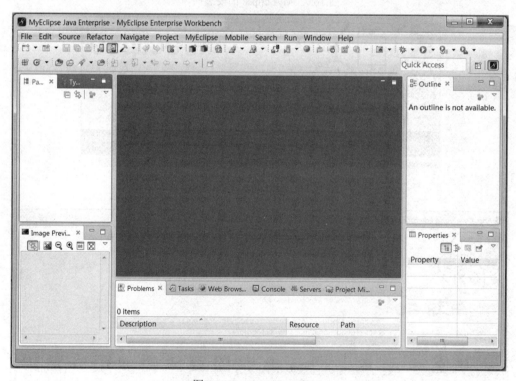

图 16.10　选择工作区

图 16.11　MyEclipse 2014

16.4.2　MyEclipse 的配置

MyEclipse 虽然内置了 JDK 和 Tomcat，但这里指定使用 jdk1.7.0_67 和 Tomcat 8.0.21，

需要进行配置。

1．配置 JRE

配置 JRE 的步骤如下：

（1）启动 MyEclipse，选择 Window→Preference 命令，出现 Preferences 对话框，选择
左边目录树中的 Java→Install JREs，如图 16.12 所示。

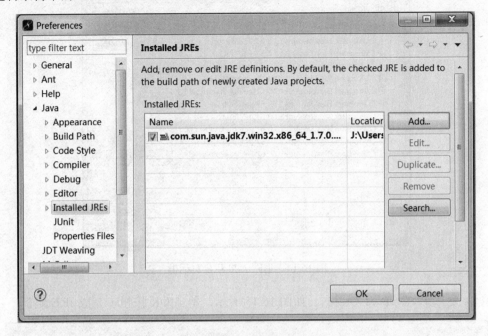

图 16.12　Preferences 对话框

（2）本书不用默认的 JRE 选项，单击 Add 按钮，出现 Add JRE 对话框。

（3）单击 Directory 按钮，出现"浏览文件夹"对话框，指定 jdk1.7.0_67 的路径"C:\Program
Files\Java\jdk1.7.0_67"，如图 16.13 所示。

图 16.13　指定 jdk1.7.0_67 的路径

（4）单击"确定"按钮，返回 Add JRE 对话框，如图 16.14 所示，单击 Finish 按钮。

Java EE 开发环境

图 16.14　返回 Add JRE 对话框

（5）返回 Preferences 对话框，如图 16.15 所示，单击 OK 按钮，完成 JRE 配置。

图 16.15　返回 Preferences 对话框

2．集成 MyEclipse 和 Tomcat

集成 MyEclipse 和 Tomcat 的步骤如下：

（1）启动 MyEclipse，选择 Window→Preference 命令，出现 Preferences 对话框，展开左边目录树中的 MyEclipse→Servers→Tomcat→Tomcat 8.x，在右边激活 Tomcat 8.x 设置路径 "D:\Tomcat\apache-tomcat-8.0.21"，如图 16.16 所示。

图 16.16 激活 Tomcat 8.x 设置路径

（2）继续展开左边目录树中的 MyEclipse→Servers→Tomcat→Tomcat 8.x→JDK，设置 Tomcat 8.x 默认运行环境为 jdk1.7.0_67，如图 16.17 所示，单击 OK 按钮，完成 MyEclipse 和 Tomcat 的集成。

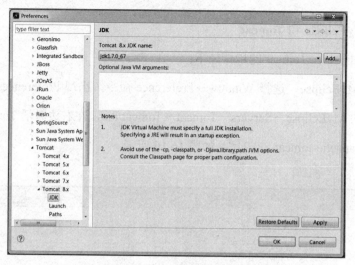

图 16.17　Tomcat 8.x 的默认运行环境

3．在 MyEclipse 中启动 Tomcat

在 MyEclipse 工具栏中单击 Run/Stop/Restart MyEclipse Servers 按钮 的下拉箭头，选择 Tomcat 8.x→Start，在 MyEclipse 中启动 Tomcat，如图 16.18 所示。

图 16.18　在 MyEclipse 中启动 Tomcat

MyEclipse 主界面下方的控制台区显示 Tomcat 启动信息，此时 Tomcat 服务器已启动。

在浏览器地址栏中输入"http://localhost:8080/"，出现如图 16.19 所示的界面，表示 MyEclipse 和 Tomcat 已紧密集成，IDE 环境已搭建成功。

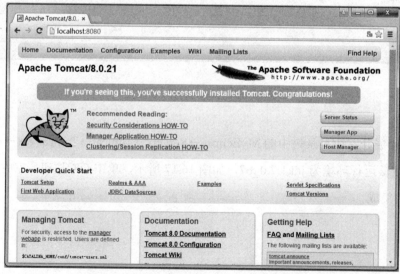

图 16.19　MyEclipse 和 Tomcat 已紧密集成

16.5 MyEclipse 2014 的界面

下面介绍 MyEclipse 2014 的界面中的菜单栏、工具栏、透视图切换器、视图和代码编辑器。

1. 菜单栏

在 MyEclipse 2014 窗体顶部的第 2 行是菜单栏，包含主菜单（例如 File）和其所属的菜单项（例如 File→New），在菜单项下面还可以有子菜单，如图 16.20 所示。

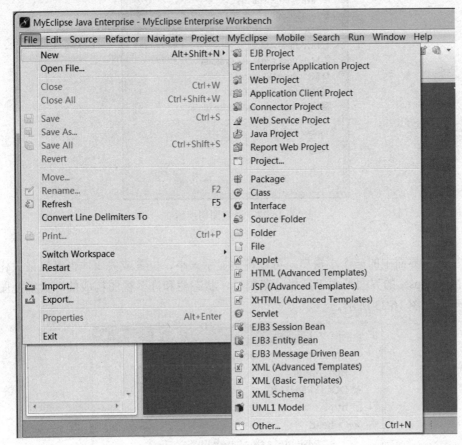

图 16.20　MyEclipse 2014 的菜单栏

2. 工具栏

菜单栏下面两行是工具栏，如图 16.21 所示。

图 16.21　MyEclipse 2014 的工具栏

3. 透视图切换器

位于工具栏最右侧的是透视图切换器，它可以显示多个透视图以供切换，如图 16.22 所示。

Java EE 开发环境

如果需要恢复到默认的 MyEclipse 2014 界面，可选择其中的 MyEclipse Java Enterprise (default)选项。

图 16.22　透视图切换器

4. 视图

视图是主界面中的一个小窗口，可以调整显示大小、位置或关闭，也可以最大化、最小化。MyEclipse 的界面是由工具栏、菜单栏、状态栏和许多视图构成的，大纲视图就是视图之一，如图 16.23 所示。

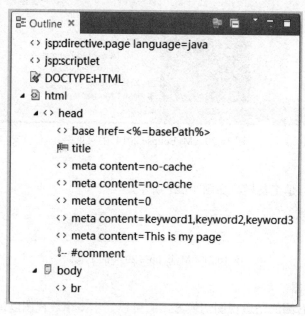

图 16.23　大纲视图

5. 代码编辑器

文件编辑器在界面的中间，用于编辑程序代码，并具有自动调试和排错功能，如果打开 JSP 源文件，在编辑器的上部窗口中显示页面的预览效果，下部窗口中显示 JSP 源代码。该编辑器与视图相似，也能最大化和最小化，如图 16.24 所示。

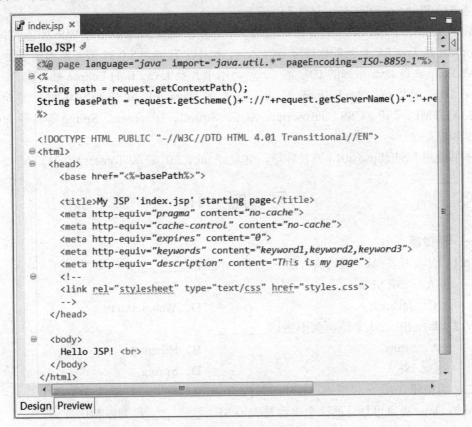

图 16.24　代码编辑器

16.6　小　　结

本章主要介绍了以下内容：

（1）Java 语言根据应用领域划分为 3 个平台：Java SE，Java 平台标准版，用于开发台式机、便携机应用程序；Java EE，Java 平台企业版，用于开发服务器端程序和企业级的软件系统；Java ME，Java 平台微型版，用于开发手机、掌上电脑等移动设备使用的嵌入式系统。

（2）Java EE 开发有两种主要方式，即 Java 传统开发和 Java 框架开发，Java 框架开发包括轻量级 Java EE 开发平台和经典企业级 Java EE 开发平台。

本书采用轻量级 Java EE 开发平台，搭建的开发环境如下。

- 底层运行时环境：jdk1.7.0_67 和 jre7。
- Web 服务器：Tomcat 8.0.21。

- 后台数据库：SQL Server 2008/2012。
- 可视化集成开发环境：MyEclipse 2014。

（3）在进行 Java EE 开发时，需要 Java SE 的支持，为方便软件开发的进行，需要安装 Java SE 开发环境 JDK（Java 2 Software Development Kit，Java 软件开发包），本书的安装目录是 "C:\Program Files\Java\jdk1.7.0_67"。

Tomcat 是一个 Servlet/JSP 容器，它是一个开发和配置 Web 应用和 Web 服务的有用平台。Tomcat 是 Java EE 系列的软件服务器之一，本书以 Tomcat 8.0.21 服务器为例进行介绍。

MyEclipse 是 Java 系列的 IDE 之一，作为用于开发 Java EE 的 Eclipse 插件集合，它是 Eclipse IDE 的扩展。MyEclipse 是功能强大的 Java EE 集成开发环境，完全支持 HTML/XHTML、JSP、CSS、Javascript、SQL、Struts2、Hibernate、Spring 等各种 Java EE 的标准和框架。

本书使用 MyEclipse 2014 开发环境，并集成 jdk1.7.0_67 和 Tomcat 8.0.21。

习　题　16

一、选择题

16.1　目前开发 Web 应用流行的三大平台不包括_____。

    A．ASP.NET　　　　　　　　　　B．PHP

    C．Java EE　　　　　　　　　　　D．Web Services

16.2　Java EE 三大主流框架不包括_____。

    A．Struts　　　　　　　　　　　B．Hibernate

    C．JSF　　　　　　　　　　　　 D．Spring

二、填空题

16.3　Java 语言可划分的 3 个平台是 Java SE、_____和 Java ME。

16.4　Java 传统开发的核心技术是_____。

16.5　轻量级 Java EE 采用_____ 整合框架。

16.6　传统开发的缺点是基于过程，_____。

16.7　Java EE 的三大主流框架是 Struts2、Spring 和_____。

三、问答题

16.8　Java 语言是可划分为哪 3 个平台？

16.9　传统开发和框架开发有哪些区别？

16.10　目前流行的框架有哪些？

四、上机实验题

16.11　分别下载、安装和配置 JDK 1.7、Tomcat 8.0、MyEclipse 2014，搭建 MyEclipse 集成环境。

第17章 | Java EE 项目开发基础

本章要点：

- 简单的 Java 项目开发。
- 简单的 Web 项目开发。
- 项目的导出和导入。

在 MyEclipse 中创建对 SQL Server 的连接。

为了在 MyEclipse 集成开发环境下进行 Java EE 项目开发，本章介绍简单的 Java 项目开发、简单的 Web 项目开发、项目的导出和导入、创建对 SQL Server 的连接等项目开发基础工作。

17.1 简单的 Java 项目开发

一个简单的 Java 项目开发如例 17.1，运行结果将在控制台打印出"Hello Java!"，项目完成后的目录树如图 17.1 所示。

图 17.1 Java 项目的目录树

在 Java 项目的目录树中各目录如下。

（1）src 目录：src 是一个源代码文件夹（Source folder），用于存放 Java 源代码，当 Java 源代码放入 src 中时 MyEclipse 会自动编译。

（2）JRE System Library 目录：存放环境运行需要的类库。

【例 17.1】 开发一个简单的 Java 项目 JavaProj。

（1）创建 Java 项目：启动 MyEclipse，选择 File→New→Java Project 命令，出现如图 17.2 所示的 Java Project 对话框，在 Project name 文本框中输入 JavaProj，在 JRE 栏中保持默认的 Use default JRE (currently 'jdk1.7.0_67')，其他选项也保持默认，单击 Finish 按钮。

图 17.2　创建 Java 项目

在 MyEclipse 左边生成了一个 JavaProj 项目，如图 17.3 所示。

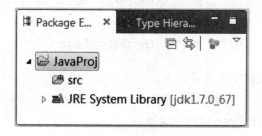

图 17.3　Java 项目 JavaProj

（2）创建包和类：右击 src 文件夹，选择 New→Package 命令，出现如图 17.4 所示的 New Java Package 对话框，在 Name 文本框中输入包名 lee.picture，单击 Finish 按钮，在项目目录树中会看到 lee.picture 包。

图 17.4　创建包

右击 lee.picture 包，选择 New→Class 命令，出现如图 17.5 所示的 New Java Class 对话框，在 Name 文本框中输入类名 JavaProj，单击 Finish 按钮。

图 17.5　创建 Java 类

（3）编辑 JavaProj.java 代码：在 MyEclipse 中部出现了 JavaProj.java 编辑框，编辑 JavaProj.java 代码，如图 17.6 所示，在源文件保存时会自动编译。

图 17.6　编辑 JavaProj.java 代码

（4）运行：保存源文件 JavaProj.java，右击 Java 项目目录树中的 JavaProj.java，选择 Run As→Java Application 命令，出现如图 17.7 所示的运行结果。

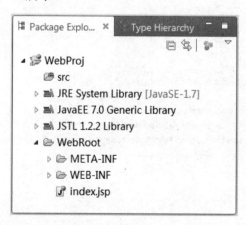

图 17.7　Java 项目 JavaProj 的运行结果

17.2　简单的 Web 项目开发

下面介绍一个简单的 Web 项目开发，运行结果将在浏览器中打印出 "Hello JSP!"，项目完成后的目录树如图 17.8 所示。

图 17.8　Web 项目的目录树

在 Web 项目的目录树中各目录如下。

（1）src 目录：用来存放 Java 源代码。

（2）WebRoot 目录：该 Web 应用的根目录，由以下目录组成。

META-INF 目录：由系统自动生成，存放系统描述信息。

WEB-INF 目录：它是一个很重要的目录，目录中的文件不能直接访问，通过间接的方式支持 Web 应用的运行，通常由以下目录组成。

- lib 目录：放置该 Web 应用使用的库文件。
- web.xml 文件：Web 项目的配置文件。
- classes 目录：存放编译后的.class 文件。

其他目录和文件：主要是网站中的一些用户文件，包括 JSP 文件、HTML 网页、CSS 文件、图像文件等。

【例 17.2】 开发一个简单的 Web 项目 WebProj。

（1）创建 Web 项目：启动 MyEclipse，选择菜单 File→New→Web Project 命令，出现如图 17.9 所示的 New Web Project 对话框，在 Project name 文本框中输入 WebProj，其他选项保持默认，单击 Finish 按钮。

图 17.9 创建 Web 项目 WebProj

在 MyEclipse 左边生成了一个 WebProj 项目，如图 17.10 所示。

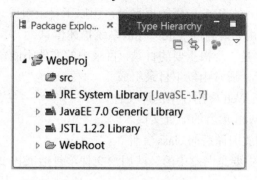

图 17.10　Web 项目 WebProj

（2）创建 JSP：展开 Web 项目 WebProj，双击 index.jsp 文件，在 MyEclipse 中上部出现 index.jsp 编辑框，编辑 index.jsp 代码，如图 17.11 所示。

```
<%@ page language="java" import="java.util.*" pageEncoding="ISO-8859-1"%>
<%
String path = request.getContextPath();
String basePath = request.getScheme()+"://"+request.getServerName()+":"+request.getSer
%>

<!DOCTYPE HTML PUBLIC "-//W3C//DTD HTML 4.01 Transitional//EN">
<html>
  <head>
    <base href="<%=basePath%>">

    <title>My JSP 'index.jsp' starting page</title>
    <meta http-equiv="pragma" content="no-cache">
    <meta http-equiv="cache-control" content="no-cache">
    <meta http-equiv="expires" content="0">
    <meta http-equiv="keywords" content="keyword1,keyword2,keyword3">
    <meta http-equiv="description" content="This is my page">
    <!--
    <link rel="stylesheet" type="text/css" href="styles.css">
    -->
  </head>

  <body>
    Hello JSP! <br>
  </body>
</html>
```

Design Preview

图 17.11　创建 JSP

（3）部署：创建 JSP 后必须将 Web 项目放到 Tomcat 服务器中运行，称为部署 Web 项目。

单击工具栏中的 Deploy MyEclipse J2EE to Server 按钮，在弹出的对话框中单击 Add 按钮，出现 New Deployment 对话框，在 Server 栏目中选择 Tomcat 8.x，如图 17.12 所示，单击 Finish 按钮。

图 17.12　新部署

出现 Project Deployments 对话框，如图 17.13 所示，单击 OK 按钮，部署成功。

图 17.13　项目部署

Java EE 项目开发基础

在 MyEclipse 中下部单击 Server 按钮，然后单击 Tomcat 8.x 左边的下拉箭头，下面一行显示项目 WebProj 已部署到 Tomcat 中，如图 17.14 所示。

图 17.14　项目 WebProj 已部署到 Tomcat

（4）运行：在 MyEclipse 工具栏中单击 Run/Stop/Restart MyEclipse Servers 按钮 的下拉箭头，选择 Tomcat 8.x→Start 命令，在 MyEclipse 中启动 Tomcat，如图 17.15 所示。

图 17.15　启动 Tomcat

在浏览器中输入"localhost:8080/WebProj/"，回车后出现如图 17.16 所示的运行结果。

图 17.16　Web 项目 WebProj 运行结果

17.3　项目的导出和导入

从事 Java EE 项目开发经常需要将已完成的项目从 MyEclipse 工作区备份到其他计算机上，也常常需要借鉴别人已开发好的项目，因此项目的导出、导入和移除在开发工作中是重要的基本操作。

1. 导出项目

【例 17.3】 导出 Web 项目 WebProj。

（1）右击项目名 WebProj，在弹出的快捷菜单中选择 Export 命令，出现 Export 对话框，选择 General→File System，如图 17.17 所示，单击 Next 按钮。

图 17.17　选择导出目标

（2）单击 Browse 按钮，选择存盘路径，这里选择"E:\SrcJavaEE\SrcJ1"，如图 17.18 所示。

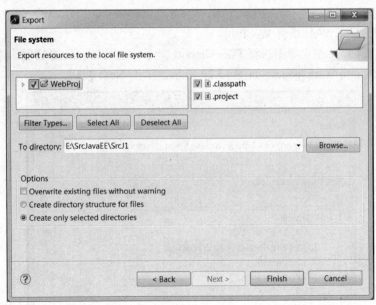

图 17.18　选择导出文件夹

单击 Finish 按钮，导出完成，用户可在该路径下找到导出的项目。

2．移除项目

【例 17.4】　移除 Web 项目 WebProj。

（1）右击项目名 WebProj，在弹出的快捷菜单中选择 Delete 命令，出现 Delete Resources 对话框，如图 17.19 所示，单击 OK 按钮，此时 MyEclipse 右边的项目目录树中的项目 WebProj

已消失，表明已被移除。

图 17.19　确认移除项目

注意：移除之后的项目文件仍然存在于工作区目录下，在需要时可重新导入。

（2）若要彻底删除项目，只需在图 17.19 中勾选 Delete project contents on disk（cannot be undone）复选框，单击 OK 按钮，即将该项目的源文件一并删除。

注意：读者应及时移除暂时不运行的项目，养成"运行一个，导入一个，运行完即移除，需要时再导入"的良好习惯。

3．导入项目

【例 17.5】　导入 Web 项目 WebProj。

（1）在 MyEclipse 主菜单中选择 File→Import 命令，出现 Import 对话框，选择 General→ Existing Projects into Workspace，如图 17.20 所示，单击 Next 按钮。

图 17.20　导入已存在的项目

（2）出现 Import 对话框，单击 Browse 按钮，选择要导入的项目，出现"浏览文件夹"对话框，在这里选择导入项目 WebProj，如图 17.21 所示，单击"确定"按钮。

图 17.21　导入项目 WebProj

（3）出现如图 17.22 所示的对话框，单击 Finish 按钮，完成导入工作。

图 17.22　完成导入

Java EE 项目开发基础

导入完成后，用户可在 MyEclipse 左边的项目目录树中找到导入的项目。

17.4 在 MyEclipse 中创建对 SQL Server 的连接

下面介绍在 MyEclipse 中创建对 SQL Server 连接的步骤。

【例 17.6】 创建对 SQL Server 的连接。

（1）下载 SQL Server 的数据库驱动包 sqljdbc.jar，保存在一个目录下，这里是 "G:\DBConn"。

（2）启动 MyEclipse，选择 Window→Open Perspective→MyEclipse Database Explorer 命令，打开 MyEclipse Database Explorer，右击 MyEclipse Derby，如图 17.23 所示。

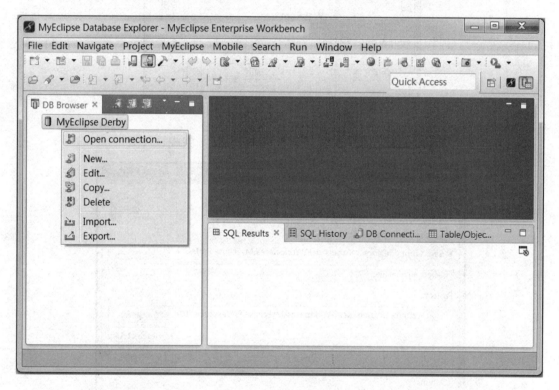

图 17.23 创建一个新连接

（3）选择 New 命令，出现如图 17.24 所示的 Database Driver 对话框，在 Driver name 栏中输入连接名称 SQL SERVER；在 Connection URL 栏中输入要连接数据库的 URL 为 "jdbc:sqlserver://localhost:1433;databaseName=stsc；"，在 User name 栏中输入连接数据库的 用户名，这里是 sa；在 Password 栏中输入连接数据库的密码，这里是 123456；在 Driver JARs 栏中单击 Add JARs 按钮，建立数据库驱动包的存盘路径 "G:\DBConn"，然后单击 Finish 按钮。

图 17.24　编辑数据库连接驱动

（4）在 MyEclipse Database Explorer 中右击刚创建的 SQL SERVER 数据库连接，选择 Open connection 命令，打开该数据连接，如图 17.25 所示。

图 17.25　打开数据库连接

（5）出现 Open Database Connection 对话框，在 Username 栏中输入用户名 sa，在 Password 栏中输入密码 123456，如图 17.26 所示，单击 OK 按钮。

图 17.26　输入连接用户名和密码

展开 Connected to SQL SERVER 结点，选中 stsc 数据库，展开该数据库，然后选中 dbo，展开 dbo，选中 TABLE 展开 TABLE，选中 student 表右击，选择 Edit Data 命令，显示 stsc 数据库中的 student 表，就像在 SQL Server Management Studio 对象资源管理器中显示的一样，至此 MyEclipse 和 SQL Server 已成功连接，如图 17.27 所示。

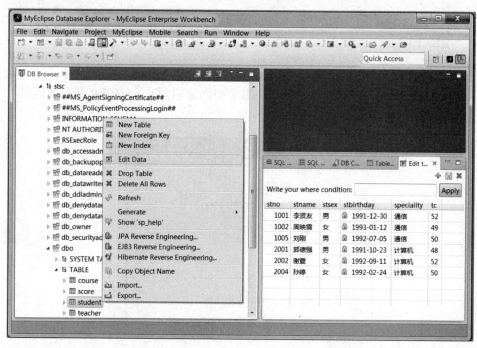

图 17.27　MyEclipse 和 SQL Server 已成功连接

17.5 小　　结

本章主要介绍了以下内容：

（1）简单的 Java 项目开发包括创建 Java 项目、创建包和类、编辑 Java 代码和运行等步骤。

（2）简单的 Web 项目开发包括创建 Web 项目、创建 JSP、部署和运行等步骤。

（3）从事 Java EE 项目开发经常需要将已完成的项目从 MyEclipse 工作区备份到其他计算机上，也常常需要借鉴别人已开发好的项目，因此项目的导出、导入和移除在开发工作中是重要的基本操作。

（4）在 MyEclipse 中创建对 SQL Server 的连接。

习　题　17

一、选择题

17.1 一个简单的 Java 项目的目录树不包括_____。

    A. *.java 文件   B. web.xml 文件

    C. src 目录   D. JRE System Library 目录

17.2 一个简单的 Web 项目的目录树不包括_____。

    A. src 目录   B. WebRoot 目录

    C. META-INF 目录   D. spring3.1.1Libraries 目录

二、填空题

17.3 src 是一个源代码文件夹，用于存放_____源代码。

17.4 JRE System Library 目录用于存放环境运行需要的_____。

17.5 WebRoot 目录是该 Web 应用的_____目录。

三、问答题

17.6 简述简单的 Java 项目的开发步骤。

17.7 简述简单的 Web 项目的开发步骤。

17.8 彻底删除和移除有何不同？

四、上机实验题

17.9 开发一个简单的 Java 项目和一个简单的 Web 项目。

17.10 进行项目的导入、导出和移除等上机实验。

第 18 章 | 基于 Java EE 和 SQL Server 的学生成绩管理系统开发

本章要点：

- 需求分析与设计。
- 搭建系统框架。
- 持久层的开发。
- 业务层的开发。
- 表示层的开发。

本项目采用 Sturts 2+Spring+Hibernate 架构进行开发，采用分层次开发方法。本章介绍学生成绩管理系统的需求分析与设计、搭建系统框架、持久层的开发、业务层的开发、表示层的开发等内容。

18.1 需求分析与设计

18.1.1 需求分析

学生成绩管理系统的主要功能需求如下：

（1）用户在登录界面输入用户名和密码后经验证确认正确进入主界面。

（2）用户可进行学生信息的录入。

（3）用户可进行学生信息的查询、修改和删除。

（4）用户可进行课程信息的录入。

（5）用户可进行课程信息的查询、修改和删除。

（6）用户可进行成绩信息的录入。

（7）用户可进行成绩信息的查询、修改和删除。

18.1.2 系统设计

在需求分析的基础上进行系统设计，系统模块结构如图 18.1 所示。

18.1.3 数据库设计

1．概念设计

1）实体

学生成绩管理系统实体如下。

图 18.1　学生成绩管理系统模块结构图

（1）学生：具有学号、姓名、性别、出生日期、专业、总学分等属性。

（2）课程：具有课程号、课程名、学分、教师编号等属性。

2）联系

在学生成绩管理系统中，一个学生可选修多门课程，一门课程可被多个学生选修，学生与课程两个实体间具有多对多的联系。

3）E-R 图

学生成绩管理系统 E-R 图如图 18.2 所示。

图 18.2　学生成绩管理系统 E-R 图

2. 逻辑设计

在逻辑设计中，学生成绩管理系统 E-R 图转换为关系模式：

选择学生表中的主键和课程表中的主键在新表"选课表"中充当外键，设计关系模式。选课关系实际上是成绩关系，将选课改为成绩，学生成绩管理系统的关系模式设计如下（用下画线标注主键）：

学生(学号, 姓名, 性别, 出生日期, 专业, 总学分)

基于Java EE 和 SQL Server 的学生成绩管理系统开发

课程(课程号,课程名,学分,教师编号)
成绩(学号,课程号,分数)
    外键: 学号,课程号

考虑到功能需求中的登录功能，补充登录关系模式：

登录(标志, 姓名 ,口令)

为了方便程序设计，将汉字表示的关系模式改为英文表示的关系模式：

```
STUDENT (STNO, STNAME, STSEX, STBIRTHDAY, SPECIALITY, TC)   对应学生关系模式
COURSE  (CNO, CNAME, CREDIT, TNO)                           对应课程关系模式
SCORE  (STNO, CNO, GRADE)                                   对应成绩关系模式
LOGTAB(LOGNO, STNAME, PASSWORD)                             对应登录关系模式
```

3. 表结构设计和样本数据

上述关系模式对应的表结构如表 18.1～表 18.4 所示。

表 18.1　STUDENT 的表结构

列　名	数据类型	允许 Null 值	是否主键	说　明
STNO	char(6)		主键	学号
STNAME	char(8)			姓名
STSEX	tinyint			性别，1 表示男，0 表示女
STBIRTHDAY	date			出生日期
SPECIALITY	char(12)	√		专业
TC	int	√		总学分

表 18.2　COURSE 的表结构

列　名	数据类型	允许 Null 值	是否主键	说　明
CNO	char(3)		主键	课程号
CNAME	char(16)			课程名
CREDIT	int	√		学分
TNO	char(6)	√		教师编号

表 18.3　SCORE 的表结构

列　名	数据类型	允许 Null 值	是否主键	说　明
STNO	char(6)		主键	学号
CNO	char(3)		主键	课程号
GRADE	int	√		成绩

表 18.4　LOGTAB 的表结构

列　名	数据类型	允许 Null 值	是否主键	说　明
LOGNO	int		主键	标志
STNAME	char(6)			姓名
PASSWORD	char(20)			口令

各表的样本数据如表 18.5～表 18.8 所示。

表 18.5　STUDENT 的样本数据

学　号	姓　名	性　别	出 生 日 期	专　业	总 学 分
121001	李贤友	男	1991-12-30	通信	52
121002	周映雪	女	1993-01-12	通信	49
121005	刘刚	男	1992-07-05	通信	50
122001	郭德强	男	1991-10-23	计算机	48
122002	谢萱	女	1992-09-11	计算机	52
122004	孙婷	女	1992-02-24	计算机	50

表 18.6　COURSE 的样本数据

课 程 号	课 程 名	学　分	教 师 编 号
102	数字电路	3	102101
203	数据库系统	3	204101
205	微机原理	4	204107
208	计算机网络	4	NULL
801	高等数学	4	801102

表 18.7　SCORE 的样本数据

学　号	课 程 号	成　绩	学　号	课 程 号	成　绩
121001	102	92	121005	205	85
121002	102	72	121001	801	94
121005	102	87	121002	801	73
122002	203	94	121005	801	82
122004	203	81	122001	801	NULL
121001	205	91	122002	801	95
121002	205	65	122004	801	86

表 18.8　LOGTAB 的样本数据

标　志	姓　名	口　令
1	李贤友	121001
2	周映雪	121002
3	刘刚	121005
4	郭德强	122001
5	谢萱	122002
6	孙婷	122004

18.2　搭建系统框架

18.2.1　层次的划分

1．分层模型

轻量级 Java EE 系统划分为持久层、业务层和表示层，用 Sturts 2+Spring+Hibernate 架构进行开发，用 Hibernate 进行持久层开发，用 Spring 的 Bean 来管理组件 DAO、Action 和 Service，用 Sturts 2 完成页面的控制跳转，分层模型如图 18.3 所示。

基于 Java EE 和 SQL Server 的学生成绩管理系统开发

图 18.3　轻量级 Java EE 系统分层模型

- 持久层：轻量级 Java EE 系统的后端是持久层，使用 Hibernate 框架，持久层由 POJO 类及其映射文件、DAO 组件构成，该层屏蔽了底层 JDBC 连接和数据库操作细节，为业务层提供统一面向对象的数据访问接口。
- 业务层：轻量级 Java EE 系统的中间部分是业务层，使用 Spring 框架。业务层由 Service 组件构成，Service 调用 DAO 接口中的方法，经由持久层间接地操作后台数据库，并为表示层提供服务。
- 表示层：轻量级 Java EE 系统的前端是表示层，是 Java EE 系统直接与用户交互的层面，使用业务层提供的服务来满足用户的需求。

2．轻量级 Java EE 系统解决方案

轻量级 Java EE 系统采用 3 种主流开源框架（Sturts 2、Spring 和 Hibernate）进行开发，其解决方案如图 18.4 所示。

图 18.4　轻量级 Java EE 系统解决方案

在上述解决方案中，表示层使用 Struts 2 框架，包括 Struts 2 核心控制器、Action 业务控制器和 JSP 页面；业务层使用 Spring 框架，由 Service 组件构成；持久层使用 Hibernate 框架，由 POJO 类及其映射文件、DAO 组件构成。

该系统的所有组件，包括（Action、Service 和 DAO 等）全部放在 Spring 容器中，由

Spring 统一管理，所以 Spring 是轻量级 Java EE 系统解决方案的核心。

使用上述解决方案的优点如下：

（1）减少重复编程以缩短开发周期和降低成本，易于扩充，从而达到快捷、高效的目的。

（2）系统架构更加清晰合理、系统运行更加稳定可靠。

程序员在表示层中只需编写 Action 和 JSP 代码，在业务层中只需编写 Service 接口及其实现类，在持久层中只需编写 DAO 接口及其实现类，可以投入更多的精力为应用开发项目选择合适的框架，从根本上提高开发的速度、效率和质量。

比较 Java EE 三层架构和 MVC 三层结构如下：

（1）MVC 是所有 Web 程序的通用开发模式，划分为三层结构，即 M（模型层）、V（视图层）和 C（控制器层），它的核心是 C（控制器层），一般由 Sturts 2 担任。Java EE 三层架构为表示层、业务层和持久层，使用的框架分别为 Sturts 2、Spring 和 Hibernate，以 Spring 容器为核心，控制器 Sturts 2 只承担表示层的控制功能。

（2）在 Java EE 三层架构中，表示层包括 MVC 的 V（视图层）和 C（控制器层）两层，业务层和持久层是 M（模型层）的细分。

18.2.2 搭建项目框架

搭建项目框架的步骤如下：

（1）新建 Java EE 项目，将项目命名为 studentManagement。

（2）添加 Spring 核心容器。

（3）添加 Hibernate 框架。

（4）加 Struts 2 框架。

（5）集成 Spring 与 Struts 2。

通过以上 5 个步骤搭建好 studentManagement 的主体架构。studentManagement 项目完成后的目录树如图 18.5 所示。

在 src 目录下创建以下子包，分别存放各组件。

1）持久层

- org.studentscore.model：该包中放置表对应的 POJO 类及映射文件*.hbm.xml。
- org.studentscore.dao：该包中放置 DAO 的接口。
- org.studentscore.dao.imp：该包中放置 DAO 接口的实现类。

2）业务层

- org.studentscore.service：该包中放置业务逻辑接口。
- org.studentscore.service.imp：该包中放置业务逻辑接口的实现类。

图 18.5 studentManagement 项目的目录树

基于 *Java EE* 和 *SQL Server* 的学生成绩管理系统开发

3）表示层

- org.studentscore.action：该包中放置对应的用户自定义的 Action 类。
- org.studentscore.tool：该包中放置公用的工具类，例如分页类。

18.3　持久层的开发

在持久层开发中，程序员要生成数据库表对应的 POJO 类及其映射文件、编写 DAO 接口及其实现类。下面对学生信息管理子系统的持久层开发进行介绍。

1．生成 POJO 类及其映射文件

使用 Hibernate 的"反向工程"法生成数据库表对应的 POJO 类及相应的映射文件，生成的 POJO 类及映射文件都存于项目的 org.studentscore.model 包下，如图 18.6 所示。

在学生信息管理子系统中，STUDENT 表对应的类为 Student，其映射文件为 Student.hbm.xml。

Student.java 的代码如下：

```java
package org.studentscore.model;
import java.util.Date;
/**
 * Student entity. @author MyEclipse Persistence
 Tools
 */
public class Student implements java.io.Serializable {
  // Fields
  private String stno;
  private String stname;
  private Short stsex;
  private String stbirthday;
  private String speciality;
  private int tc;
  public String getStno() {
    return stno;
  }
  public void setStno(String stno) {
    this.stno = stno;
  }
  public String getStname() {
    return stname;
  }
  public void setStname(String stname) {
    this.stname = stname;
  }
  public String getStsex() {
    return stsex;
  }
  public void setStsex(String stsex) {
    this.stsex = stsex;
  }
  public String getStbirthday() {
    return stbirthday;
  }
  public void setStbirthday(String stbirthday) {
```

▲ 🏢 org.studentscore.model
　▷ 📄 Course.java
　▷ 📄 Logtab.java
　▷ 📄 Score.java
　▷ 📄 ScoreId.java
　▷ 📄 Student.java
　　🔖 Course.hbm.xml
　　🔖 Logtab.hbm.xml
　　🔖 Score.hbm.xml
　　🔖 Student.hbm.xml

图 18.6　org.studentscore.model 包

```
    this.stbirthday = stbirthday;
  }
  public String getSpeciality() {
    return speciality;
  }
  public void setSpeciality(String speciality) {
    this.speciality = speciality;
  }
  public int getTc() {
    return tc;
  }
  public void setTc(int tc) {
    this.tc = tc;
  }
}
```

Student.hbm.xml 的代码如下：

```
<?xml version="1.0" encoding="utf-8"?>
<!DOCTYPE hibernate-mapping PUBLIC"-//Hibernate/Hibernate Mapping DTD 3.0//EN"
"http://www.hibernate.org/dtd/hibernate-mapping-3.0.dtd">
<!-- Mapping file autogenerated by MyEclipse Persistence Tools -->
<hibernate-mapping>
  <class name="org.studentscore.model.Student" table="STUDENT" schema="dbo"
  catalog="STSC">
    <id name="stno" type="java.lang.String">
      <column name="STNO" length="6" />
      <!-- <generator class="native" /> -->
    </id>
    <property name="stname" type="java.lang.String">
      <column name="STNAME" length="8" not-null="true" />
    </property>
    <property name="stsex" type="java.lang.Short">
      <column name="STSEX" not-null="true" />
    </property>
    <property name="stbirthday" type="java.lang.String">
      <column name="STBIRTHDAY" />
    </property>
    <property name="speciality" type="java.lang.String">
      <column name="SPECIALITY" />
    </property>
    <property name="tc" type="java.lang.Integer">
      <column name="TC" />
    </property>
  </class>
</hibernate-mapping>
```

2. 实现 DAO 接口组件

学生信息管理功能包括学生信息的查询、学生信息的录入、学生信息的修改、学生信息的删除等。这些功能在 StudentDao.java 中提供对应的方法接口，并在对应实现类 StudentDaoImp.java 中实现。StudentDao.java 在 org. studentscore.dao 包中，StudentDaoImp.java 在 org.studentscore. dao.imp 包中，如图 18.7 所示。

本项目中的所有 DAO 类都要继承 BaseDAO 类，以获

▲ 🔳 org.studentscore.dao
  ▷ 🔲 BaseDAO.java
  ▷ 🔲 CourseDao.java
  ▷ 🔲 LogDao.java
  ▷ 🔲 ScoreDao.java
  ▷ 🔲 StudentDao.java
▲ 🔳 org.studentscore.dao.imp
  ▷ 🔳 CourseDaoImp.java
  ▷ 🔳 LogDaoImp.java
  ▷ 🔳 ScoreDaoImp.java
  ▷ 🔳 StudentDaoImp.java

图 18.7　org.studentscore.dao 包和
org.studentscore.dao.imp 包

取 Session 实例。

BaseDAO.java 的代码如下：

```java
package org.studentscore.dao;
import org.hibernate.*;
public class BaseDAO {
  private SessionFactory sessionFactory;
  public SessionFactory getSessionFactory(){
    return sessionFactory;
  }
  public void setSessionFactory(SessionFactory sessionFactory){
    this.sessionFactory=sessionFactory;
  }
  public Session getSession(){
    Session session=sessionFactory.openSession();
    return session;
  }
}
```

接口 StudentDao.java 的代码如下：

```java
package org.studentscore.dao;
import java.util.*;
import org.studentscore.model.*;
public interface StudentDao {
  public List findAll(int pageNow, int pageSize);    //显示所有学生信息
  public int findStudentSize();                      //查询学生记录数
  public Student find(String stno);                  //根据学号查询学生详细信息
  public void delete(String stno);                   //根据学号删除学生信息
  public void update(Student student);               //修改学生信息
  public void save(Student student);                 //插入学生记录
}
```

对应实现类 StudentDaoImp.java 的代码如下：

```java
package org.studentscore.dao.imp;
import java.util.*;
import org.studentscore.dao.*;
import org.studentscore.model.*;
import org.hibernate.*;
public class StudentDaoImp extends BaseDAO implements StudentDao{
//显示所有学生信息
  public List findAll(int pageNow, int pageSize){
    try{
      Session session=getSession();
      Transaction ts=session.beginTransaction();
      Query query=session.createQuery("from Student order by stno");
      int firstResult=(pageNow-1)*pageSize;
      query.setFirstResult(firstResult);
      query.setMaxResults(pageSize);
      List list=query.list();
      ts.commit();
      session.close();
      session=null;
      return list;
    }catch(Exception e){
      e.printStackTrace();
```

```java
      return null;
    }
}
//查询学生记录数
public int findStudentSize(){
  try{
    Session session=getSession();
    Transaction ts=session.beginTransaction();
    return session.createQuery("from Student").list().size();
  }catch(Exception e){
    e.printStackTrace();
    return 0;
  }
}
//根据学号查询学生详细信息
public Student find(String stno){
  try{
    Session session=getSession();
    Transaction ts=session.beginTransaction();
    Query query=session.createQuery("from Student where stno=?");
    query.setParameter(0, stno);
    query.setMaxResults(1);
    Student student=(Student)query.uniqueResult();
    ts.commit();
    session.clear();
    return student;
  }catch(Exception e){
    e.printStackTrace();
    return null;
  }
}
//根据学号删除学生信息
public void delete(String stno){
  try{
    Session session=getSession();
    Transaction ts=session.beginTransaction();
    Student student=find(stno);
    session.delete(student);
    ts.commit();
    session.close();
  }catch(Exception e){
    e.printStackTrace();
  }
}
//修改学生信息
public void update(Student student){
  try{
    Session session=getSession();
    Transaction ts=session.beginTransaction();
    session.update(student);
    ts.commit();
    session.close();
  }catch(Exception e){
    e.printStackTrace();
  }
}
//插入学生记录
public void save(Student student){
  try{
```

基于*Java EE* 和 *SQL Server* 的学生成绩管理系统开发

```
            Session session=getSession();
            Transaction ts=session.beginTransaction();
            session.save(student);
            ts.commit();
            session.close();
        }catch(Exception e){
            e.printStackTrace();
        }
    }
}
```

18.4 业务层的开发

在业务层开发中程序员要编写 Service 接口及其实现类，如图 18.8 所示。

在学生信息管理子系统的业务层的开发中，StudentService 接口放在 org.studentscore. service 包中，其实现类 StudentServiceManage 放在 org.studentscore. service.imp 包中。

StudentService.java 接口的代码如下：

- ▲ 🎹 org.studentscore.service
  - ▷ 🗿 CourseService.java
  - ▷ 🗿 LogService.java
  - ▷ 🗿 ScoreService.java
  - ▷ 🗿 StudentService.java
- ▲ 🎹 org.studentscore.service.imp
  - ▷ 🗿 CourseServiceManage.java
  - ▷ 🗿 LogServiceManage.java
  - ▷ 🗿 ScoreServiceManage.java
  - ▷ 🗿 StudentServiceManage.java

图 18.8　org.studentscore.service 包和 org.studentscore.service.imp 包

```
package org.studentscore.service;
import java.util.*;
import org.studentscore.model.*;
public interface StudentService {
    public List findAll(int pageNow, int pageSize);   //服务：显示所有学生信息
    public int findStudentSize();                     //服务：查询学生记录数
    public Student find(String stno);                 //服务：根据学号查询学生信息
    public void delete(String stno);                  //服务：根据学号删除学生信息
    public void update(Student student);              //服务：修改学生信息
    public void save(Student student);                //服务：插入学生记录
}
```

对应实现类 StudentServiceManage 的代码如下：

```
package org.studentscore.service.imp;
import java.util.*;
import org.studentscore.dao.*;
import org.studentscore.model.*;
import org.studentscore.service.*;
public class StudentServiceManage implements StudentService{
    private StudentDao studentDao;
    private ScoreDao scoreDao;
    //服务：显示所有学生信息
    public List findAll(int pageNow, int pageSize){
        return studentDao.findAll(pageNow, pageSize);
    }
    //服务：查询学生记录数
    public int findStudentSize(){
        return studentDao.findStudentSize();
    }
    //服务：根据学号查询学生详细信息
    public Student find(String stno){
```

```
  return studentDao.find(stno);
}
//服务：根据学号删除学生信息
public void delete(String stno){
  studentDao.delete(stno);
  scoreDao.deleteOneStudentScore (stno);//在删除学生的同时要删除该生对应的成绩
}
//服务：修改学生信息
public void update(Student student){
  studentDao.update(student);
}
//服务：插入学生记录
public void save(Student student){
  studentDao.save(student);
}
…
}
```

18.5　表示层的开发

在表示层的开发中，程序员需要编写 Action 和 JSP 代码，下面对学生信息管理子系统的表示层的开发进行介绍。

1.　主界面的开发

运行学生成绩管理系统，出现该系统的主界面，如图 18.9 所示。

图 18.9　学生成绩管理系统的主界面

主界面分为 3 个部分，即头部 head.jsp、左部 left.jsp、登录页 login.jsp，通过主页面框架 index.jsp 整合在一起。

基于 Java EE 和 SQL Server 的学生成绩管理系统开发

1) 页面布局

页面布局采用 CSS 代码，在 WebRoot 下建立文件夹 CSS，在该文件夹中创建 left_style.css 文件。

left_style.css 的代码如下：

```css
@CHARSET "UTF-8";

div.left_div{
  width:184px;
}
div ul li{
  list-style:none;
}
span.sinfo{
  display:none;
}
span.cinfo{
  display:none;
}
span.scoreInfo{
  display:none;
}
div a{
  text-decoration:none;
}
div a:link {color: black}
div a:visited {color: black}
div a:hover {color: black}
div a:active {color: black}
div.student{
  width:80px;
  padding:5px 20px;
  border:1px solid #c0d2e6;
}
```

2) 主页框架

主页面框架 index.jsp 的代码如下：

```jsp
<%@ page language="java" import="java.util.*" pageEncoding="UTF-8"%>
<%
String path = request.getContextPath();
String basePath = request.getScheme()+"://"+request.getServerName()+":"+request.getServerPort()+path+"/";
%>
<!DOCTYPE HTML PUBLIC "-//W3C//DTD HTML 4.01 Transitional//EN">
<html>
  <head>
    <base href="<%=basePath%>">
    <title>学生成绩管理系统</title>
    <meta http-equiv="pragma" content="no-cache">
    <meta http-equiv="cache-control" content="no-cache">
    <meta http-equiv="expires" content="0">
    <meta http-equiv="keywords" content="keyword1,keyword2,keyword3">
  <meta http-equi v="description" content="This is my page">
  </head>
  <body>
    <div style="width:1000px; height:1000px; margin:auto;">
```

```
        <iframe src="head.jsp" frameborder="0" scrolling="no" width="913"
        height="160"></iframe>
        <div style="width:1000px; height:420; margin:auto;">
          <div style="width:200px; height:420; float:left">
            <iframe src="left.jsp" frameborder="0" scrolling="no" width="200"
            height="520"></iframe>
          </div>
          <div style="width:800px; height:420; float:left">
            <iframe src="login.jsp" name="right" frameborder="0" scrolling=
            "no" width="800" height="520"></iframe>
          </div>
        </div>
      </div>
    </body>
</html>
```

3）页面头部

头部 head.jsp 的代码如下：

```
<%@ page language="java" pageEncoding="UTF-8"%>
<html>
  <head>
    <title>学生成绩管理系统</title>
  </head>
  <body>
    <img src="images/top.jpg" />
  </body>
</html>
```

4）页面左部

页面左部 left.jsp 的代码如下：

```
<%@ page language="java" pageEncoding="UTF-8"%>
<html>
  <head>
    <title>学生成绩管理系统</title>
    <script type="text/javascript" src="js/jquery-1.8.0.min.js"></script>
    <script type="text/javascript" src="js/left.js"></script>
    <link rel="stylesheet" href="CSS/left_style.css" type="text/css" />
    <script type="text/javascript"></script>
  </head>
  <body>
    <div class="left_div">
      <div style="width:1px;height:10px;"></div>
      <div class="student"><a href="javascript:void(0)" id="student">学生
      信息</a></div>
      <div style="width:1px;height:10px;"></div>
      <div class="student">
        <span class="sinfo" style="width: 200px;"><a href="addStudentView.
        action" target="right" >学生信息录入</a></span>
        <span class="sinfo" style="width: 200px;"><a href="studentInfo.
        action" target="right">学生信息查询</a></span>
      </div>
      <div style="width:1px;height:10px;"></div>
      <div class="student"><a href="javascript:void(0)" id="scoure">课程信
      息</a></div>
```

```
        <div style="width:1px;height:10px;"></div>
        <div class="student">
          <span class="cinfo" style="width: 200px;"><a href="addKcView.action"
          target="right">课程信息录入</a></span>
          <span class="cinfo" style="width: 200px;"><a href="kcInfo.action"
          target="right">课程信息查询</a></span>
        </div>
        <div style="width:1px;height:10px;"></div>
        <div class="student"><a href="javascript:void(0)" id="score">成绩信息
        </a></div>
        <div style="width:1px;height:10px;"></div>
        <div class="student">
          <span class="scoreInfo" style="width: 200px;"><a href="addStudentc
          jView.action" target="right">成绩信息录入</a></span>
          <span class="scoreInfo" style="width: 200px;"><a href="studentcj
              Info.action" target="right">成绩信息查询</a></span>
        </div>
      </div>
    </body>
</html>
```

2. 登录功能的开发

1）编写登录页

登录页 login.jsp 的代码如下：

```
<%@ page language="java" pageEncoding="UTF-8"%>
<%@ taglib prefix="s" uri="/struts-tags"%>
<html>
  <head>
    <title>学生成绩管理系统</title>
  </head>
  <body>
    <s:form action="login" method="post" theme="simple">
    <table>
      <caption>用户登录</caption>
      <tr>
        <td>
          姓名：<s:textfield name="log.stname " size="20"/>
        </td>
      </tr>
      <tr>
        <td>
          口令：<s:password name="log.password " size="21"/>
        </td>
      </tr>
      <tr>
        <td align="right">
          <s:submit value="登录"/>
          <s:reset value="重置"/>
        </td>
      </tr>
    </table>
    </s:form>
  </body>
</html>
```

2）编写、配置 Action 模块

登录页提交给了一个名为 login 的 Action，为了实现这个 Action 类，在 src 目录下的 org.studentscore.action 包中创建 LogAction 类。

LogAction.java 的代码如下：

```java
package org.studentscore.action;
import java.util.*;
import org.studentscore.model.*;
import org.studentscore.service.*;
import com.opensymphony.xwork2.*;
public class LogAction extends ActionSupport{
  private Logtab Log;
  protected LogService logService;
  //处理用户请求的execute方法
  public String execute() throws Exception{
    boolean validated=false;                    //验证成功标识
    Map session=ActionContext.getContext().getSession();
                                    //获得会话对象，用来保存当前登录用户的信息
    Logtab log1=null;
    //获取Logtab对象，如果是第一次访问，则用户对象为空，如果是第二次或以后，直接登录
      无须重复验证
    log1=(Logtab)session.get("Log");
    if(log1==null){
      log1=logService.find(Log.getSTNAME(), Log.getPASSWORD());
      if(log1!=null){
        session.put("Log", log1);       //把log1对象存储在会话中
        validated=true;                 //标识为true表示验证成功通过
      }
    }
    else{
      validated=true;               //该用户已登录并成功验证，标识为true无须再验证
    }
    if(validated){
      //验证成功返回字符串"success"
      return SUCCESS;
    }
    else{
      //验证失败返回字符串"error"
      return ERROR;
    }
  }
  …
}
```

在 src 下创建 struts.xml 文件，配置如下：

```xml
…
<struts>
  <package name="default" extends="struts-default">
    <!-- 用户登录 -->
    <action name="login" class="log">
      <result name="success">/welcome.jsp</result>
      <result name="error">/failure.jsp</result>
    </action>
```

基于 Java EE 和 SQL Server 的学生成绩管理系统开发

```
...
    </package>
</struts>
```

3）编写 JSP

登录成功页 welcome.jsp 的代码如下：

```
<%@ page language="java" pageEncoding="UTF-8"%>
<%@ taglib prefix="s" uri="/struts-tags"%>
<html>
  <head></head>
  <body>
    <s:set name="log" value="#session['log']"/>
    学号<s:property value="#log.stno"/>用户登录成功！
  </body>
</html>
```

若登录失败则转到出错页 failure.jsp，代码如下：

```
<%@ page language="java" pageEncoding="UTF-8"%>
<html>
  <head></head>
  <body bgcolor="#D9DFAA">
    登录失败！单击<a href="login.jsp">这里</a>返回
  </body>
</html>
```

4）注册组件

在 applicationContext.xml 文件中加入注册信息。

applicationContext.xml 的代码如下：

```
<bean id="baseDAO" class="org.studentscore.dao.BaseDAO">
  <property name="sessionFactory" ref="sessionFactory"/>
</bean>
<bean id="logDao" class="org.studentscore.dao.imp.LogDaoImp" parent="baseDAO"/>
<bean id="logService" class="org.studentscore.service.imp.LogServiceManage">
  <property name="logDao" ref="logDao"/>
</bean>
<bean id="log" class="org.studentscore.action.LogAction">
  <property name="logService" ref="logService"/>
</bean>
```

5）测试功能

部署运行程序，在页面上输入学号和口令，如图 18.10 所示。单击"登录"按钮，出现"用户登录成功"页面，如图 18.11 所示。

3. 显示学生信息功能的开发

1）编写和配置 Action 模块

单击主界面中"学生信息"栏下面的"学生信息查询"超链接，就会提交给 StudentAction 去处理，为实现该 Action，在 src 下的 org.studentscore.action 包中创建 StudentAction 类。由于所有与学生信息有关的查询、删除、修改和插入操作都是由 StudentAction 类中的方法来实现，下面在 StudentAction 类中仅列出"显示所有学生信息"的方法，其他方法在此处只给出方法名，在后面介绍相应功能的 Action 模块时再给出。

图 18.10　学生登录

图 18.11　用户登录成功

StudentAction.java 的代码如下：

```java
package org.studentscore.action;
import java.util.*;
import java.io.*;
import org.studentscore.model.*;
```

```java
import org.studentscore.service.*;
import org.studentscore.tool.*;
import com.opensymphony.xwork2.*;
import javax.servlet.*;
import javax.servlet.http.*;
import org.apache.struts2.*;
public class StudentAction extends ActionSupport{
  private int pageNow = 1;
  private int pageSize = 8;
  private Student student;
  private StudentService studentService;
  //显示所有学生信息
  public String execute() throws Exception{
    List list=studentService.findAll(pageNow,pageSize);
    Map request=(Map)ActionContext.getContext().get("request");
    Pager page=new Pager(getPageNow(),studentService.findStudentSize());
    request.put("list", list);
    request.put("page", page);
    return SUCCESS;
  }
  //根据学号查询学生详细信息
  public String findStudent() throws Exception{
    …
  }
  //根据学号删除学生信息
  public String deleteStudent() throws Exception{
    …
  }
  //修改学生信息：显示修改页面和执行修改操作
  public String updateStudentView() throws Exception{
    …
  }
  public String updateStudent() throws Exception{
    …
  }
  //插入学生记录：显示录入页面和执行录入操作
  public String addStudentView() throws Exception{
    …
  }
  public String addStudent() throws Exception{
    …
  }
  public Student getStudent(){
    return student;
  }
  public void setStudent(Student student){
  this.student = student;
  }
  public StudentService getStudentService(){
    return studentService;
  }
```

```java
public void setStudentService(StudentService studentService){
  this.studentService = studentService;
}
public int getPageNow(){
  return pageNow;
}
public void setPageNow(int pageNow){
  this.pageNow = pageNow;
}
public int getPageSize(){
  return pageSize;
}
public void setPageSize(int pageSize){
  this.pageSize = pageSize;
}
}
```

在 struts.xml 文件中配置：

```xml
<!-- 显示所有学生信息 -->
<action name="studentInfo" class="student">
  <result name="success">/studentInfo.jsp</result>
</action>
```

2）编写 JSP

成功后跳转到 studentInfo.jsp，分页显示所有学生信息。

studentInfo.jsp 的代码如下：

```jsp
<%@ page language="java" pageEncoding="UTF-8"%>
<%@ taglib uri="/struts-tags" prefix="s"%>
<html>
  <head></head>
  <body>
    <table border="1" cellspacing="1" cellpadding="8" width="700">
      <tr align="center" bgcolor="silver">
        <th>学号</th><th>姓名</th><th>性别</th><th>专业</th><th>出生时间</th>
        <th>总学分</th><th>详细信息</th><th>操作</th><th>操作</th>
      </tr>
      <s:iterator value="#request.list" id="student">
      <tr>
        <td><s:property value="#student.stno"/></td>
        <td><s:property value="#student.stname"/></td>
        <td>
          <s:if test="#student.stsex==1">男</s:if>
          <s:else>女</s:else>
        </td>
        <td><s:property value="#student.speciality"/></td>
        <td><s:property value="#student.stbirthday"/></td>
        <td><s:property value="#student.tc"/></td>
        <td>
          <a href="findStudent.action?student.stno=<s:property value="#student.
```

```
            stno"/>">详细信息</a>
          </td>
          <td>
            <a href="deleteStudent.action?student.stno=<s:property value=
            "#student.stno"/>" onClick="if(!confirm('确定删除该生信息吗？'))return
            false;else return true;">删除</a>
          </td>
          <td>
            <a href="updateStudentView.action?student.stno=<s:property value=
            "#student.stno"/>">修改</a>
          </td>
        </tr>
      </s:iterator>
      <tr>
        <s:set name="page" value="#request.page"></s:set>
        <s:if test="#page.hasFirst">
          <s:a href="studentInfo.action?pageNow=1">首页</s:a>
        </s:if>
        <s:if test="#page.hasPre">
          <a href="studentInfo.action?pageNow=<s:property value="#page.
          pageNow-1"/>">上一页</a>
        </s:if>
        <s:if test="#page.hasNext">
          <a href="studentInfo.action?pageNow=<s:property value="#page.
          pageNow+1"/>">下一页</a>
        </s:if>
        <s:if test="#page.hasLast">
          <a href="studentInfo.action?pageNow=<s:property value="#page.
          totalPage"/>">尾页</a>
        </s:if>
      </tr>
    </table>
  </body>
</html>
```

3）注册组件

在 applicationContext.xml 文件中加入以下注册信息：

```
<bean id="studentDao" class="org.studentscore.dao.imp.StudentDaoImp" parent
="baseDAO"/>
<bean  id="studentService"   class="org.studentscore.service.imp.Student
ServiceManage">
  <property name="studentDao" ref="studentDao"/>
</bean>
<bean id="student" class="org.studentscore.action.StudentAction">
  <property name="studentService" ref="studentService"/>
</bean>
```

4）测试功能

部署运行程序，登录后单击主界面中"学生信息"栏下面的"学生信息查询"超链接，将分页列出所有学生的信息，如图 18.12 所示。

图 18.12　显示所有学生信息

4．查看学生详细信息功能的开发

在显示所有学生信息页面，每个学生记录的后面都有"详细信息"超链接，单击该超链接就会提交给 StudentAction 类的 findStudent()方法去处理。

1）编写、配置 Action 模块

在 StudentAction 类中加入 findStudent()方法，用于从数据库中查找某个学生的详细信息，其实现代码如下：

```
//根据学号查询学生详细信息
public String findStudent() throws Exception{
  String stno=student.getStno();
  Student stu=studentService.find(stno);
  Map request=(Map)ActionContext.getContext().get("request");
  request.put("student", stu);
  return SUCCESS;
}
```

以上编写的方法在 struts.xml 中配置如下：

```
<!-- 查询学生详细信息 -->
<action name="findStudent" class="student" method="findStudent">
    <result name="success">/moretail.jsp</result>
</action>
```

2）编写 JSP

编写用于显示学生详细信息的 moretail.jsp 页面。

moretail.jsp 的代码如下：

```
<%@ page language="java" import="java.util.*" pageEncoding="UTF-8"%>
```

基于 *Java EE* 和 *SQL Server* 的学生成绩管理系统开发

```
<%@ taglib uri="/struts-tags" prefix="s"%>
<html>
  <head></head>
  <body>
    <h3>该学生信息如下: </h3>
    <s:set name="student" value="#request.student"></s:set>
    <s:form action="studentInfo" method="post">
    <table border="0" cellpadding="5">
      <tr>
        <td>学号: </td>
        <td width="100">
          <s:property value="#student.stno"/>
        </td>
      </tr>
      <tr>
        <td>姓名: </td>
        <td width="100">
          <s:property value="#student.stname"/>
        </td>
      </tr>
      <tr>
        <td>性别: </td>
        <td width="100">
          <s:if test="#student.stsex==1">男</s:if>
          <s:else>女</s:else>
        </td>
      </tr>
      <tr>
        <td>专业: </td>
        <td width="100">
          <s:property value="#student.speciality"/>
        </td>
      </tr>
      <tr>
        <td>出生时间: </td>
        <td width="100">
          <s:property value="#student.stbirthday"/>
        </td>
      </tr>
      <tr>
        <td>总学分</td>
        <td width="100">
          <s:property value="#student.tc"/>
        </td>
      </tr>
      <tr>
        <td align="right">
          <s:submit value="返回"/>
        </td>
      </tr>
    </table>
    </s:form>
  </body>
</html>
```

3）测试功能

部署运行程序，在显示所有学生信息的页面中单击要查询详细信息的学生记录后的

"详细信息"超链接，即显示该学生的详细信息，如图 18.13 所示。

图 18.13　学生详细信息查询

5．学生信息录入功能的开发

单击主界面中"学生信息"栏下面的"学生信息查询"超链接，就会提交给 StudentAction 类 addStudentView()方法和 addStudent()方法去处理。

1）编写、配置 Action 模块

该功能分两步，首先显示录入页面，用户在表单中填写学生信息并提交，然后执行录入操作，需要在 StudentAction 类中加入 addStudentView()方法和 addStudent()方法，代码如下：

```
//插入学生记录：显示录入页面和执行录入操作
public String addStudentView() throws Exception{
  return SUCCESS;
}
public String addStudent() throws Exception{
  Student stu=new Student();
  String stno1=student.getStno();
  //学号已存在，不可重复录入
  if(studentService.find(stno1)!=null){
    return ERROR;
  }
  stu.setStno(student.getStno());
  stu.setStname(student.getStname());
  stu.setStsex(student.getStsex());
  stu.setStbirthday(student.getStbirthday());
  stu.setSpeciality(student.getSpeciality());
  stu.setTc(student.getTc());
  studentService.save(stu);
  return SUCCESS;
}
```

405

第
18
章

基于 Java EE 和 SQL Server 的学生成绩管理系统开发

在 struts.xml 中配置上述两个方法，代码如下：

```xml
<!-- 录入学生信息 -->
<action name="addStudentView" class="student" method="addStudentView">
  <result name="success">/addStudentInfo.jsp</result>
</action>
<action name="addStudent" class="student" method="addStudent">
  <result name="success">/success.jsp</result>
  <result name="error">/existStudent.jsp</result>
</action>
```

2）编写 JSP

编写录入页面 addStudentInfo.jsp，代码如下：

```jsp
<%@ page language="java" pageEncoding="UTF-8"%>
<%@ taglib uri="/struts-tags" prefix="s"%>
<html>
  <head></head>
  <body>
   <h3>请填写学生信息</h3>
   <hr width="700" align="left">
   <s:form action="addStudent" method="post">
     <table border="0" cellspacing="0" cellpadding="1">
       <tr>
         <td>
          <s:textfield name="student.stno" label="学号" value="">
          </s:textfield>
         </td>
       </tr>
       <tr>
         <td>
          <s:textfield name="student.stname" label="姓名" value="">
          </s:textfield>
         </td>
       </tr>
       <tr>
         <td>
          <s:radio name="student.stsex" value="1" list="#{1:'男',0:'女'}"
          label="性别"/>
         </td>
       </tr>
       <tr>
         <td>
          <s:textfield name="student.speciality" label="专业" value="">
          </s:textfield>
         </td>
       </tr>
       <tr>
         <td>
          <s:textfield name="student.stbirthday" label="出生时间" value="">
          </s:textfield>
         </td>
       </tr>
       <tr>
         <td>
```

```
      <s:textfield name="student.tc"label="总学分"value=""> </s:textfield>
    </td>
   </tr>
  </table>
  <p>
  <input type="submit" value="添加"/>
  <input type="reset" value="重置"/>
  </s:form>
 </body>
</html>
```

existStudent.jsp 代码如下。

```
<%@ page language="java" pageEncoding="UTF-8"%>
<html>
<head></head>
<body>
  学号已经存在!
</body>
</html>
```

3）测试功能

部署运行程序，登录后在主界面中的"学生信息"栏下面单击"学生信息录入"超链接，出现如图 18.14 所示的界面。

图 18.14　学生信息录入

单击"添加"按钮，提交 addStudent.action 处理。

6. 修改学生信息功能的开发

在显示所有学生信息页面，每个学生记录的后面都有"修改"超链接，单击该超链接就会提交给 StudentAction 类的 updateStudentView()方法和 updateStudent()方法来处理。

1）编写、配置 Action 模块

该功能分两步，首先显示修改页面，用户在表单中填写修改内容并提交，然后执行修改操作，需要在 StudentAction 类中加入 updateStudentView()方法和 updateStudent()方法，代码如下：

```
//修改学生信息：显示修改页面和执行修改操作
public String updateStudentView() throws Exception{
  String stno=student.getStno();
  Student studentInfo=studentService.find(stno);
  Map request=(Map)ActionContext.getContext().get("request");
  request.put("studentInfo", studentInfo);
  return SUCCESS;
}
public String updateStudent() throws Exception{
  Student student1=studentService.find(student.getStno());
  student1.setStsex(student.getStname());
  student1.setStsex(student.getStsex());
  student1.setSpeciality(student.getSpeciality());
  student1.setStbirthday(student.getStbirthday());
  student1.setTc(student.getTc());
  Map request=(Map)ActionContext.getContext().get("request");
  studentService.update(student1);
  return SUCCESS;
}
```

在 struts.xml 中配置如下：

```
<!-- 修改学生信息 -->
<action name="updateStudentView" class="student" method="updateStudentView">
  <result name="success">/updateStudentView.jsp</result>
</action>
<action name="updateStudent" class="student" method="updateStudent">
  <result name="success">/success.jsp</result>
</action>
```

2）编写 JSP

编写修改页面 updateStudentView.jsp，代码如下：

```
<%@ page language="java" pageEncoding="UTF-8"%>
<%@ taglib uri="/struts-tags" prefix="s"%>
<html>
  <head></head>
  <body>
    <s:set name="student" value="#request.studentInfo"></s:set>
    <s:form action="updateStudent" method="post">
      <table border="0" cellspacing="1" cellpadding="8" width="500">
        <tr>
          <td width="80">学号: </td>
          <td>
            <input type="text" name="student.stno" value="<s:property value=
```

```
                     "#student.stno"/>" readonly/>
        </td>
     </tr>
     <tr>
        <td width="80">姓名: </td>
        <td>
           <input type="text" name="student.stname"value="<s:property value=
           "#student.stname"/>"/>
        </td>
     </tr>
     <tr>
        <td width="80">
           <s:radio list="#{1:'男',0:'女'}" value="#student.stsex" label="
           性别"name="student.stsex"></s:radio>
        </td>
     </tr>
     <tr>
        <td width="80">出生时间: </td>
        <td>
           <input type="text" name="student.stbirthday" value="<s:property
           value="#student.stbirthday"/>"/>
        </td>
     </tr>
     <tr>
        <td width="80">专业: </td>
        <td>
           <input type="text" name="student.speciality" value="<s:property
           value="#student.speciality"/>"/>
        </td>
     </tr>
     <tr>
        <td width="80">总学分: </td>
        <td>
           <input type="text" name="student.tc" value="<s:property value=
           "#student.tc"/>"/>
        </td>
     </tr>
   </table>
   <input type="submit" value="修改"/>
   <input type="button" value="返回" onclick="javascript:history.back();"/>
  </s:form>
 </body>
</html>
```

3）测试功能

部署运行程序，在显示所有学生信息页面单击要修改的学生记录后的"修改"超链接，进入该学生的信息修改页面，页面表单中已经自动获得了该学生的原信息，将总学分由 50 修改为 52，如图 18.15 所示。

图 18.15　修改学生信息

单击"添加"按钮，提交 updateStudent.action 处理。修改成功后会跳转到 success.jsp，显示操作成功。

7．删除学生信息功能的开发

在显示所有学生信息页面，每个学生记录的后面都有"删除"超链接，单击该超链接就会提交给 StudentAction 类的 deleteStudent()方法去处理。

1）编写、配置 Action 模块

删除功能对应 StudentAction 类中的 deleteStudent()方法，实现代码如下：

```
//根据学号删除学生信息
  public String deleteStudent() throws Exception{
    String stno=student.getStno();
    studentService.delete(stno);
  return SUCCESS;
  }
```

在 struts.xml 中配置如下：

```
<!-- 删除学生信息 -->
<action name="deleteStudent" class="student" method="deleteStudent">
    <result name="success">/success.jsp</result>
</action>
```

2）编写 JSP

操作成功后会跳转到成功界面 success.jsp，代码如下：

```
<%@ page language="java" pageEncoding="UTF-8"%>
<html>
  <head></head>
  <body bgcolor="#D9DFAA">
```

操作成功！
```
  </body>
</html>
```

3）测试功能

在所有学生信息的显示页 studentInfo.jsp 中有以下代码：

```
<td>
  <a href="deleteStudent.action?student.stno=<s:property value="#student.
  stno"/>"
    onClick="if(!confirm('确定删除该生信息吗？'))return false;else return
    true;">删除</a>
</td>
```

为了防止操作人员误删学生信息，加入了上述"确定"对话框。部署运行程序，当用户单击"删除"超链接时出现如图 18.16 所示的界面。

图 18.16　删除学生信息

单击"确定"按钮，提交 deleteStudent.action 执行删除操作。

18.6　小　　结

本章主要介绍了以下内容：

（1）在学生成绩管理系统的需求分析与设计中介绍了需求分析、系统模块结构图、E-R 图、表结构设计和样本数据。

（2）轻量级 Java EE 系统划分为持久层、业务层和表示层，其后端是持久层、中间部分是业务层、前端是表示层，用 Sturts 2+Spring+Hibernate 架构进行开发。

（3）在轻量级 Java EE 系统解决方案中，表示层使用 Struts 2 框架，包括 Struts 2 核心控制器、Action 业务控制器和 JSP 页面；业务层使用 Spring 框架，由 Service 组件构成；持久层使用 Hibernate 框架，由 POJO 类及其映射文件、DAO 组件构成。

该系统的所有组件（包括 Action、Service 和 DAO 等）全部放在 Spring 容器中，由 Spring 统一管理，所以 Spring 是轻量级 Java EE 系统解决方案的核心。

（4）学生成绩管理系统的开发采用轻量级 Java EE 系统解决方案，搭建项目框架是学生成绩管理系统开发的重要工作。

（5）开发人员在持久层开发中需要生成 POJO 类及其映射文件，编写 DAO 接口及其实现类；在业务层开发中需要编写 Service 接口及其实现类；在表示层开发中需要编写 Action 类和 JSP 代码并进行测试。

习　题　18

一、选择题

18.1　在下面的层中_____不是轻量级 Java EE 系统划分的层。

    A．模型层　　　　　　　　　　　　　B．持久层

    C．表示层　　　　　　　　　　　　　D．业务层

18.2　表示层不包括_____。

    A．Action 业务控制器　　　　　　　　B．JSP 页面

    C．DAO 组件　　　　　　　　　　　　D．Struts 2 核心控制器

二、填空题

18.3　表示层使用_____框架。

18.4　业务层使用_____框架。

18.5　持久层使用_____框架。

18.6　Spring 是轻量级 Java EE 系统解决方案的_____。

18.7　在持久层开发中需要生成 POJO 类及其映射文件，编写_____接口及其实现类。

18.8　在业务层开发中需要编写_____接口及其实现类。

18.9　在表示层开发中需要编写_____类和 JSP 代码并进行测试。

三、问答题

18.10　轻量级 Java EE 系统怎样划分层？

18.11　简述轻量级 Java EE 系统解决方案中各层使用的框架和组成。

18.12　试述"Spring 是轻量级 Java EE 系统解决方案的核心"的理由。

18.13　开发人员在 Spring 是轻量级 Java EE 系统开发中需要做哪些工作？

四、上机实验题

18.14　参照学生成绩管理系统的开发步骤完成开发工作，完成后进行测试。

18.15　将学生成绩管理系统后台数据库换为 Oracle 数据库，完成开发工作并进行测试。

18.16　在学生成绩管理系统中增加学生选课功能，完成开发工作并进行测试。

基于 *Java EE* 和 *SQL Server* 的学生成绩管理系统开发

习题参考答案

第1章 数据库系统和数据库设计

一、选择题

1.1 A   1.2 C   1.3 A   1.4 B   1.5 A

二、填空题

1.6 数据完整性约束

1.7 多对多

1.8 内模式

1.9 减少数据冗余

三、问答题 略

四、应用题

1.14

（1）

（2）

学生(学号, 姓名, 性别, 出生日期)

课程(课程号, 课程名, 学分)

选修(学号, 课程号, 成绩)

　　外码：学号，课程号

1.15

（1）

（2）

学生(<u>借书证号</u>，姓名，专业，借书量)

图书(<u>书号</u>，书名，作者，价格，复本量，库存量)

借阅(<u>书号，借书证号</u>，索书号，借阅时间)

　　外码：书号，借书证号

第 2 章　　SQL Server 概述

一、选择题

2.1 B　　2.2 C　　2.3 D

二、填空题

2.4 集成服务

2.5 配置管理器

三、问答题　略

四、上机实验题　略

第 3 章　　创建和修改数据库

一、选择题

3.1 B　　3.2 D　　3.3 C　　3.4 D　　3.5 B

二、填空题

3.6 逻辑成分

3.7 视图

3.8 数据库文件

3.9　64KB

3.10 日志文件

三、问答题　略

四、上机实验题　略

第 4 章　　创建和使用表

一、选择题

4.1 B　　4.2 D　　4.3 C　　4.4 B

二、填空题

4.5 数据类型

4.6 不可用

4.7 列名

4.8 tinyint

4.9 可变长度字符数据类型

4.10 非英语语种

三、问答题 略

四、上机实验题 略

第 5 章　T-SQL 基础

一、选择题

5.1 D　　5.2 C　　5.3 C　　5.4 B　　5.5 D

二、填空题

5.6 外层表的行数

5.7 内　　外

5.8 外　　内

5.9　ALL

5.10　WHERE

三、问答题 略

四、上机实验题

5.19

```
CREATE DATABASE stsc
GO

USE stsc
GO

CREATE TABLE student
(
    stno char(6) NOT NULL PRIMARY KEY,
    stname char(8) NOT NULL,
    stsex char(2) NOT NULL,
    stbirthday date NOT NULL,
    speciality char(12) NULL,
    tc int NULL
)
GO

CREATE TABLE course
(
    cno char(3) NOT NULL PRIMARY KEY,
    cname char(16) NOT NULL,
    credit int NULL,
    tno char (6) NULL,
)
```

```
GO

CREATE TABLE score
(
    stno char (6) NOT NULL ,
    cno char(3) NOT NULL,
    grade int NULL,
    PRIMARY KEY(stno,cno)
)
GO

CREATE TABLE teacher
(
    tno char (6) NOT NULL PRIMARY KEY,
    tname char(8) NOT NULL,
    tsex char (2) NOT NULL,
    tbirthday date NOT NULL,
    title char (12) NULL,
    school char (12) NULL
)
GO
```

5.20

```
USE stsc
GO

INSERT INTO student values('121001','李贤友','男','1991-12-30','通信',52),
('121002','周映雪','女','1993-01-12','通信',49),
('121005','刘刚','男','1992-07-05','通信',50),
('122001','郭德强','男','1991-10-23','计算机',48),
('122002','谢萱','女','1992-09-11','计算机',52),
('122004','孙婷','女','1992-02-24','计算机',50);
GO

INSERT INTO course values('102','数字电路',3,'102101'),('203','数据库系统',
3,'204101'),
('205','微机原理',4,'204107'),('208','计算机网络',4,NULL),('801','高等数学',
4,'801102')
GO

INSERT INTO score values('121001','102',92),('121002','102',72),('121005',
'102',87),('122002','203',94),
('122004','203',81),('121001','205',91),('121002','205',65),('121005',
'205',85),('121001','801',94),('121002','801',73),
('121005','801',82),('122001','801',NULL),('122002','801',95),('122004',
'801',86);
GO

INSERT INTO teacher values('102101','刘林卓','男','1962-03-21','教授','通信
学院'),
('102105','周学莉','女','1977-10-05','讲师','通信学院'),
('204101','吴波','男','1978-04-26','教授','计算机学院'),
('204107','王冬琴','女','1968-11-18','副教授','计算机学院'),
('801102','李伟','男','1975-08-19','副教授','计算机学院');
GO
```

5.21

```
USE stsc
SELECT *
FROM student
WHERE tc>=50
```

5.22

```
USE stsc
SELECT a.stno, a.stname, b.cname, c.grade
FROM student a, course b, score c
WHERE a.stno=c.stno AND b.cno=c.cno AND a.stname='谢萱' AND b.cname='高等
数学'
```

5.23

```
USE stsc
SELECT a.stname,c.grade
FROM student a, course b, score c
WHERE a.stno=c.stno AND b.cno=c.cno AND b.cname='数字电路'
ORDER BY c.grade DESC
```

5.24

```
USE stsc
SELECT a.cname,AVG(b.grade) AS 平均成绩
FROM course a, score b
WHERE a.cno=b.cno AND a.cname='数据库系统' OR a.cname='微机原理'
GROUP BY a.cname
```

5.25

```
USE stsc
SELECT a.speciality,b.cname,MAX(c.grade) AS 最高分
FROM student a, course b, score c
WHERE a.stno=c.stno AND b.cno=c.cno
GROUP BY a.speciality,b.cname
```

5.26

```
SELECT st.stno,st.stname,sc.cno,sc.grade
FROM student st,score sc
WHERE st.stno=sc.stno AND st.speciality='通信' AND sc.grade IN
  ( SELECT MAX(grade)
  FROM score
  WHERE st.stno = sc.stno
  GROUP BY cno
  )
```

5.27

```
WITH tempt(stname, avg_grade ,total)
AS ( SELECT stname,avg(sc.grade) AS avg_grade,COUNT(sc.stno) AS total
    FROM student s INNER JOIN score sc ON s.stno=sc.stno
    WHERE sc.grade>=80
    GROUP BY s.stname
    )
```

```
SELECT stname AS 姓名, avg_grade AS 平均成绩 FROM tempt WHERE total>=2
```

5.28

```
USE stsc
SELECT a.stname AS '学生姓名'
FROM student a, course b, score c
WHERE a.stno=c.stno AND b.cno=c.cno
GROUP BY a.stname
HAVING COUNT(b.cno)>=4
```

第6章 视 图

一、选择题

6.1 D   6.2 B   6.3 B   6.4 C

二、填空题

6.5 一个或多个表或者其他视图

6.6 虚表

6.7 定义

6.8 基表

三、问答题 略

四、上机实验题

6.14

```
USE stsc
GO
CREATE VIEW st_co_sr
AS
SELECT a.stno, a.stname, a.stsex, b.cno, b.cname, c.grade
   FROM student a, course b, score c
   WHERE a.stno=c.stno AND b.cno=c.cno
   WITH CHECK OPTION
GO

USE stsc
SELECT *
FROM st_co_sr
```

6.15

```
USE stsc
GO
CREATE VIEW st_computer
AS
SELECT a.stname, b.cname, c.grade
   FROM student a, course b, score c
   WHERE a.stno=c.stno AND b.cno=c.cno AND speciality='计算机'
   WITH CHECK OPTION
GO
```

```
USE stsc
SELECT *
FROM st_computer
```

6.16

```
USE stsc
GO
CREATE VIEW st_av
AS
SELECT a.stname AS 姓名, AVG(grade) AS 平均分
  FROM student a, score b
  WHERE a.stno=b.stno
  GROUP BY a.stname
  WITH CHECK OPTION
GO

USE stsc
SELECT *
FROM st_av
```

第 7 章　索　　引

一、选择题

7.1 C　　7.2 B　　7.3 C　　7.4 C　　7.5 D

二、填空题

7.6　UNIQUE CLUSTERED

7.7 提高查询速度

7.8　CREATE INDEX

三、问答题　略

四、上机实验题

7.13

```
USE stsc
CREATE UNIQUE CLUSTERED INDEX idx_tno ON teacher(tno)
```

7.14

```
USE stsc
CREATE INDEX idx_credit ON course(credit)

USE stsc
ALTER INDEX idx_credit
  ON course
  REBUILD
    WITH (PAD_INDEX=ON, FILLFACTOR=90)
GO
```

第 8 章　数据完整性

一、选择题

8.1 C　　8.2 B　　8.3 D　　8.4 A　　8.5 C

二、填空题

8.6 列

8.7 行完整性

8.8 DEFAULT '男' FOR 性别

8.9 CHECK(成绩>=0 AND 成绩<=100)

8.10 PRIMARY KEY (商品号)

8.11 FOREIGN KEY(商品号) REFERENCES 商品表(商品号)

三、问答题 略

四、上机实验题

8.17

```
USE stsc
ALTER TABLE score
ADD CONSTRAINT CK_score_grade CHECK(grade>=0 AND grade<=100)
```

8.18

```
USE stsc
ALTER TABLE student
ADD CONSTRAINT DF_student_stsex  DEFAULT '男' FOR stsex
```

8.19

```
USE stsc
ALTER TABLE student
DROP CONSTRAINT PK_student
GO

ALTER TABLE student
ADD CONSTRAINT PK_student_stno PRIMARY KEY(stno)
GO
```

8.20

```
USE stsc
GO
ALTER TABLE score
ADD CONSTRAINT FK_score_stno
   FOREIGN KEY (stno) REFERENCES student (stno)
GO
```

8.21

```
USE stsc
GO
CREATE RULE credit_rule
AS @credit BETWEEN 1 AND 4
GO

EXECUTE sp_bindrule credit_rule,'course.credit'
GO

INSERT INTO course
VALUES('901','英语',5,'901101')
```

```
GO
```

8.22

```
USE stsc
GO
CREATE DEFAULT school_dft
AS '通信学院'
GO

EXECUTE sp_bindefault school_dft,'teacher.school'
GO

INSERT INTO teacher(tno,tname,tsex,tbirthday,title)
VALUES('102117','刘倩','女','1978-05-21','副教授')
GO
```

第 9 章　T-SQL 程序设计

一、选择题

9.1 D　　9.2 C　　9.3 B　　9.4 D　　9.5 A　　9.6 D

二、填空题

9.7 标量函数

9.8 多语句表值函数

9.9 @@FETCH_STATUS

9.10 DROP FUNCTION

9.11 逐行处理

9.12 游标当前行指针

三、问答题　略

四、上机实验题

9.19

```
USE stsc
IF EXISTS(
    SELECT name FROM sysobjects WHERE type='u' AND name='score')
    PRINT '存在'
ELSE
    PRINT '不存在'
GO
```

9.20

```
USE stsc
SELECT s.stname, sc.grade, level=
    CASE
        WHEN sc.grade>=90 THEN 'A'
        WHEN sc.grade>=80 THEN 'B'
        WHEN sc.grade>=70 THEN 'C'
        WHEN sc.grade>=60 THEN 'D'
        WHEN sc.grade BETWEEN 0 AND 60 THEN 'E'
        WHEN sc.grade IS NULL THEN '未考试'
```

```
        end
FROM student s INNER JOIN score sc ON sc.stno=s.stno
GO
```

9.21

```
USE stsc
DECLARE @name char(10),@gd int
SELECT @name=cname,@gd=AVG(grade)
FROM course c INNER JOIN score sc on c.cno=sc.cno, teacher t
WHERE t.tname='李伟' AND t.tno=c.tno
GROUP BY cname
PRINT @name + CAST(@gd AS char(10))
```

9.22

```
DECLARE @i int, @sum int
SET @i=1
SET @sum=0
while(@i<100)
    BEGIN
        SET @sum=@sum+@i
        SET @i=@i+2
    END
PRINT CAST(@sum AS char(10))
```

9.23

```
USE stsc
DECLARE @course_no int,@course_avg float
DECLARE avg_cur CURSOR
    FOR SELECT cno,AVG(grade)
        FROM score
        WHERE grade IS NOT NULL
        GROUP BY cno
OPEN avg_cur
FETCH NEXT FROM avg_cur INTO @course_no,@course_avg
PRINT '课程  平均分'
PRINT '------------'
WHILE @@fetch_status = 0
BEGIN
    PRINT CAST(@course_no AS char(4))+' '+CAST(@course_avg AS char(6))
    FETCH NEXT FROM avg_cur INTO @course_no,@course_avg
END
CLOSE avg_cur
DEALLOCATE avg_cur
```

9.24

```
USE stsc
DECLARE stu_cur3 CURSOR
    FOR SELECT grade FROM sco WHERE grade IS NOT NULL
DECLARE @deg int,@lev char(1)
OPEN stu_cur3
FETCH NEXT FROM stu_cur3 INTO @deg
WHILE @@fetch_status = 0
    BEGIN
        SET @lev=CASE
            WHEN @deg>=90 THEN 'A'
```

```
                WHEN @deg>=80 THEN 'B'
                WHEN @deg>=70 THEN 'C'
                WHEN @deg>=60 THEN 'D'
                WHEN @deg IS NULL THEN NULL
                ELSE 'E'
            END
        UPDATE sco
        SET gd=@lev
        WHERE CURRENT OF stu_cur3
        FETCH NEXT FROM stu_cur3 INTO @deg
    END
CLOSE stu_cur3
DEALLOCATE stu_cur3

DECLARE @st_no int,@co_no int,@sc_lv char(1)
DECLARE lv_cur CURSOR
    FOR SELECT stno,cno,gd
        FROM sco
        WHERE grade IS NOT NULL
OPEN lv_cur
FETCH NEXT FROM lv_cur INTO @st_no,@co_no, @sc_lv
PRINT '学号    课程号   成绩等级'
PRINT '------------------------'
WHILE @@fetch_status = 0
    BEGIN
        PRINT CAST(@st_no AS char(6))+'  '+CAST(@co_no AS char(6))+' '+@sc_lv
        FETCH NEXT FROM lv_cur INTO @st_no,@co_no, @sc_lv
    END
CLOSE lv_cur
DEALLOCATE lv_cur
```

9.25

```
USE stsc
DECLARE @st_sp char(8),@co_cn char(12),@st_avg float
DECLARE stu_cur2 CURSOR
    FOR SELECT a.speciality,c.cname,AVG(b.grade)
        FROM student a, score b,course c
        WHERE a.stno=b.stno AND b.grade>0 AND c.cno=b.cno
        GROUP BY a.speciality,c.cname
OPEN stu_cur2
FETCH NEXT FROM stu_cur2 INTO @st_sp,@co_cn,@st_avg
PRINT '专业    课程        平均分'
PRINT '-------------------------------'
WHILE @@fetch_status = 0
    BEGIN
        PRINT @st_sp+@co_cn+'  '+CAST(@st_avg as char(6))
        FETCH NEXT FROM stu_cur2 INTO @st_sp,@co_cn,@st_avg
    END
CLOSE stu_cur2
DEALLOCATE stu_cur2
```

第 10 章　存储过程

一、选择题

10.1 A　　10.2 B　　10.3 A　　10.4 D　　10.5 C

二、填空题

10.6 预编译后

10.7 CREATE PROCEDURE

10.8 EXECUTE

10.9 变量及类型

10.10 OUTPUT

三、问答题 略

四、上机实验题

10.16

```
USE stsc
GO
CREATE PROCEDURE stu_score
AS
    SELECT a.stno,a.stname,b.cname,c.grade
        FROM student a, course b, score c
        WHERE a.stno=c.stno AND b.cno=c.cno
        ORDER BY a.stno
GO
EXEC stu_score
GO
```

10.17

```
USE stsc
GO
IF EXISTS(SELECT * FROM sysobjects WHERE name='stu_avg' AND TYPE='P')
DROP PROCEDURE stu_avg
GO
CREATE PROCEDURE stu_avg(@spe char(12) = '计算机')
AS
    SELECT avg(b.grade)AS '平均分'
        FROM student a,score b
        WHERE a.speciality=@spe AND a.stno=b.stno
        GROUP BY a.speciality
GO
EXEC stu_avg
GO
```

10.18

```
USE stsc
GO
CREATE PROCEDURE avg_course
(
    @cou_num int,
    @cou_name char(8) OUTPUT,
    @cou_avg float OUTPUT
)
AS
    SELECT @cou_name=a.cname,@cou_avg=AVG(b.grade)
        FROM course a, score b
        WHERE a.cno=b.cno AND NOT grade is NULL
        GROUP BY a.cno, a.cname
```

```
                HAVING a.cno=@cou_num
GO
DECLARE @cou_name char(8)
DECLARE @cou_avg float
EXEC avg_course '102', @cou_name OUTPUT, @cou_avg OUTPUT
SELECT '课程名'=@cou_name, '平均分'=@cou_avg
GO
```

第 11 章 触 发 器

一、选择题

11.1 D　　　11.2 A　　　11.3 B　　　11.4 C　　　11.5 D　　　11.6 D

二、填空题

11.7 激发

11.8 后

11.9 1

11.10　inserted

11.11　ROLLBACK

11.12 约束

三、问答题 略

四、上机实验题

11.18

```
USE stsc
GO
CREATE TRIGGER trig_delete
ON teacher
AFTER DELETE
AS
    BEGIN
        DECLARE @nm char(6)
        SELECT @nm=deleted.tno FROM deleted
        DELETE course
        WHERE course.tno = @nm
    END
GO
DELETE teacher
WHERE tno='102101'
GO
SELECT * FROM course
GO
```

11.19

```
USE stsc
GO
CREATE TRIGGER trig_update
  ON score
AFTER UPDATE
AS
IF UPDATE(grade)
    BEGIN
```

```
        PRINT '不能修改分数'
        ROLLBACK TRANSACTION
    END
GO
UPDATE score
SET grade=100
WHERE stno='121002'
GO
```

11.20

```
USE stsc
GO
CREATE TRIGGER trig_insert_update
  ON score
AFTER INSERT,UPDATE
AS
BEGIN
    DECLARE @nm int
    SELECT @nm=inserted.grade FROM inserted
    IF @nm<=100 AND @nm>=0
        PRINT '插入数值正确！'
    ELSE
        BEGIN
            PRINT '插入数值不在正确范围内！'
            ROLLBACK TRANSACTION
        END
END
GO
INSERT INTO score VALUES('121005','302',180)
GO
```

11.21

```
USE stsc
GO
CREATE TRIGGER trig_db
  ON DATABASE
AFTER DROP_TABLE, ALTER_TABLE
AS
BEGIN
    PRINT '不能修改表结构'
    ROLLBACK TRANSACTION
END
GO
ALTER TABLE teacher ADD class char(8)
GO
```

第 12 章 事 务 和 锁

一、选择题

12.1 D   12.2 B   12.3 D

二、填空题

12.4 持久性

三、问答题 略

四、上机实验题

12.16

```
BEGIN TRANSACTION
  USE stsc
  SELECT * FROM course
COMMIT TRANSACTION
```

12.17

```
SET IMPLICIT_TRANSACTIONS ON     /*启动隐性事务模式*/
GO
USE stsc
INSERT INTO course VALUES ('104','信号与系统',4,'102108')
COMMIT TRANSACTION
GO
USE stsc
SELECT COUNT(*) FROM score
INSERT INTO score VALUES ('121001','104',93)
INSERT INTO score VALUES ('121002','104',81)
INSERT INTO score VALUES ('121005','104',88)
COMMIT TRANSACTION
GO
SET IMPLICIT_TRANSACTIONS OFF     /*关闭隐性事务模式*/
GO
```

12.18

```
BEGIN TRANSACTION
  USE stsc
  INSERT INTO score VALUES('122004','205',90)
  SAVE TRANSACTION sco_point              /*设置保存点*/
  DELETE FROM score WHERE stno='122004' AND cno='205'
  ROLLBACK TRANSACTION sco_point          /*回滚到保存点sco_point*/
COMMIT TRANSACTION
```

第 13 章　系统安全管理

一、选择题

13.1 D　　13.2 C　　13.3 A　　13.4 B　　13.5 A　　13.6 C　　13.7 A

二、填空题

13.8 访问权限管理

13.9 SQL Server

13.10 CREATE LOGIN

13.11 GRANT SELECT

13.13 DENY INSERT

13.14 REVOKE CREATE TABLE

三、问答题 略

四、上机实验题

13.20

```
CREATE LOGIN mylog
  WITH PASSWORD = '123456'

ALTER LOGIN mylog
  WITH PASSWORD = '234567'

DROP LOGIN mylog
```

13.21

```
CREATE LOGIN Mst
  WITH PASSWORD = '123',
  DEFAULT_DATABASE =stsc

USE test
CREATE USER Musr
  FOR LOGIN Mst
```

13.22

```
USE test
GRANT CREATE TABLE TO Musr
GO

USE test
REVOKE CREATE TABLE FROM Musr
GO
```

13.23

```
USE test
GRANT INSERT,UPDATE,DELETE ON s TO Musr
GO

USE test
REVOKE INSERT,UPDATE,DELETE ON s FROM Musr
GO
```

13.24

```
USE test
DENY INSERT,UPDATE,DELETE ON s TO Musr
GO
```

第14章 备份与恢复

一、选择题

14.1 C 14.2 A 14.3 B 14.4 D 14.5 D 14.6 B

二、填空题

14.7 事务日志备份

14.8 完整恢复模式

14.9 完整

14.10 日志

14.11 允许

14.12 备份设备

三、问答题 略

四、上机实验题

14.18

```
USE master
GO
EXEC sp_addumpdevice 'disk','mydk','E:\SQL Server\dmp.bak'
```

14.19

```
USE master
BACKUP DATABASE test TO mydk
```

14.20

```
USE master
RESTORE DATABASE test FROM mydk
WITH FILE=1, REPLACE
```

第15章 SQL Server 的自动化管理

一、选择题

15.1 C 15.2 D

二、填空题

15.3 别名

15.4 顺序

15.5 性能

15.6 数据库引擎

15.7 SQL Server 代理作业

三、问答题 略

四、上机实验题 略

第 16 章　Java EE 开发环境

一、选择题

16.1 D　　16.2 C

二、填空题

16.3 Java EE

16.4 JSP+Servlet+JavaBean

16.5 SSH2（Struts2＋Spring＋Hibernate）

16.6 业务逻辑和表示逻辑混合

16.7 Hibernate

三、问答题　略

四、上机实验题　略

第 17 章　Java EE 项目开发基础

一、选择题

17.1 B　　17.2 D

二、填空题

17.3 Java

17.4 类库

17.5 根

三、问答题　略

四、上机实验题　略

第 18 章　基于 Java EE 和 SQL Server 的学生成绩管理系统开发

一、选择题

18.1 A　　18.2 C

二、填空题

18.3 Struts 2

18.4 Spring

18.5 Hibernate

18.6 核心

18.7 DAO

18.8 Service

18.9 Action

三、问答题　略

四、上机实验题　略

附录 B　stsc 数据库的表结构和样本数据

1．stsc 数据库的表结构

stsc 数据库的表结构见表 B.1～表 B.4。

表 B.1　student（学生表）的表结构

列　　名	数 据 类 型	允许 Null 值	是否主键	说　　明
stno	char(6)		主键	学号
stname	char(8)			姓名
stsex	char(2)			性别
stbirthday	date			出生日期
speciality	char(12)	√		专业
tc	int	√		总学分

表 B.2　course（课程表）的表结构

列　　名	数 据 类 型	允许 Null 值	是否主键	说　　明
cno	char(3)		主键	课程号
cname	char(16)			课程名
credit	int	√		学分
tno	char(6)	√		编号

表 B.3　score（成绩表）的表结构

列　　名	数 据 类 型	允许 Null 值	是 否 主 键	说　　明
stno	char(6)		主键	学号
cno	char(3)		主键	课程号
grade	int	√		成绩

表 B.4　teacher（教师表）的表结构

列　　名	数 据 类 型	允许 Null 值	是 否 主 键	说　　明
tno	char(6)		主键	编号
tname	char(8)			姓名
tsex	char(2)			性别
tbirthday	date			出生日期
title	char(12)	√		职称
school	char(12)	√		学院

2．stsc 数据库的样本数据

stsc 数据库的样本数据见表 B.5～表 B.8。

表 B.5 student（学生表）的样本数据

学　号	姓　　名	性　别	出 生 日 期	专　业	总 学 分
121001	李贤友	男	1991-12-30	通信	52
121002	周映雪	女	1993-01-12	通信	49
121005	刘刚	男	1992-07-05	通信	50
122001	郭德强	男	1991-10-23	计算机	48
122002	谢萱	女	1992-09-11	计算机	52
122004	孙婷	女	1992-02-24	计算机	50

表 B.6 course（课程表）的样本数据

课 程 号	课 程 名	学 分	教 师 编 号
102	数字电路	3	102101
203	数据库系统	3	204101
205	微机原理	4	204107
208	计算机网络	4	NULL
801	高等数学	4	801102

表 B.7 score（成绩表）的样本数据

学　号	课 程 号	成　绩	学　号	课 程 号	成　绩
121001	102	92	121005	205	85
121002	102	72	121001	801	94
121005	102	87	121002	801	73
122002	203	94	121005	801	82
122004	203	81	122001	801	NULL
121001	205	91	122002	801	95
121002	205	65	122004	801	86

表 B.8 teacher（教师表）的样本数据

编　号	姓　名	性　别	出 生 日 期	职　称	学　院
102101	刘林卓	男	1962-03-21	教授	通信学院
102105	周学莉	女	1977-10-05	讲师	通信学院
204101	吴波	男	1978-04-26	教授	计算机学院
204107	王冬琴	女	1968-11-18	副教授	计算机学院
801102	李伟	男	1975-08-19	副教授	数学学院

参 考 文 献

[1] Abraham silberschatz, Henry F.Korth, S.Sudarshan. Database System Concepts, Sixth Editon. The McGraw-Hill Copanies, Inc, 2011.

[2] Patrick LeBlance. SQL Server 2012 从入门到精通. 潘玉琪译. 北京：清华大学出版社，2014.

[3] Paul Atkinson，Robert Vieira. SQL Server 2012 编程入门经典（第 4 版）. 王军，牛志玲译. 北京：清华大学出版社，2013.

[4] 王珊，萨师煊. 数据库系统概论（第 5 版）. 北京，高等教育出版社，2014.

[5] 郑阿奇. SQL Server 实用教程（SQL Server 2012）（第 4 版）. 北京：电子工业出版社，2015.

[6] 李春葆，曾平，喻丹丹. SQL Server 2012 数据库应用与开发教程. 北京：清华大学出版社，2015.